DAVID LINDO

#URBAN BIRDING

Aus dem Englischen von
Anna-Christin Kramer und
Jenny Merling

KOSMOS

INHALT

# #
WIE ES ANFING

Im August 2006 veränderte sich mein Leben so schlagartig, wie ich es mir nie hätte träumen lassen. Ich war gerade in der BBC-Sendung „*Springwatch*" zum ersten Mal als der Urban Birder aufgetreten, und die Welt lag mir zu Füßen. Dachte ich zumindest. Ich schlenderte über die British Birdwatching Fair, die weltweit größte und beste Messe ihrer Art. Cock-of-the-rock, ein Felsenhahn, mit stolzgeschwellter Brust.

Diese Veranstaltung war tief in meinem Bewusstsein verankert. Jedem, der irgendwie irgendwas mit Vögeln zu tun hatte, war dieser Termin heilig. Aber dieses Jahr war es anders. Ich war gerade im Fernsehen gewesen. Würde mich irgendwer erkennen? Die größte Hoffnung setzte ich auf einen BBC-Boss, der sich gerade im Kunstzelt umsah oder sich im Fresszelt einen Hot Dog zwischen die Kiemen schob, während er prüfend den Blick umherschweifen ließ, stets auf der Suche nach einem ungeschliffenen Diamanten. Sämtliche meiner Hoffnungen wurden jedoch mit einem schallenden „Nein" enttäuscht. Niemand erkannte mich, abgesehen von einem Typ, der mir auf der letzten Messe einen Zehner geliehen hatte. Offenbar hatte er das fehlende Gewicht des Scheinchens in seinem Portmonee wahrgenommen. Und von Fernsehleuten auf der Pirsch war auch keine Spur. Egal, ich war trotzdem obenauf. Deswegen trat ich auch im besten Angebermodus an den Stand der Zeitschrift „Bird Watching", um dem damaligen Herausgeber Kevin Wilmott zu einem Artikel über mich zu raten. Doch mein gesamter Mut verpuffte, sobald mir die Worte über die Lippen gekommen waren. Kevin starrte mich wortlos an. Sein Gesicht sagte schon alles: „Wer ist dieser Irre?" Dann fragte er aber tatsächlich noch: „Wer sind Sie?"

Wieso hätte er einen Artikel über mich schreiben sollen? Ja, ich war fünf Minuten in „Springwatch" zu sehen gewesen, aber das machte mich noch lange nicht zum nächsten Bill Oddie. Sein zweifelnder Blick lag eine gefühlte Ewigkeit auf mir, dann lachte er laut auf. Ich kann ihm gar nicht hoch genug anrechnen, dass er nicht nur ein kleines Interview mit mir brachte, sondern mir bald auch meinen ersten Schreibjob verschaffte – eine Kolumne über Urban Birding. Ziemlich mutig, wenn man mal bedenkt, dass ich bis dahin noch keinen einzigen Satz veröffentlicht hatte.

Anfangs ging es in der Kolumne um Urban Birding im Allgemeinen, aber bald kam mir die Idee, auf der Jagd nach frischem Stoff Städte auf der ganzen Welt zu bereisen. Ich rechnete mit höchstens einem Jahr, bevor ich das Thema erschöpft hätte, doch die Unterschiede zwischen den verschiedenen Städten überraschten mich enorm. Damals ahnte ich noch nicht, dass damit ein Roadtrip ungeahnten Ausmaßes beginnen würde. Jedes Ballungsgebiet hatte eine andere Persönlichkeit, was noch von den Menschen dort und meinem Glück (oder auch Pech) mit den Vögeln verstärkt wurde. Dieses Buch enthält zahlreiche meiner Abenteuer, die von jenem schicksalhaften Zusammentreffen am Stand der Zeitschrift „Bird Watching" in Gang gesetzt wurden. Meine Anfänge bei der Zeitschrift 2006 sind ebenso vertreten wie Beiträge aus dem Jahr 2013, dem Zeitpunkt der Niederschrift.

Rechne bloß nicht mit einer Zusammenstellung der besten Vogelbeobachtungsorte auf einer ellenlangen Liste von Weltmetropolen. Ich möchte dich vielmehr auf eine Reise mitnehmen, die bei den grundlegenden Prinzipien des Urban Birding anfängt und sich dann auf unstrukturierte Art und Weise ein paar Großstädten annimmt, angefangen bei denen Großbritanniens. Außerdem war ich nicht nur in Städten unterwegs, sondern manchmal auch auf Inseln oder an anderen sehenswerten Orten, deren Auslassung fast schon unverschämt wäre. Ich bin nämlich der Meinung, die Stadtperspektive aufs Vogelbeobachten lässt sich auch auf die Pampa übertragen. Die hier versammelten Geschichten sind längere Versionen meiner Kolumnen in der „Bird Watching". Es sind allerdings auch ein paar bislang unveröffentlichte dabei.

Diese unverhoffte Reise hat mich nicht nur einer fantastischen Tierwelt, sondern auch einigen großartigen Naturschützern nähergebracht, deren Hingabe beim Schutz städtischer Wildtiere mich ungemein beeindruckt hat, egal, wie klein ihre Projekte auch gewesen sein mögen. Mit diesem Buch möchte ich ihre Arbeit und ihre Erfolge feiern. Ich hoffe, dass es dich dazu anregt, unsere Ballungsräume mit anderen Augen zu sehen und vielleicht auch zu erkennen, dass der Umweltschutz hier wichtiger ist als irgendwo sonst auf der Welt.

DAS LEBEN ALS URBAN BIRDER

#

LASS DICH DRAUF EIN!

Wann hast du das letzte Mal mit geschlossenen Augen mitten auf einer belebten Straße im Stadtzentrum gestanden und dem Zwitschern der Vögel gelauscht? Oder anders ausgedrückt: Wann hast du Urban Birding zum ersten Mal so richtig erlebt?

Falls deine Antwort darauf „nie" lautet, ist das völlig in Ordnung; Urban Birding ist etwas, auf das man sich erst mal einlassen muss. Ich wurde in London geboren und verbrachte meine Jugend damit, Vögel im städtischen Raum zu beobachten. Obwohl ich mich später als Urban Birder bezeichnen sollte, war ich in Wirklichkeit nicht von Anfang an überzeugt, dass es in der Stadt Vögel zu sehen gibt. Ich hatte keinerlei Lehrer oder Mentoren auf dem Gebiet und auch sonst nur sehr wenige Anhaltspunkte, wie Vögel dort denn überhaupt zu finden waren. Sie fielen mir einfach irgendwann beim Herumlaufen auf. Ich hatte versehentlich herausgefunden, dass es Vögel einfach überall gibt.

In dem Moment, als ich das Phänomen „Vögel in der Stadt" bewusst wahrnahm, verliebte ich mich auch gleich in Wormwood Scrubs, eine öffentliche Grünfläche bei mir um die Ecke. Dieses Stück Land, eingerahmt von Wohnblocks, Fabriken, Straßen, einem Krankenhaus und einem Gefängnis, hatte es nämlich echt in sich: Hier tummelte sich eine so vielfältige Vogelwelt, dass selbst meine Freunde aus Norfolk neidisch wurden. Sobald man anfängt, die Hügel, Wäldchen, Sümpfe, Seen, Flüsse und Hecken in Städten und ihrer Umgebung ein bisschen zu erkunden, entdeckt man dort früher oder später auch Vögel.

AMSEL

#

MEINE ERSTEN VOGELBEOBACHTUNGEN

VON MAMAVÖGELN
UND PAPAVÖGELN

Ich bin schon Vogelfan, solange ich denken kann. Das dürfte vor
allem diejenigen überraschen, die mich nur als DJ aus langen Näch-
ten im Club oder von meinen Ganzkörpereinsätzen als Torwart auf
dem Bolzplatz kennen. Wenn die nur wüssten, dass ich jeden Tag in
aller Herrgottsfrühe Wormwood Scrubs in West London durchstrei-
fe, das übrigens auch das berühmte Gefängnis desselben Namens
beherbergt. Es wird in *„Down in the Tube Station at Midnight"* von
The Jams erwähnt und auch in *„Charlie staubt Millionen ab"*, in dem
der König der Cockneys, Michael Caine, eine Rolle spielt.

Manchmal komme ich nach so einem morgendlichen Ausflug
nach Hause und habe draußen nichts Nennenswertes entdeckt. Da
denke ich mir dann schon: „Warum bin ich eigentlich hier mitten in
London unterwegs, wenn ich auf dem Land garantiert irgendwelche
tollen exotischen Vögel sehen könnte?"

Um diese Frage zu beantworten, muss ich ein Stück in die Vergangenheit reisen – zum fünfjährigen David, der am Fenster seines Zimmers in Wembley, Nord-London, saß und in den Garten hinausspähte. Erst sah ich „Mamavögel" und „Papavögel" Stare und Amseln, „Babyvögel" und „Onkelvögel", Haussperlinge und Rabenkrähen. Ich sah Ringeltauben bei ihren Flugmanövern zu und taufte sie „Springteufel", und die gerundeten Schwingen der Kiebitze erinnerten mich an Löffel, also hießen sie ab da für mich „Löffelflügel".

Als ich dann ein altes Bestimmungsbuch in die Hände bekam, gab es für mich kein Halten mehr. Mit acht hatte ich bereits eine Liste der Vögel begonnen, die ich bis dahin gesichtet hatte – darunter auch ein paar äußerst zweifelhafte Fälle. Ich lernte rasch, dass die beste Zeit zur Vogelbeobachtung früh am Morgen war, noch bevor Mrs Smith von nebenan den Rasenmäher anwarf. Der einzige Nachteil an meiner frühkindlichen Beobachtungsroutine bestand darin, womöglich als potenzieller Spanner gebrandmarkt zu werden.

Mit zehn hatte ich mein Beobachtungsgebiet auf einen Park in der Nähe ausgeweitet, der aus einer gemähten Wiese, einem Fluss und reichlich brachliegendem Ödland bestand. Damals nahm ich die brütenden Feldlerchen und Feldsperlinge, die dort in Schwärmen überwinterten, als selbstverständlich wahr. Dort fand ich auch heraus, dass Zugvögel wie Schafstelzen oder Steinschmätzer viel häufiger zu sehen waren, als ich mir vorgestellt hatte. Im Alter von dreizehn Jahren jedoch entdeckte ich leider keine Spur mehr von den Feldlerchen und Feldsperlingen. Die Freiflächen waren mittlerweile doch bebaut worden, und die Bewohner der neuen Häuser strömten in Scharen in den Park. Meine ornithologische Kinderstube hatte ihren Reiz verloren.

Die wirkliche Wende trat für mich jedoch ein, nachdem ich „*Birds of Town and Suburb*" des Ornithologen und Radiosprechers Eric Simms gelesen hatte. Diese Lektüre vermittelte mir drei wichtige Lektionen. Erstens: Sieh dir jeden Vogel genau an, den du entdeckst

– auch wenn du zu wissen meinst, um welche Art es sich handelt. Man kann jederzeit und überall auf etwas Interessantes stoßen, und selbst wenn man einen Vogel schon kennt, lernt man vielleicht wenigstens etwas Neues über ihn. Zweitens: Vögel kann man überall beobachten, selbst in der Großstadt. Und zu guter Letzt brachte mir das Buch bei, wie wichtig es ist, sich einen Flecken Natur auszusuchen und dort regelmäßig auf Beobachtungstour zu gehen.

Zu diesem Zeitpunkt war ich bereits zu einem waschechten Urban Birder herangereift, und trotz mehrerer Ausflüge nach Norfolk, Kent oder zu den Scilly-Inseln war ich immer noch am liebsten in London unterwegs. Es ist einfach etwas ganz Besonderes, Vögel in der Stadt zu sehen, die man normalerweise nur aus der freien Natur kennt.

Ich weiß noch, wie ich einmal von Norfolk, wo ich Rohrweihen und Bartmeisen beobachtet hatte, nach Hause raste, um das zerzauste Knäkenten-Weibchen mit eigenen Augen zu sehen, das sich vorübergehend zwischen halbversunkenen Einkaufswagen und entsorgten Tretrollern am Ufer des Brent-Reservoir-Stausees häuslich eingerichtet hatte.

Fünfzehn Jahre später, nach Ortolan, Wespenbussard und jeder Menge Gartenrotschwänze, Steinschmätzer und Ringdrosseln steht jedenfalls fest, dass Wormwood Scrubs als erstes Beobachtungsgebiet eine gute Wahl war. Obwohl ich persönlich denke, dass ich auch an jedem anderen halbwegs unberührten Ort in der Stadt auf interessante Arten gestoßen wäre.

Vögel zu beobachten, ist ein aufregendes und erfüllendes Hobby. Du musst dir einfach nur einen Ort in der Nähe suchen und die dort heimischen Arten ein wenig näher kennenlernen, und schon bald wirst du mit faszinierenden Einblicken in ihre Lebensgewohnheiten und die jahreszeitabhängigen Populationsschwankungen belohnt. Das eigene Wissen wächst dabei stetig, und irgendwann wirst du dann voller Stolz deinen allerersten seltenen Vogel sichten.

#

EINE LIEBESGESCHICHTE

Es ist das Licht. Das Herbstlicht hat einfach etwas Besonderes, etwas Einladendes, fast Verführerisches an sich. Und dazu noch liegt die Verheißung auf etwas Neues in der Luft. Alles riecht anders, sieht anders aus, und natürlich sind auch die Vögel anders, bereiten sich auf ihren langen Flug vor.

Jedes Jahr um diese Zeit regt sich in mir etwas, eine unerklärliche Aufregung ergreift von mir Besitz. Erst ist es ein leichtes Ziehen, ein unbestimmtes Gefühl, aber früher oder später wächst es sich zu einem ernsthaften Bedürfnis aus: Jeden Tag treibt es mich noch im Morgengrauen aus dem Haus, um Vögel zu beobachten – egal bei welchem Wetter, und egal, wann ich in der Nacht zuvor im Bett war.

Diese Veränderung in mir tritt regelmäßig etwa Mitte Juli ein, wenn ich den Himmel absuche und mir dabei fast den Hals verrenke – es könnte ja ein Schwarm Zugvögel unterwegs sein! Meistens flattert dann aber doch erst mal nur eine Ringeltaube vorbei. Das alles fing bereits an, als ich noch ein Kind war. Als kleiner Junge in meinem Zimmer im Nordwesten Londons fiel mir auf, dass von Juni bis etwa Ende Juli stets sehr viel mehr Straßentauben zu sehen waren als sonst. Damals schob ich es auf den Vogelzug und kam nicht darauf, dass es einfach nur eine Menge Tauben gab. Aber dank dieser irrigen Annahme fielen mir die ersten richtigen Zugvögel auf. Heutzutage werde ich ab Ende August geradezu unruhig. Wenn ich drinnen bin, muss ich ständig aus dem Fenster schauen und bin in Gedanken bei den Zugvögeln, die es zu dem Zeitpunkt zu sehen geben müsste. Die Mittagspause verbringe ich dann gern mal auf dem Balkon irgendeines Bürogebäudes und suche den Himmel nach allem ab, was Flügel hat.

Der Herbst ist mir definitiv die liebste Jahreszeit, denn es ist die Jahreszeit der Liebe. In den zauberhaften Herbstmonaten habe ich mich schon mehrmals verliebt, und wenn ich mich verliebe, dann immer gleich so richtig. Ach so, vielleicht sollte ich kurz erklären, wie ich Liebe definiere. Liebe ist bedingungslos, sie macht einen blind, lenkt einen ab und führt in extremen Fällen sogar dazu, dass man das Objekt seiner Begierde bis zum letzten Atemzug verteidigt. Ich erzähle dir mal eine Geschichte über die Liebe.

In dieser Geschichte geht es um eine akribisch geplante Suche nach Zugvögeln an einem meiner absoluten Lieblingsorte: Cape Clear, einer wunderschönen Insel vor der Küste Corks in Irland. Ich hatte mich schon in diesen Ort verliebt, als ich ihn nur vom Hörensagen kannte. Nachdem ich jahrelang von den Vögeln gelesen hatte, die es dort zu sehen gibt, suchte ich mir schließlich eine Oktoberwoche aus, um mich dort einmal selbst umzuschauen. Mein ursprünglicher Plan hatte vorgesehen, dass ich eine Woche in Cork und im Zuge dessen einen oder zwei Tage auf Cape Clear verbringen würde. Auf der Fähre zur Insel erlag ich dann allerdings doch der Verlockung, die von der Aussicht auf die seltenen Zugvögel ausging, und beschloss im letzten Moment, die gesamte Zeit dort zu bleiben.

Bei meiner Ankunft fiel mir sofort die Herzlichkeit der Bewohner auf. Auf dem Weg zu meinem Pensionszimmer kam ich an ummauerten Gärten voller Erlenzeisige vorbei, und über mir flogen Silbermöwen, Dohlen, Alpenkrähen und ein paar Raben. Überall fanden sich vielversprechende Gärten voller Büsche und Hecken, in denen sich Zugvögel gerne niederlassen. Auf den ersten Blick entdeckte ich bereits Rotkehlchen und Amseln. Selbst diese ganz gewöhnlichen Vögel machten mich froh, und ich sah ihnen glücklich zu, wie sie im Herbstlicht auf Nahrungssuche gingen. Ich war jetzt schon völlig von den Socken, dabei hatte ich noch nicht mal richtig angefangen.

Im Laufe der nächsten Tage lief ich mehrmals die gesamte Insel ab und entdeckte dabei die vielfältigsten Arten, von Zwergtauchern und Wacholderdrosseln, über Merline, eine Sumpfohreule

ROTKEHLCHEN

und Gelbbrauen-Laubsänger bis hin zu einem einsamen Trauerschnäpper. Obwohl ich leider keine Ringdrossel und auch keinen Nachtreiher sah, dämpfte das meine Begeisterung nicht.

Einmal kam ich an einem Bauernhof vorbei, als mich plötzlich eine verzweifelte ältere Dame ansprach. Sie stellte sich als Mary vor – seltsamerweise hießen auf der Insel fast alle Frauen Mary – und erzählte mir, dass ihr Mann aus dem Bett gefallen sei und sie ihn allein nicht hochgehoben bekäme. Also stiefelte ich mit meinem Teleskop über der Schulter hinter ihr her ins Haus. Ihr Mann, bestimmt an die neunzig, war schwer wie eine mittelgroße Kuh, da konnte ich auch erst mal nicht viel ausrichten. Schließlich holten wir noch die Tochter – ebenfalls eine Mary – und deren Mann dazu, und zusammen schafften wir es, den alten Mann wieder ins Bett zu heben. Die außerordentlich dankbare Mary Senior bestand darauf, dass ich zum Abendessen blieb.

Meine Tage auf der Insel waren herrlich. Abends machte ich mich immer noch einmal auf zur Beobachtungsstation, um mich mit den anderen Vogelfans auszutauschen. Aus diesen Treffen wurden dank des Stationsleiters Steve Wing und seiner Freundin Mary(!) stets laute und fröhliche Partys. Meine Woche dort war viel zu schnell zu Ende und es wurde Zeit für mich, zurück nach London zu fahren. Ich machte noch einen letzten Spaziergang durch diesen kleinen Flecken Irlands, der nun zu meinen persönlichen Beobachtungsgebieten gehörte. Ich empfand eine starke Zuneigung zu diesem Ort. Ich hatte zwar keinen der Zugvögel gesehen, deretwegen ich hergekommen war, dennoch hatte die Insel von nun an einen festen Platz in meinem Herzen, und auch von mir blieb ein Teil zurück, auf ewig dort im Glanz des Herbstlichts.

VÖGEL IM FILM

AUF HITCHCOCKS SPUREN

Ich bin sieben Jahre alt und kauere zu Hause hinter dem Sofa. Noch vor ein paar Sekunden saß ich friedlich darauf und schaute fern. Wie bin ich dahinter gelangt? Tausende Flügel schlagen, krankes Gekrächze ertönt, Menschen schreien. Ich spähe über die Sofalehne und sehe hunderte Möwen und Krähen, die mutwillig panische Menschen attackieren, auf sie einhacken und wild um sich kratzen. Ich schaue Alfred Hitchcocks unsterblichen Film *„Die Vögel"*.

Wie bei so vielen anderen Menschen hat auch meine irrationale Nervosität angesichts um meinen Kopf schlagender Flügel dort ihren Ursprung. Die Angst bei einem kleinen Kind wie mir damals wurde noch dadurch verstärkt, dass die Gründe für die Attacke niemals geklärt wurden. Jahre später führte ich mir *„Die Vögel"* erneut zu Gemüte, bewunderte Hitchcocks meisterhafte Spannungsführung und schmunzelte über die offensichtlich ausgestopften Vögel, ohne mir auch nur ein einziges Mal die Augen zuzuhalten. Meine Angst vor fliegendem Getier habe ich seitdem überwunden, doch das Geräusch von unzähligen Flügelschlägen verursacht noch heute ein mulmiges Gefühl bei mir.

In der Filmgeschichte werden Vögel meist entweder als bösartige Kreaturen oder als Augenschmeichler ohne jegliche Auswirkung auf die Handlung eingesetzt. Manche Filmemacher bringen – sehr zum Ärger von uns Vogelbeobachtern – Vögel und andere Tiere zum Einsatz, die offensichtlich nicht an den jeweiligen Ort gehören. Ich meine, wieso sollte man sich mit irgendeinem langweiligen, braunen Vogel zufriedengeben, wenn man stattdessen eine interessante, knallbunte Art mit einer gewissen Kamerapräsenz verwenden kann? Außerdem, welchem Kinozuschauer soll das schon auffallen?

RABENKRÄHE

Ein höchst offensichtlicher Fall von Fehlbesetzung findet sich in „*Tarzan und die Amazonen*" aus dem Jahr 1945. In dem Streifen vergnügt sich Tarzan auf der Suche nach einer verlorenen Amazonenstadt im Amazonasgebiet und trifft dort auf Tiere, die man eher in Afrika erwarten würde. In der ersten Szene angelt die Schimpansin Cheetah umringt von Papageien in einem Fluss, der wohl den Amazonas darstellen soll. An den Aras hatte ich ja nichts auszusetzen, aber die Kakadus, die nach Australasien gehören, taten mir in den Augen weh. Ein Jahr zuvor war „*Tawny Pipit*" erschienen, unter der Regie von Bernard Miles und Charles Saunders. Darin erholt sich ein Kampfpilot in einem verschlafenen englischen Nest von seinen Kriegsverletzungen und entdeckt dabei ein Paar seltener Brachpieper, die ganz in der Nähe nisten. Die gezeigten Vögel waren allerdings Wiesenpieper.

Kürzlich fiel mir in Anthony Minghellas „*Unterwegs nach Cold Mountain*" auf, dass die Rabenvögel in den Bergwäldern North Carolinas eigentlich Nebelkrähen sind, die auf den alten Kontinent gehören. Und dann ist da noch die Kultszene mit dem Zwergkleiber aus *„Drei Engel für Charlie"*, die ich einfach nicht aus dem Kopf bekomme. Boswell steckt in irgendeiner Knastzelle in Nordamerika und setzt sich irgendwie mit Cameron Diaz' Figur in Kontakt. Sie ortet ihn, indem sie den Ruf eines Zwergkleibers durch das Walkie-Talkie bestimmt. Wenn sie einen Kubazaunkönig gehört hätte, der ausschließlich in einem bestimmten Feuchtgebiet auf ebenjener Insel auftaucht, oder einen Sokotrakormoran, der hauptsächlich – du kannst es dir schon denken – auf der Insel Sokotra im Indischen Ozean verbreitet ist, dann hätte ich ja gesagt, von mir aus. Ich hätte damit leben können, dass der Zwergkleiber ein ungleichmäßiges, wenn auch nicht sonderlich eingeschränktes Verbreitungsgebiet im Westen der USA hat. Als der Vogel dann jedoch gezeigt wurde, handelte es sich nicht mal um einen Kleiber, sondern um einen amerikanischen Stärling. Ich bin mir sicher, dass die filmeschauenden Vogelfans da draußen die Seiten dieses Buchs mit zahlreichen weiteren Beispielen füllen könnten.

Ausgestopfte, mechanische und animierte Vögel sind in Filmen auch nicht ungewöhnlich. Die Käfigvögel, die in *„Die Vögel"* perfekt synchron in einem schnellen Auto nebeneinander herschwanken, sind offensichtlich ausgestopft. Die mechanischen Wanderdrosseln in *„Blue Velvet: Verbotene Blicke"* von David Lynch waren vielleicht noch ganz lustig, aber hört mir bloß auf mit den lächerlichen Eulen, die in manchen Filmen vorkommen, den Uhu in Ridley Scotts überragendem Film *„Blade Runner"* einmal ausgenommen – der war ebenso echt wie wunderschön.

In *„Der goldene Kompass"* von Chris Weitz finden sich ebenfalls zahlreiche Vögel. Da es sich hierbei um einen Fantasyfilm handelt, tummeln sich erfundene Vögel darin, darunter seltsame Sperlinge im Dutzend, merkwürdig anmutende Rotmilane und eine junge

Möwe mit einem unverwechselbaren Muster auf dem Kopf, das dem eines Mornellregenpfeifers ähnelt. Ach ja, und falls du mal „*I am Legend*" mit Will Smith schaust, achte auf den bunten Strauß an Vögeln, die sich in den Streifen geschummelt haben, darunter auch ein Ziegenmelker.

Eins muss ich dem guten, alten Hitchcock allerdings lassen: Im Großen und Ganzen hat er Arten eingesetzt, die zur Küste Kaliforniens passen, wo „*Die Vögel*" spielt. Ich fand es toll, dass Westmöwen vorkamen, die für den Ort typisch sind. In „*Forrester – Gefunden!*" von Gus van Sant aus dem Jahr 2001 gibt es eine Szene, in der die Hauptfigur, gespielt von keinem Geringeren als Sean Connery, von seinem Bürofenster in New York aus einem Stadtjungen einen singenden Gold-Waldsänger zeigt. In „*Der Staatsfeind Nr. 1*" von Tony Scott werden zumindest die Kanadagänse an den richtigen Orten gezeigt, und dazu ist eine der Hauptfiguren auch noch ein passionierter Vogelbeobachter. Leider sucht ihn ziemlich früh im Film ein recht gruseliges Ende heim. Doch in meinen Augen überragt Ken Loachs Kultklassiker „*Kes*" sie alle. Der Film fühlt sich komplett realistisch an und zeigte mir Turmfalken in einem ganz neuen Licht.

Meine Botschaft an die Filmemacher da draußen ist simpel: Macht eure Sache richtig, damit wir Vogelbeobachter nicht an unangebrachten Stellen in vollbesetzten Kinosälen laut loslachen müssen. Angeblich soll es demnächst ein Remake von „*Die Vögel*" geben. Ob das wohl eine neue Generation mit einer Heidenangst vor schlagenden Flügeln hervorbringen wird?

\#

VÖGEL UND FUSSBALL - DAS GEHT

Es ist halb zwei morgens in einer trüben, nasskalten Mainacht, aber das ist mir vollkommen egal, ich bin außer mir vor Freude. „Viva Ronaldo", grölt die Menge im Chor, und ich umarme völlig Fremde, die genauso aus dem Häuschen sind wie ich. Ab und zu setze ich mich hin, stehe aber sofort wieder auf, weil ich viel zu aufgekratzt bin: Ich bin hier im Olympiastadion Luschniki in Moskau und habe soeben miterlebt, wie mein Lieblingsteam Manchester United die Jungs von Chelsea geschlagen und damit den UEFA-Cup gewonnen hat. Keine Angst, du hast nicht aus Versehen ein Fußballbuch gekauft, und ich werde dir jetzt auch keinen Vortrag über Passquoten, Jahrhunderttore oder sonstige faszinierende Fakten aus der Welt des Sports halten. Nein, in dieser Geschichte hier geht es darum, das Glück zu finden.

Ich hatte den dreitägigen Ausflug nach Moskau ganz und gar nicht geplant. Zwei Tage vor dem Spiel kam ich rein zufällig an ein

Ticket für das Finale, und da ich mich nicht nur für Manchester United, sondern vor allem auch für Urban Birding, also Vogelbeobachtung in der Stadt begeistere, konnte ich mir die Chance natürlich nicht entgehen lassen.

Im Flugzeug malte ich mir aus, wie mein Team gewinnen würde, träumte aber genauso davon, endlich ein paar osteuropäische Spechtarten vors Fernglas zu bekommen, mit denen ich bis jetzt noch kein Glück gehabt hatte. Einem Blaukehlchen über den Weg zu laufen oder vielleicht ein paar Rotfußfalken zu entdecken, die fröhlich in irgendeinem Park herumtollten. Ich hatte keine Ahnung, was mich erwarten würde, und freute mich einfach darauf, eine russische Stadt zu besuchen.

Ein paar Stunden vor Anpfiff landeten wir auf einem Flughafen mit unaussprechlichem Namen am Stadtrand Moskaus. Überall Zollbeamte mit Pokerface und missmutige Polizisten. Diese Moskauer Eigenheit sollte mir noch öfter begegnen. Auf dem Weg zum Taxistand hörte ich einen Zeisig in einer Koniferenhecke singen, was meine Laune kurzzeitig besserte. Wenigstens *eine* freundliche Stimme!

Aufgrund der Zeitverschiebung (in Moskau ist es drei Stunden später als in London) begann das Spiel erst am späten Abend, und nachdem man uns Fans wie eine Herde Kühe aus dem Stadion getrieben hatte, war ich erst gegen halb vier Uhr morgens wieder in meinem Hotel im Osten der Stadt. Da es nur noch zwei Stunden bis Tagesanbruch waren, beschloss ich, zum feierlichen Abschluss des Tages einen Abstecher in den nahegelegenen Park zu machen, der zwar auf der Tourikarte im Hotel eingezeichnet, aber nicht näher benannt war. Also spazierte ich in der Morgendämmerung los, erst einmal die Hauptstraße hinunter.

Der Begriff „Morgendämmerung" ist in diesem Fall vielleicht nicht ganz korrekt, es war nämlich immer noch dunkel, und am Himmel hingen bedrohlich dunkle Regenwolken. Trotz der frühen

Stunde waren aber bereits jede Menge Busse, Straßenbahnen, Militärfahrzeuge und tuckernde Dieselautos unterwegs, die sich langsam an der endlosen Reihe von Gebäuden aus Sowjetzeiten vorbeischoben. Die bedrückenden Häuserblöcke wurden nur hier und da von einer krächzenden Nebelkrähe oder ein paar Schwalben aufgelockert.

Was mir am meisten auffiel, waren jedoch die Pendler, die durch die Bank weg alle unglücklich aussahen, für niemanden ein Lächeln übrig hatten und auf denen das Gewicht der ganzen Welt zu lasten schien. Im Hinblick auf Russlands Geschichte – jahrhundertelange Tyrannei, Schlachten und Kriege – und dann noch die langen, dunklen und kalten Winter kann man ihnen diese Grundstimmung allerdings schlecht verdenken.

SPROSSER

Schließlich war ich am Ziel. Auf dem breiten Betonweg, der zu dem ausladenden und früher wahrscheinlich einmal kunstvoll verzierten Parktor führte, wurde ich schon von unzähligen Sperlingen und Straßentauben begrüßt. Jetzt verstand ich auch, warum der Park auf dem offiziellen Stadtplan für Touristen nicht näher benannt wurde. Das hier war ein echter Stadtpark voller Betrunkener, glatzköpfiger, stur geradeaus starrender Jogger in Thermokleidung und verbissen dreinschauender Hundebesitzer.

Als ich den Park betrat, sang auf einem Baum in der Nähe sofort ein Buchfink los. Im Gegensatz zu den Vogelstimmen, die ich von zu Hause kannte, war diese Stimme ganz anders, irgendwie rauer. Mehrere Bachstelzen spazierten den gepflasterten Weg entlang, der den Park durchschnitt. Neben den zahlreichen Tauben waren dies die einzigen Vögel in Sichtweite. Besonders vielversprechend war das alles nicht. Das Mantra eines jeden Vogelfreundes in der Stadt lautet jedoch „man weiß nie, was hinter der nächsten Ecke wartet", also ging ich weiter.

Im hinteren Teil veränderte sich der Park: Die Bäume standen hier dichter und die Chancen damit besser. Zunächst entdeckte ich einen Kleiber, dann flatterte eine Wacholderdrossel erschrocken vom Waldboden auf. Kurz darauf zeigten sich auch Feldsperlinge, Buntspechte, zwei Trauerschnäpper und einige Fitisse. Ich hatte fast das Gefühl, ich hätte durch eine unsichtbare Tür einen geheimen Ort betreten.

Plötzlich erschallte ein lautes „Tschock, tschock, tschock", gefolgt von einem ebenso lauten Vogelruf mit zahlreichen Wiederholungen, der nur von einem Sprosser stammen konnte. Innerhalb von zehn Minuten sah ich dann auch meinen ersten richtigen Sprosser – von dem traurigen Exemplar einmal abgesehen, das ich 1992 unter einer Hecke in Salthouse, Norfolk, entdeckt hatte. Ich stand da und lauschte wie hypnotisiert dem unglaublichen Gesang dieses Vogels, sah zu, wie sein rötlich-brauner Schwanz bebte und seine melierte Brust sich mit jedem wunderschönen Ton hob und senkte. Ich war unfassbar glücklich. Wie konnten die Moskauer nur so mies drauf sein, wo sie doch hier mitten in ihrer Stadt dem Gesang solcher Vögel lauschen konnten? Ich hatte den Gedanken kaum zu Ende gedacht, da schüttete es plötzlich los wie aus Eimern, und ich war innerhalb von Sekunden nass bis auf die Knochen. Ich machte mich schnell auf den Weg zurück zum Hotel.

Den Rest meiner Zeit in der altehrwürdigen Hauptstadt Russlands regnete es fast ununterbrochen, feiner Niesel wechselte sich ab mit sintflutartigen Güssen. Trotz des Wetters besuchte ich immer wieder meinen neuen Lieblingsort und kam den nistenden Wacholderdrosseln, von denen es dort eine ganze Menge gab, immer näher. Ich kannte diese hübschen Drosseln bis dahin nur aus Großbritannien, wo sie im Winter in Schwärmen umherfliegen. Sie hier in ihrer

Heimat beobachten zu können, ungeschminkt sozusagen, war eine ziemliche Überraschung. Vielleicht würden die Spanier sie nicht Königsdrossel nennen, wenn sie den profanen Alltag der gefiederten Gesellen hier miterleben würden: wie die etwas schmutzig aussehenden Eltern in der Brutkolonie gemeinsam auf den Nestern saßen, ihren durchdringenden Gesang zum Besten gaben und den frisch geschlüpften, noch leicht zerzausten Nachwuchs fütterten.

Von der Entdeckung eines Gelbspötters und dem herrlichen Flöten eines Pirols einmal abgesehen, ist meine liebste Erinnerung an meinen Moskaubesuch der Gesang des Sprossers (und der UEFA-Cup-Erfolg). Das ungepflegte kleine Waldstück mitten in der Stadt war wieder einmal der beste Beweis dafür, dass man nicht in die Ferne schweifen muss, um interessante Vögel zu beobachten.

#

STRASSENTAUBEN

RATTEN DER LÜFTE?

Wirst du auch manchmal aus unerklärlichen Gründen von bestimmten Dingen angezogen?

Über mehrere Monate hinweg hatte ich zunehmend über Straßentauben nachgedacht. Sie waren mir öfter aufgefallen, wenn sie über mein heimisches Fleckchen flogen. Eines Morgens in der U-Bahn-Station ließ ich sogar die Zeitung sinken, um einer abgeranzten Taube beim Verspeisen von ein paar Cheese-and-Onion-Chips zuzuschauen, die um die Füße gleichgültiger Pendler verstreut lagen. Als sie auf mich zusteuerte, verspürte ich nicht mal den Impuls, sie wegzuscheuchen.

Was war los mit mir? Straßentauben waren mir seit Jahren nicht mehr aufgefallen. Ich vermerke ihre Zahl nie auf meinen Listen, und sie konnten von Glück reden, wenn ich sie mal mit einem flüchtigen Blick bedachte. Ich meine, wenn man sich mit einem Klemmbrett auf die Straße stellen und Passanten fragen würde, was der unbeliebteste Vogel in Großbritannien sei, bekäme man mit Sicherheit häufig die

Ratten der Lüfte zu hören – diese dreckigen Straßentauben eben. Einige der Befragten würden bestimmt deprimierende Bilder von verschmutzen Nistmaterialien unter Brücken heraufbeschwören, tote Vögel, die Gullys blockieren, und den Abspann von „*Coronation Street*". Ich muss zugeben, dass ich einer der Ersten gewesen wäre, der den Boden verflucht, auf dem sich ihre Ausscheidungen befinden.

Vor Kurzem beschloss ich auf einem Einkaufstrip, der Abwechslung halber in einer Buchhandlung vorbeizuschauen. Ich ging – natürlich – schnurstracks in die Naturkundeabteilung und nahm das erstbeste Vogelbuch in die Hand, ein Bestimmungsbuch für die Vögel Großbritanniens. Ich schlug es willkürlich auf und landete bei einem Schaubild mit verschiedenen Taubenarten. Bei den Straßentauben stand zu meiner großen Überraschung, dass in Großbritannien angeblich dreieinhalb Millionen Paare leben. Wie war das möglich? Man sieht doch heutzutage kaum noch welche. Ein paar Tage später entdeckte ich in einer überregionalen Zeitung auf Seite zwei zufällig die Zeile „In städtischen Gebieten leben doppelt so viele Ringeltauben wie Straßentauben." Ich war fasziniert und erfuhr durch einen Anruf bei meinen Freunden vom British Trust for Ornithology (BTO), dass es in Großbritannien höchstens 250.000 Paar Straßentauben gibt. Nachdem ich jahrelang davon ausgegangen war, dass allein auf meiner Straße 250.000 davon lebten, eröffnete mir die Entdeckung, dass sie in Wirklichkeit gar nicht so häufig waren, einen ganz neuen Blickwinkel.

Ich beschloss, den vertrautesten aller Vögel Großbritanniens, wenn nicht sogar der ganzen Welt, genauer in Augenschein zu nehmen. Immerhin spricht doch so einiges für die bescheidene Taube, auch wenn sie für viele der Inbegriff von Schmutz und Dreck ist. Tauben sind Kriegshelden, verflucht noch mal. Außerdem zeichnen sie sich durch ihre Eigenschaft als zweiter domestizierter Vogel der Welt aus, gleich nach den Hühnern. Tauben schillern in allen erdenklichen Farbtönen, bieten ihren Fans einen unendlichen Quell der Freude und werden, sofern sie mit einem weißen Federkleid gesegnet sind, als Boten der Liebe und des Friedens verehrt.

Die klugen Tierchen sind in der Lage, in einer Menschenmenge denjenigen zu erkennen, der sie füttert. Angeblich haben sie außerdem gelernt, das Londoner U-Bahn-System zu nutzen, indem sie absichtlich mit bestimmten Linien an bestimmte Haltestellen fahren.

STRASSENTAUBEN

Klar, sie können einem nach einer durchzechten Nacht mit ihrem Gegurre ordentlich auf die Nerven gehen, und ihr Kot hat schädliche Auswirkungen auf die Bausubstanz. Ganz zu schweigen von den Keimen, obwohl Forscher herausgefunden haben, dass es damit nicht ganz so schlimm steht, wie ursprünglich angenommen. Aber ist das ihre Schuld? Können wir ihnen ihr natürliches Verhalten nicht verzeihen? Und sind sie nicht gar Opfer unseres Überflusses?

Ich nehme mal an, du verstehst, worauf ich hinauswill. Ich schaue nun mit milderem Blick auf Straßentauben und betrachte sie nicht mehr als Ungeziefer. Ich habe meinen Frieden mit ihnen geschlossen, finde allmählich wieder Freude an ihnen und bewundere ihre Flugkünste. Tauben sind meisterhafte Flieger, und zwar nicht nur, wenn ein Wanderfalke hinter ihnen her ist.

#

GEFAHREN

MIT TASCHENMESSER
UND SCHLEUDER

Seit Kurzem gesellt sich zu den üblichen Fragen, die ich zu meiner Passion so gestellt bekomme, regelmäßig eine neue: Ist Urban Birding eigentlich gefährlich?

Beim ersten Mal überraschte mich die Frage, und ich hatte keine Antwort parat. Eine schnelle Umfrage unter meinen Orni-Freunden förderte zwar eine Handvoll Geschichten zutage, die meisten davon waren jedoch harmloser Natur und entbehrten nicht einer gewissen Komik. So wurde einer zum Beispiel mal mit Gülle bespritzt und von wütenden Anwohnern beschimpft, die das Pech hatten, einen seltenen brütenden Vogel in der Nachbarschaft zu haben. Ein anderer wurde auf offener Straße von seiner genervten Frau tätlich angegriffen.

Wenn man mit gesundem Menschenverstand an die Sache herangeht, bestimmte Gegenden nach Einbruch der Dunkelheit meidet und potenziellen Räubern nicht gerade mit seiner teuren Ausrüstung und dem Fotoapparat vor der Nase herumwedelt, dürfte einem eigentlich nichts passieren. Schlimmer als ein paar Schäferhunde, die einen anbellen, Möwen, die einem aus der Luft ein kleines Geschenk machen, und Fußbälle, bei denen du dich blitzschnell ducken musst, wird es in der Regel nicht.

Als ich zehn Jahre alt war, sah das alles aber noch ganz anders aus. Ich erfreute mich zwar an den Spatzen bei uns im Garten, beschäftigte mich mit den Details und Unterschieden ihres Federkleids, aber gleichzeitig zog es mich auch in die Ferne. Ich hatte gelesen, dass es tatsächlich Leute geben sollte, die solche Exoten wie einen Kuckuck oder auch einen Flussregenpfeifer mit eigenen Augen gesehen haben. Also informierte ich meine Mum, ich würde mit Alan, einem irischen Klassenkameraden, ein bisschen herumradeln und Vögel im Park bei uns um die Ecke beobachten. Stattdessen fuhren wir jedoch quer durch London und erreichten nach zwei Stunden Busfahrt und dreimal Umsteigen das etwa zwanzig Meilen entfernte Rainham Marshes in Essex.

Damals war diese Wildnis noch kein Vogelschutzgebiet, und man musste sich entscheiden: Entweder ließ man sich auf die Gelegenheit ein, ein paar potenziell aufregende Vögel zu entdecken, musste dabei jedoch ständig auf der Hut sein, oder man fuhr unverrichteter Dinge wieder nach Hause. Rainham war ein verlassener Flecken Erde, wo keine Gesetze galten und die örtliche Jugend mit Luftgewehren ihr Unwesen trieb. Einmal, nachdem wir unseren ersten Kuckuck gesehen hatten, mussten Alan und ich uns blitzartig aus dem Staub machen, denn ein Grüppchen feindseliger Eingeborener hatte tatsächlich das Feuer auf uns eröffnet. Wir wurden also buchstäblich aus der Stadt gejagt.

Von da an gingen wir nur noch „bewaffnet" auf Beobachtungstour. Wir hatten dem Outdoorladen einen Besuch abgestattet und waren nun stolze Besitzer eines Taschenmessers und einer Schleuder. Der Kauf gab uns ein Gefühl von Sicherheit, trotzdem würde ich heute nicht mehr zu so etwas raten. Was die Schleuder genau nützen sollte, habe ich übrigens auch damals schon nicht gewusst. Das war Alans Idee.

Zum Glück kamen unsere Waffen, die wir diskret in unseren Wanderwesten versteckt hielten, nie zum Einsatz – bis auf das Messer, das wir viele Jahre später ein einziges Mal benutzten, um an der Küste von Dunwich, Suffolk, eine Eisente vorm Ertrinken zu bewahren, die sich in einem Fischernetz verfangen hatte.

Die nächste potenziell gefährliche Situation erlebte ich auf dem Land, und das ist noch gar nicht so lange her. Mein Begleiter und ich waren unterwegs im tiefsten Norfolk, wo wir besonders seltene Vögel zu entdecken hofften. Leider bogen wir irgendwo falsch ab und standen plötzlich vor einem Grundstück, das tief im Wald verborgen war. Ein paar Hunde fingen sofort an zu bellen und knurrten böse, als wir nähertraten. Aus dem Haus trat ein Typ, der uns ebenfalls sofort anblaffte und als Vogelfreaks beschimpfte. Dann drohte er plötzlich, er würde uns jetzt erschießen und lief zurück ins Haus. Wir warteten natürlich nicht ab, ob er das ernst gemeint hatte, sondern sprangen zurück ins Auto und gaben Gas.

Wenn ich zum Vogelbeobachten in einer Stadt unterwegs bin, in der ich mich noch nicht auskenne, bin ich immer lieber ein bisschen zu vorsichtig und versuche, möglichst wie ein Einheimischer zu wirken. Ein-

FLUSSREGENPFEIFFER

mal gelang mir das jedoch ganz und gar nicht.

Eines Morgens in Bratislava verspürte ich Lust, mich in einem bewaldeten Gebiet ein wenig umzusehen. Unter der Autobahnbrücke, die quer darüber verlief, stieß ich auf eine Art Camp, das offensichtlich bis gerade eben noch ein paar Junkies beherbergt hatte. Ich fühlte mich unwohl und drehte sofort wieder um.

Es dauerte nicht lang, da hörte ich den Motor eines Landrovers hinter mir. Ich wurde nervös, die ganze Situation war sehr ungemütlich. Im Auto saßen zwei muskelbepackte Kerle, mit denen eindeutig nicht gut Kirschen essen war. Der Motor heulte auf, dann kamen sie mit quietschenden Reifen neben mir zum Stehen. Einer der beiden sprang heraus und brüllte auf Slowakisch auf mich ein. Jetzt stand ich also mitten im Wald irgendwo in Osteuropa, ohne Ausweis, ohne jegliche Sprachkenntnisse und höchstwahrscheinlich kurz davor, umgebracht oder entführt zu werden.

Ich beteuerte, dass ich Engländer und hier nur zur Vogelbeobachtung umhergestromert sei, aber das löste in meinem zukünftigen Mörder nicht das geringste Mitgefühl aus. Ich überlegte panisch, was ich jetzt tun sollte, als mir plötzlich das klein gedruckte Wörtchen *Polícia* auf seinem T-Shirt auffiel. Ich hatte es hier mit zwei Undercoverpolizisten zu tun. Trotzdem fühlte ich mich nicht sehr viel sicherer. In gebrochenem Englisch wurde ich aufgefordert, den Wald zu verlassen und mich ja nicht noch einmal ohne Ausweis antreffen zu lassen.

Welche Lektion ich daraus mitgenommen habe? Da halte ich es mit Rotkäppchens Mutter: „Geh nur nicht vom Wege ab."

\#

MANCHMAL GANZ SCHÖN KNIFFELIG

Manche Vögel spotten einfach jeder Beschreibung, und das Gleiche gilt für ihre Beobachter. Es gibt solche, die ganz klassisch nach Vogelfreund aussehen. Ihr Äußeres lässt sich nur schwer in Worte fassen – sie sehen einfach aus wie Vogelbeobachter.

Und dann gibt es diejenigen, auf die die Klischees einfach nicht zutreffen, egal, was sie einem weismachen wollen. Ich passte wahrscheinlich auch in keine vorgefertigte Schublade, besonders in jüngerem Alter nicht. Gerne denke ich daran zurück, wie ich beim BTO durchs Land reiste und Vorträge über die Arbeit der Stiftung hielt. Manche Leute hoben unverhohlen die Augenbrauen, wenn sie mich zum ersten Mal sahen. Sie hatten nicht mit einem flippigen Schwarzen im Nadelstreifenanzug, mit kurzen, blondgefärbten Haaren (ja, ich hatte mal blonde Haare) und einem Fernglas um den Hals gerechnet, der über den Niedergang der Feldlerche lamentierte.

Ich habe mich allerdings desselben Vergehens schuldig gemacht. Bei einem Dreh für „*The One Show*" der BBC informierte mich der Regisseur, dass ich einen Doktor der Ornithologie interviewen würde. Der feine Herr Doktor entpuppte sich als cooler Typ Ende zwanzig mit schulterlangen Haaren und mehreren Piercings in Ohren und Nase – weit entfernt von dem ehrwürdigen Rauschebartträger, den ich erwartet hatte.

MITTELSPECHT

Bestimmt habt ihr alle schon mal erlebt, wie ein Bekannter dich unbedingt jemandem vorstellen wollte. „Soundso steht auch so auf Vögel wie du." Jener Soundso ist dann stets genau das, womit man gerechnet hat: Entweder genauso wie man selbst (was eher selten vorkommt), oder, in der Mehrzahl der Fälle, jemand, der irgendwann in grauer Vorzeit mal einen Wellensittich hatte.

Eines Samstagmorgens während eines herzhaften Frühstücks nach dem Fußball kam ich mit einer Freundin ins Gespräch, die folgende unsterbliche Worte fallen ließ: „Du musst unbedingt mal meine Freundin Jane kennenlernen, die ist eine echte Vogelnärrin." Mit erschöpftem Lächeln bot ich an, Jane könne mich gerne mal anrufen, und vergaß die ganze Sache sofort wieder.

Ein paar Wochen später bekam ich einen Anruf von einer Jane, die mich nach einer Runde Smalltalk nach West-London einlud, um bei einer Tasse Tee über Vögel zu reden. Innerlich wappnete ich mich für eine Hausfrau mittleren Alters, die im Grunde nur jemanden brauchte, mit dem sie über die Rotkehlchen in ihrem Garten plaudern konnte. Am nächsten Morgen fand ich mich vor einem modernen, freistehenden Protzbau wieder. Mit dem verschlossenen Tor und den drei dicken Autos in der Auffahrt wirkte es ganz schön imposant.

Während ich auf das Haus zuging, überprüfte ich geistig noch einmal rasch, ob ich mich nicht in der Adresse geirrt hatte. An der Tür wurde ich von einem Butler in Empfang genommen. Hinter ihm stand, breit grinsend, eine gutaussehende junge Frau mit schulterlangen, braunen Haaren.

Wir gingen in ihr Arbeitszimmer, dessen Regalwände mit Vogelbüchern vollgestellt waren, und sie forderte mich heraus, ihre Sammlung ausgestopfter Vögel zu bestimmen. Ich war überrascht, spielte aber mit. Das erste Set war zum Glück ziemlich einfach. Es enthielt wunderbar erhaltene Exemplare von Wintergoldhähnchen, Schwanzmeise und Eichelhäher. Dann zog sie ihre Spechte hervor. Die seien ihre Lieblingsvögel, erklärte sie, und zweimal im Jahr reise sie nach Osteuropa, um sie dort zu beobachten. Die fremden europäischen Exemplare trieben mir Schweißperlen auf die Stirn. Die drei britischen Spechte und den wunderschönen Grauspecht hatte ich rasch identifiziert, und dem Weißrückenspecht kam ich auch irgendwann auf die Schliche. Doch beim Mittelspecht versagte ich kläglich, indem ich ihn fälschlicherweise als Blutspecht bezeichnete. Sie verkündete dennoch, ich hätte den Test bestanden und mir einen Tee verdient.

Die Küche mit der Terrasse davor bot einen Blick in den Garten, der so groß war wie ein halber Fußballplatz. Die alten, hohen Bäume waren allesamt mit Häuschen für Spechte, Meisen und Fledermäuse versehen. Ein paar uniformierte Gärtner pflanzten einheimische Flora, mit der Jane kleine und große Tiere anlocken wollte. Sie setzte mit voller Absicht Unkraut in die Beete und hatte vor, eine Ecke mit Beeren zu bepflanzen, um im Winter Drosseln und sogar Seidenschwänze für ihren Garten zu gewinnen.

Ich war völlig auf dem falschen Dampfer gewesen. Von nun an würde ich zwei, vielleicht sogar drei Mal hinsehen, bevor ich einen Vogelbeobachter bestimmte.

#

PLÖTZLICH DA UND WIEDER WEG

DURCH DIE LAPPEN GEGANGEN

Einmal wurde ich von der Natural History Society gebeten, einen Vogelspaziergang durch Wormwood Scrubs zu führen. Insgeheim hatte ich gehofft, er würde kurzfristig abgesagt, weil es an diesem Frühlingsmorgen wie aus Eimern goss. Als ich zum Treffpunkt kam, warteten dort im strömenden Regen jedoch schon drei offensichtliche Hardcore-Fans auf mich. Also zogen wir los.

Zunächst hörte ich statt Vögeln lediglich mein Bett nach mir rufen. In einem eher spärlich bewaldeten Gebiet flatterte direkt vor mir dann jedoch ein mittelgroßer Vogel mit langem Schwanz auf und verschwand in den Baumkronen. Einen Moment lang war ich verwirrt. Was war das denn für einer gewesen? Bloß einer der vielen Halsbandsittiche, die sich in meinem so geliebten und bis vor kurzem noch herrlich papageienfreien heimischen Beobachtungsgebiet niedergelassen hatten? Oder ein Kuckuck? Die waren hier in der Gegend sehr selten, in den vergangenen fünfzehn Jahren hatte ich gerade mal vier davon gesichtet.

So eine Situation kennt jeder von uns, ob alt oder jung, ob Vogel-veteran oder Anfänger, und es wird uns auch immer wieder versichert, dass dies sicher nicht das letzte Mal sei. Einen Vogel zu sehen, den man nicht benennen kann, ist ungemein frustrierend. Ein interessanter Vogel, der aber keinen identifizierbaren Laut von sich gibt, oder sich nur für den Bruchteil einer Sekunde zeigt, ist eine absolute Qual.

Ich hatte mich schon fast damit abgefunden, diesen auch unter „Nicht den blassesten Schimmer, was das für einer war" abzuheften, da schoss das Objekt meiner Begierde plötzlich noch einmal hervor und stieg zum Himmel auf, wobei es ganz schön zu kämpfen hatte. Ein Blick durch mein beschlagenes Fernglas verriet, dass es sich um einen etwas schmuddeligen Kuckuck handelte, der in nördliche Richtung davonflog, mein fünfter in den Wormwood Scrubs.

Dieses Mal hatte ich also den Luxus einer zweiten Chance. Meist bekommt man seinen rätselhaften Vogel nicht noch einmal vor die Linse und bleibt einfach mies gelaunt zurück. Wenn man unterwegs ist, rechnet man ständig mit Vögeln, die man nicht sofort erkennt, egal, wie viel Ahnung man hat. Besonders an Orten, an denen viele Zugvögel zu sehen sind. Ich bin mir ganz sicher: Hätte ich meinen Kuckuck ir-

ORTOLAN

gendwo im ländlichen Yorkshire gesehen, hätte er mich nicht so überrascht, ich hätte mit ihm gerechnet und ihn deshalb auch sofort erkannt. Mein Gehirn hätte sicher schneller geschaltet.

Im städtischen Raum hat man dieses Problem öfter: Man erkennt Vögel nicht gleich, die einem eigentlich geläufig sind, weil man in der Gegend einfach nicht mit ihnen rechnet. Bekannte Vögel in ungewohnter Umgebung zu sehen, kann einen wirklich ziemlich verwirren – ein Austernfischer, der auf einem Bolzplatz mitten in der Innenstadt umherspaziert, eine Rohrweihe, die über einem Gewerbegebiet kreist, oder eine Waldschnepfe vor dem Eingang einer Londoner U-Bahn-Station. Einer der seltsamsten Fälle dieser Art war ein

BIENENFRESSER

Rotfußfalke, den ein Hobby-Ornithologe in den Siebzigerjahren unter einem Gebüsch in einem Garten in Watford entdeckte, wohin sich der Vogel nach einem Katzenangriff zurückgezogen hatte.

An einem Septembermorgen war ich einmal in meinem heimischen Fleckchen unterwegs, als vor mir plötzlich ein Vogel aufflatterte und sich dann auf einem Zaun niederließ. Zunächst hielt ich ihn für einen Bluthänfling, meine Zuordnung fühlte sich jedoch irgendwie falsch an, und ich warf zur Sicherheit einen Blick durch mein Fernglas. Was ich dabei sah, verblüffte mich völlig: eine Ammer mit bräunlicher Färbung, gelbem Augenring und einem Streifen wie ein gezwirbelter Schnauzbart. Einen schrecklichen, scheinbar ewig langen Moment ließen mich meine Sinne komplett im Stich. Ich hatte nicht die geringste Ahnung, was das für ein Vogel sein sollte. Vielleicht ein Exot, der seinem Käfig entflohen war? Irgendeine Mischform? Dann setzte mein logisches Denken wieder ein. Dieses auffällige Gefieder – na klar, ich hatte einen Ortolan vor mir.

Aber Moment mal, einen Ortolan? Mitten in London? Auf den Scilly-Inseln wäre ich sofort darauf gekommen und hätte gar nicht erst herumgerätselt.

Ich kann hier nicht von den Vögeln erzählen, die mir eine zweite Chance gaben oder die ich im Nachhinein identifizieren konnte, ohne auch die zu erwähnen, die mir leider wirklich durch die Lappen gegangen sind.

An einem bewölkten Septembermorgen schaute ich gerade der ersten Turteltaube des Jahres zu, wie sie gen Westen über Wormwood Scrubs hinwegflog, als mir drei Punkte hoch oben am Himmel auffielen, die von Westen auf mich zuflogen. Ich ließ die Taube Taube sein und konzentrierte mich stattdessen auf die drei Punkte. Bald konnte ich ihre Form ausmachen. Es waren dunkle, schwalbenartige Vögel mit langen Schwänzen und spitzen Flügeln, die dort mit raschen Flügelschlägen dahinglitten. Ich war verwirrt. Meine interne Festplatte begann zu rattern. Waren das vielleicht Baumfalken? Sie hatten so eine ungewöhnliche Form, irgendwas daran war seltsam. Obwohl sie auf mich zuflogen, waren sie immer noch zu weit entfernt, um vor dem grauen Himmel ihre Farbe zu erkennen oder ihren Ruf zu hören. Auf einmal machten sie eine Wende und flogen wieder zurück Richtung Westen. „Wo wollt ihr denn hin?", rief ich ihnen innerlich nach. Mein Ruf verhallte jedoch ungehört, und die ungewöhnlichen Vögel entfernten sich schnell aus meinem Sichtfeld. Mir kam ein schrecklicher Verdacht. Hatte ich etwa gerade meine ersten Bienenfresser hier in London gesehen?

Zu Hause schlug ich gleich in „*Birds of the Western Palearctic*" (BWP) nach. Und da las ich: „… mit ihrem regelmäßigen, raschen Flügelschlag, mit dem sie sich sehr schnell und oft in großer Höhe fortbewegen, erinnern sie ein wenig an Schwalben."

Manchmal stellt einen das Leben schon auf eine harte Probe.

#

KREISCHENDE SCHWÄRME

MEINE HASSAFFÄRE MIT SITTICHEN

„Die grüngeäugten Scheusale – bald auch in Ihrer Stadt."

Der abfällige Name mag zwar Shakespeares Feder entsprungen sein, aber es ist kein Geheimnis, dass ich unseren neuesten aviären Eindringling ebenfalls in einem recht düsteren Licht sehe. Nein, ich bin nicht der größte Fan von *Psittacula krameri*, auch bekannt als schicke Tauben, fliegende Baumscheren, langschwänzige Grünratten, Hals-umdreh-Sittiche oder einfach nur Halsbandsittich. Schon beim ersten Anblick der kreischenden Schwärme entwickelte ich eine Abneigung, eine Verachtung, die bislang den Straßentauben vorbehalten gewesen war. Bald darauf ignorierte ich sie absichtlich und fluchte jedes Mal laut, wenn ihre Rufe über meinem Kopf ertönten.

Mein ehemals papageienfreies Heimatgebiet hat sich innerhalb von nur drei Jahren zu einem Sittichballungsgebiet gewandelt. Als ich kürzlich Fledermäuse zählen wollte, schwärmten über zweitausend Exemplare aus allen Himmelsrichtungen heran und versammelten sich in einem winzigen Gehölz. Mich packte das nackte Grauen, doch gleichzeitig war es auch ein faszinierender Anblick. Aber was hat es mit diesen Vögeln auf sich? Sollte ich sie weiterhin öffentlich schmähen oder sie doch lieber ganz tolerant als Neuankömmlinge willkommen heißen?

Selbst die Städter, die bislang – von Fuchs und Taube mal abgesehen – nichts von Wildtieren mitbekommen haben, kennen die Sittiche. Das leuchtend grüne Federkleid und die wenig angenehme Stimme fallen nun einmal auf. Heute muss ich über die Geschichten von damals lachen, als die bunten Tierchen zum ersten Mal auftauchten. Sie wurden angelockt, bewundert, ungläubig bestaunt und in aufgewühlten Anrufen bei der Tierschutzvereinigung als vermisste Haustiere gemeldet.

Mir waren die Halsbandsittiche als Ausnahmegäste zum ersten Mal in den späten Siebzigern in meinem damaligen, heimatlichen Fleckchen Brent Reservoir in Nordwest-London aufgefallen. Zu der Zeit kam es noch häufiger vor, dass man entwischte Wellensittiche, Loris und unbekannte Amazonaspapageien vors Fernglas bekam. Ich ahnte nicht, dass sich ein kleiner Halsbandsittichbestand in einer Ecke Südwest-Londons dreißig Jahre später exponentiell vermehren würde. Die unbestreitbar hübschen Vögel und ihre Herkunft sind der Stoff zahlreicher urbaner Legenden. Als Ursache der wildlebenden Population wurden schon Jimi Hendrix, rachsüchtige Ehefrauen, Flugzeugabstürze und versehentlich offengelassene Käfigtüren im Rahmen eines Filmdrehs gehandelt.

Der echte Grund ist dagegen recht langweilig. Die Vögel, die wir heute sehen, sind einfach die Nachkommen entwischter Artgenossen. Interessanterweise war Great Yarmouth der Schauplatz der ersten offiziellen Sichtung eines nistenden Paares, und das bereits im Jahr 1855. Kurz darauf kamen die Vögel in London an. Wie waren sie dorthin gelangt? Sie hatten sich erfolgreich als Haustiere von Matrosen getarnt, jedoch heimlich abgeheuert, bevor es zurück in die Heimat gehen sollte.

Meine Haltung zu den Sittichen setzt sich allmählich durch. Immer wieder werde ich gefragt, wie sie hier überleben und welche Auswirkungen sie auf heimische Arten haben. Manche Leute beschweren sich heutzutage aktiv über den Lärm der Vögel und ihre Inbeschlagnahme der Futterhäuschen. Und ein paar haben sich sogar nach der Möglichkeit einer Massenkeulung erkundigt.

Ich glaube, der Schaden ist bereits entstanden, und jetzt sind sie einfach zu zahlreich, um sie noch um die Ecke zu bringen. Das Ministerium für Umwelt, Ernährung und ländliche Angelegenheiten (Defra) erforscht derzeit den Effekt der Halsbandsittiche auf unsere Fauna, doch zahlreiche Anhaltspunkte weisen darauf hin, dass sie die neuen Herren im Haus sind. Anscheinend haben auch nur wenige heimische Greifvögel Lust auf einen Sittichimbiss. Kürzlich erzählte mir jemand von einer Heringsmöwe im zweiten Winter, die auf der Suche nach Futter erfolglos durch einen Sittichschwarm stob. Der junge Kollege sollte seine Jagdfähigkeiten schleunigst verbessern und dann an seine Artgenossen weitergeben. Wanderfalken schnappen sich ab und zu mal einen, und einmal beobachtete ich, wie ein Sperber einen verfolgte, allerdings prompt kehrtmachte, als ein wütendes grünes Geschwader auf ihn losging. Und genau das ist es ja, haben Sie mal so einen Sittichschnabel gesehen? Furchterregend!

Viel wurde schon gesagt über ihre Gewohnheit, die Nisthöhlen anderer Höhlennister mit Gewalt zu übernehmen, sodass die ursprünglichen Bewohner obdachlos werden. Obwohl ich es nie mit eigenen Augen gesehen habe, glaube ich das sofort, so sehr hasse ich Sittiche und so tief reichen meine Vorurteile. Zudem teilt sich in meinem derzeitigen heimatlichen Fleckchen Wormwood Scrubs ein

Halsbandsittichpaar einen alten Baum mit zwei Starenpaaren und einem Buntspechtpaar – ein veritables Mietshaus.

Ich gestehe, dass meine Abneigung vermutlich ziemlich unvernünftig ist, und der logische Teil meines Gehirns fragt mich ständig: „Schön und gut, aber wäre es dir vor tausend Jahren nicht genauso gegangen, als die Fasanen in Großbritannien eingeführt wurden? Die gelten doch für dich jetzt auch als heimisch, oder etwa nicht?"

Diese Schlacht tobt unablässig in mir, und es gibt keinen klaren Sieger. Ist der Sittich von heute die Taube von morgen? Ich gehe jedenfalls davon aus.

HALSBANDSITTICH

# #

VÖGEL AM FLUGHAFEN

BIRDING AUS DER LUFT

In letzter Zeit komme ich häufiger zu spät. Es nimmt immer mehr zu, und ich kann es mir nicht erklären. Neulich wollte ich von Heathrow zu einer Konferenz über Waldohreulen in Belgrad fliegen und habe es wirklich nur noch gerade so auf den allerletzten Drücker geschafft. Hätte der Flug selbst nicht eine Stunde Verspätung gehabt, hätte ich ihn verpasst. Nicht in Ordnung. Wenigstens hatte ich dann nach meinem Sprint vom Taxistand zum Check-in-Schalter aber wenigstens ein wenig Zeit, um mich bei einem schönen Pfefferminztee wieder ein wenig zu erholen und aus dem Fenster nach Vögeln Ausschau zu halten.

Ich führe im Kopf eine Liste über die Arten, die ich bis jetzt an oder in der Nähe von Flughäfen gesehen habe, manche sogar beim Ein- und Aussteigen direkt auf der Rollbahn. Ich überlege immer schon vorher, wen ich wohl bei der Landung als Erstes sehen werde; meistens ist es einer von den üblichen Verdächtigen. Ich werde garantiert jedes Mal von irgendeiner Rabenvogel-Art begrüßt, vielleicht von einer oder zwei Lerchen, einem Star oder auch ein paar Schwalben, je nachdem, welche Jahreszeit wir gerade haben und in welcher Stadt ich gelandet bin.

Flughäfen bieten sich wirklich sehr gut zur Vogelbeobachtung an, denn sie liegen oft außerhalb von Ballungsgebieten und sind meistens entweder in der Nähe von Feuchtgebieten oder am Meer. Solch eine Umgebung zieht Vögel an, was schön für Leute wie mich ist, aber gleichzeitig auch problematisch für die Fluggesellschaften sein kann – Vogelschlag ist eine ständige Gefahr. Und logischerweise ist der Bau eines Flughafens selten gut für Umwelt und Artenreichtum, da dabei oft natürliche Lebensräume zerstört werden. Einige Flughafenbehörden sind sich dieses Umstands jedoch bewusst und arbeiten aktiv daran, die Tierwelt in die neu geschaffene Umgebung zurückzuholen.

Ich liebe es, Vögel vom Flugzeug aus zu beobachten. Sobald ich in der Luft bin und auf das Landschaftsmosaik hinunterblicke, das sich unter mir entfaltet, stelle ich mir vor, ich wäre selbst ein Vogel. Ob da unten in den Hecken wohl Laubsänger sitzen? Und am Wasser dort drüben, ob es da wohl Möwen oder Reiher zu sehen gibt? Die Vernunft sagt mir natürlich, dass ich aus

MORNELLREGENPFEIFFER

einer Entfernung von etwa dreitausend Metern überhaupt nichts erkennen könnte, nicht mal einen Elefanten. In einem kleinen Flugzeug in geringerer Höhe hätte ich vielleicht noch die Chance auf ein paar Möwen, aber sicher nicht auf einem Langstreckenflug. Trotzdem habe ich neulich auf dem Weg nach Alderney in Höhe der Kanalinseln ganz deutlich einen Schwarm Basstölpel ausmachen können. Und einen Sturmtaucher glaube ich auch gesehen zu haben.

Das Gebiet um einen Flughafen herum darf man als normaler Mensch meistens nicht betreten, und seit dem 11. September 2001 sind die Sicherheitsvorkehrungen noch strenger. Dadurch entstehen inoffizielle Naturreservate. Heathrow ist ein klassisches Beispiel dafür, denn dort gibt es Stauweiher, Regenrückhaltebecken, bewaldete Gebiete und Wiesen. Als junger Vogelfreund bin ich oft über den Zaun der mittlerweile stillgelegten Perry Oaks Sewage Farm geklettert, über die immer wieder Flugzeuge vom Typ 747 hinwegdonnerten. Es war ein besonderer Ort, hier tummelten sich die seltensten Vögel. Als Beobachtungsgebiet konnte er wirklich mit jedem anderen beliebten Flecken in Großbritannien mithalten. Stars wie der Einsame Wasserläufer, der Kleine Gelbschenkel und der Seggenrohrsänger wurden in diesen stinkenden Gefilden schon gesichtet. Leider fanden meine illegalen Streifzüge damals oft ein jähes Ende. Früher oder später hörte ich die Sirene und wurde vom langen Arm des Gesetzes rausgeworfen.

Jeden Flughafen umgibt eine Wiese, und jeder Vogelfreund weiß, Wiesen lohnen sich immer, ganz besonders, wenn sich der Flughafen auf einer Insel oder Landzunge befindet. Auf dem Rollfeld von Heathrow habe ich schon Kiebitze, Goldregenpfeifer und vor kurzem sogar Mornellregenpfeifer stolzieren sehen, aber das ist noch gar nichts gegen die Landebahn von St. Mary's Airfield auf den Scilly-Inseln. Dort habe ich bereits Kurzzehenlerche, Spornpieper und eine Spornammer gesehen, aber das ist gerade mal die Spitze des Eisbergs, andere berichten von Schönheiten wie dem Wanderregenpfeifer, dem Grasläufer und dem ersten Steppenkiebitz, der je auf der Insel gesichtet wurde. Schon komisch, ausgerechnet an Flughäfen auf solche Seltenheiten zu treffen – als würden nicht nur Menschen, sondern auch Vögel hier ihre Reisen beginnen und beenden.

Während ich aus dem Fenster den wunderschönen blauen Himmel nach Greifvögeln und den Boden nach anderen Vogelaktivitäten absuchte, dachte ich an frühere Flughafenbesuche, die erfolgreicher verlaufen waren. Am Inverness Airport hatte ich beispielsweise das Glück, eine Schar Kurzschnabelgänse zu sehen. Bei der Landung in der Nähe von Kuhmo im Osten Finnlands wurde ich nicht etwa von den typischen Rabenvögeln begrüßt, sondern von mehreren Großen Brachvögeln und einer einsamen Zwergschnepfe, die während meines Landeanflugs aus ihrem Grasversteck herausragte. Je weiter man draußen ist, desto artenreicher wird es. Als ich vor ein paar Jahren in Cancún in Mexiko landete, wurde ich Zeuge, wie viele tausende Purpur-Grackeln zum Schlafen in den dichten Dschungel flogen, der direkt neben dem Flughafen beginnt. Ein unglaublicher Anblick. Später fand ich heraus, dass es Antillengrackeln gewesen waren, und freute mich, sie in meine Liste aufnehmen zu können.

Mein Flug wurde aufgerufen. Was für einen Vogel ich in Belgrad wohl als Erstes sehen würde?

Nutzt du auch manchmal deinen Aufenthalt am Flughafen zur Vogelbeobachtung? Probiere es ruhig mal aus. Es wartet vielleicht die eine oder andere Überraschung auf dich.

Aberlady Bay

Glasgow

Belfast

★ Northumberland
North Tyneside

Hartlepool

Stockton
Middlesbrough

Bradford York

Manchester
Hull

Sheffield

Derby Gibraltar Point

Leicester

Peterborough Norwich

Milton Keynes Lowestoft

Cambridge

St Albans

Bristol Staines LONDON

Croydon Southend

Exeter Brighton

Plymouth Eastbourne

LONDON:
The Olympic Park
Tower 42 und Canary Wharf
Wormwood Scrubs
Beddington Farmlands

•Alderney

BRITISCHE INSELN UND IRLAND

# #

VIERHUNDERTTAUSEND QUADRATMETER FRIEDHOF

Bring mich in eine Stadt und ich zeige dir einen Vogel. Dieser Satz war schon mein Mantra, bevor ich mir überhaupt über die genaue Bedeutung im Klaren war. Ich bin wahrscheinlich der einzige Vogelfreund der Welt, der sich aktiv darauf freut, im Großstadtdschungel Ausschau zu halten. Nach meinen ersten Erfahrungen in London fiel mir rasch auf, dass die meisten Städte nach demselben Schema gebaut zu sein scheinen. Sie bestehen alle aus einer Kombination von Parks, botanischen Gärten, Friedhöfen, Seen, Flüssen, Sumpfgebieten, manchmal auch Küsten und reichlich Himmel. Und das alles zusammen bedeutet: Vögel.

Ich beschloss, mein Mantra auf die Probe zu stellen, indem ich an Orten nach Vögeln suchte, die man nicht gerade als klassisches Beobachtungsgebiet bezeichnen würde. Es zog mich an Orte, wo sich der einzige Hinweis auf eine Vogelfauna zunächst frittiert zwischen zwei Burgerhälften in einem schmuddeligen Fast-Food-Restaurant findet.

Mit Fernglas, Teleskop und iPod im Gepäck trat ich in Belfast meine Reise in die Welt vor meiner Haustür an. Während meiner Vorbereitungen auf den zweitägigen Trip hatte ich mich bei mehreren Vogelfreunden in Nordirland nach städtischen Beobachtungsgebieten erkundigt und durch die Bank weg lediglich ungläubige Reaktionen geerntet. Wieso in Belfast nach Vögeln suchen, wenn ich doch nach Lough Neagh, Rathlin Island oder ins Copeland Bird Observatory gehen und ein paar echte Vögel zu Gesicht bekommen konnte?, wurde ich immer wieder gefragt.

Am George Best Belfast City Airport stieg ich vollbepackt mit Listen, einer frischen Erkältung und unfassbarer Aufregung aus dem

MISTELDROSSEL

Flieger. Nachdem ich mich kurz mit meiner Wirtin Margaret Adamson besprochen hatte, die mich auch in der Umgebung herumführen würde, legte ich mich erst mal aufs Ohr. Am nächsten Morgen ging es dann los. Als erstes besuchten wir Ormeau Park – anscheinend der größte und artenreichste Park der Stadt. Unser Spaziergang durch das hübsch bewaldete Fleckchen brachte uns zahlreiche Waldbaumläufer und die gewöhnlichen Meisenarten, während am Himmel Misteldrosseln umherflogen, zu denen sich auch noch ein paar Singdrosseln und Rotdrosseln gesellten. Noch nie zuvor hatte ich so viele Misteldrosseln gesehen – während meines Aufenthalts hier sah ich sie nun ständig und überall.

Anschließend zogen wir gen Osten zur ehemals berüchtigten Falls Road, um den wunderschönen Stadtfriedhof zu besichtigen und dort meine merkwürdige Faszination mit Grabstätten zu befriedigen. Ich stehe einfach auf Friedhöfe, und der hier war immens: über vierhunderttausend Quadratmeter Mischwald und Unterholz, dazwischen überraschend kunstvolle Gruften und Grabsteine. Haufenweise Misteldrosseln, sonst entdeckte ich zwar nichts, doch der Ort an sich war trotzdem vielversprechend. Angeblich gibt es hier die meisten Vögel in der ganzen Stadt, nisttechnisch gesehen. Wenn ich in Belfast wohnen würde, wäre das hier definitiv mein Heimrevier.

Im Westen grenzt Falls Park an den Friedhof, wo man Gebirgsstelzen und Wasseramseln in den Flüsschen beobachten kann. Dazu kamen wir allerdings nicht, da wir die Stadt Richtung Westen durchqueren mussten, um zu Belfasts Kronjuwel zu gelangen, der Harbour Reserve der Royal Society for the Protection of Birds (RSPB), einer überraschend kleinen, quadratischen Lagune an den Ufern des Belfast Lough, zwischen einem Industriegebiet am Hafen und direkt unter der Einflugschneise des nahegelegenen Flughafens. Dieser Lage zum Trotz finden sich hier unzählige Seltenheiten. Nearktische Watvögel, wie zum Beispiel Graubruststrandläufer und Sandstrandläufer, gibt es hier praktisch das ganze Jahr über, und in Sachen Möwen und Schwalben lässt sich schneller aufzählen, welche Arten hier noch nicht gesichtet wurden. Besonders beeindruckt war ich von den Brutflößen, die im Sommer sowohl von Flussseeschwalben als auch von Küstenseeschwalben bewohnt werden. Und in den letzten zwei Jahren haben einige Paare der höchst seltenen Rosenseeschwalben die Gegend erkundet.

Am nächsten Tag entdecke ich Kinnegar, vom Schutzgebiet der RSPB einfach ein Stück weiter die Küste hinab. Dort zählte ich Mittelsäger, Haubentaucher, ein paar verspätete Brandseeschwalben und eine einsame blassbäuchige Ringelgans. Anschließend besuchte ich noch ein paar andere Orte und fand mich schließlich im Belvoir Forest Park an der südlichen Stadtgrenze wieder. Belvoir (das „Beever" ausgesprochen wird) ist ein traumhaftes Mischwaldgebiet, in dem es vor Eichelhähern nur so wimmelt. Anscheinend nistet hier auch ein

Habicht, aber mein Tag wurde von einem roten Europäischen Eichhörnchen gekrönt, das sich, nur durch eine Fensterscheibe im nordirischen Hauptquartier der RSPB von mir getrennt, ein paar Nüsse aus der Futterstation mopste.

Belfast war mir nicht völlig fremd, da ich dort bereits fünfzehn Jahre zuvor nach Vögeln Ausschau gehalten hatte. Damals war die Atmosphäre allerdings noch etwas angespannter. Ich weiß noch, wie ich einen Kumpel in der katholischen Ecke besuchte, und der komplett durchdrehte, als er die ausrangierte Armeejacke sah, in der ich mich zum Vogelbeobachten tarnte. Er befahl mir unmissverständlich, sie sofort abzulegen, da er Angst hatte, jemand könnte mich für einen Militärangehörigen halten.

Heute ist Belfast ein anderer, cooler Ort. Die wunderbare Christine Bleakley der „The One Show" auf BBC1 ist hier zu Hause, und die Einwohner sind unfassbar freundlich und zuvorkommend. Aber noch wichtiger: Es eignet sich überraschend gut fürs *Urban birding*.

# #

SCHOTTISCHE PERLE MIT ÜBERRASCHUNGEN

Glasgows Straßen hatte ich seit über zwanzig Jahren nicht mehr unsicher gemacht, freundete mich jedoch mit dieser Stadt schnell an. Wie üblich suchte ich mir den besten Zeitpunkt für die Reise aus – den übelsten Kälteeinbruch seit dreißig Jahren. Eis und Schnee überall in der Stadt.

Die Glasgower sind ein willensstarkes, leidenschaftliches Völkchen, und das nicht nur in Fußballfragen. Iain Gibson und Jim Coyle vom Stadtrat, die mich herumführen wollten, waren typische Vertreter ihrer Art: Sie steckten mich komplett mit ihrer Begeisterung für die städtischen Wildtiere an. Ihr Eifer war gerechtfertigt, Glasgow ist schließlich eine echte Perle. Kennst du die schottische Comedyserie „Dear Green Place"? Die spielt in einem Park mitten in Glasgow, und der Name ist in dieser Stadt wirklich Programm, es gibt hier nämlich wirklich eine Menge Grünflächen. Dazu sind noch ganze sieben regionale Naturschutzgebiete über die Metropole verteilt, die auf insgesamt 250 Hektar die unterschiedlichsten Lebensräume bieten, darunter Feuchtgebiete und Hochmoore.

Gleich nach meiner Ankunft wurde ich in den Pollock Country Park entführt, 70 Hektar Park und Wald, ein echter Touristenmagnet und Heimat des größten Schlafplatzes für schottische Elstern. Ihren Höchststand erreichte die Population mit 538 Vögeln im Februar 1998. Frierende Wacholderdrosseln trieben sich in dem verschneiten Gebiet herum, während ich mich bei einem Tee im warmen Café der Burrell-Collection entspannte. Im Sommer entdeckt man hier rasch eine Vielzahl typischer Waldbewohner, darunter die gewöhnlichen Laubsänger und das einzige brütende Kleiber-Paar in der ganzen Stadt. Wir schauten kurz an der Futterstation hinter den alten Stallungen in der Nähe von Pollock House vorbei, um einen Blick auf die Kleiber zu erhaschen, mussten uns stattdessen aber mit den zahlreichen Meisen und Buchfinken zufrieden geben.

ELSTER

Der Park gefiel mir, und als ich mich nach den ungewöhnlicheren Sichtungen erkundigte, erfuhr ich, dass einmal eine Ringdrossel dabei erspäht wurde, wie sie sich an Eibenbeeren entlang des Uferpfades gütlich tat.

Anschließend machten wir uns auf den Weg in den Nordosten der Stadt zu Millichen Farms (sprich: Millikan). Das Grundstück befindet sich in Privatbesitz und hat nur wenige Parkplätze, aber von der Millichen Road kann man einen Blick darauf werfen. Zahlreiche Feldvogelarten tummeln sich hier, und oft nutzen es spektakuläre Gänseschwärme, Wildgeflügel und Watvögel in Herbst und Winter als Rastplatz. Die Gänseschwärme, die ich nur von Fotos kenne, bieten einen unglaublichen Anblick, die Versammlungen der isländischen Graugans sind auf internationaler Ebene bekannt. In den letzten Jahren haben sich hier bis zu 1600 Kurzschnabelgänse eingefunden, dazu auch weniger zahlreiche Schwärme Kanadagänse und Weißwangengänse. Am Tag, den ich mir ausgesucht hatte, war weit und breit natürlich keine Gans in Sicht.

Dafür entdeckten wir einige Krickenten, mindestens zwei Wasserrallen, etwa zwanzig Bekassinen und als i-Tüpfelchen noch ein paar Zwergschnepfen, die alle in einem kleinen, nicht zugefrorenen Bachlauf nach Futter suchten. In den Hecken und Büschen lärmten beide Sperlings-Arten sowie eine kleine Anzahl Goldammern. Bis zu dreizehn Feldsperlings-Paare brüten hier, und in Anbetracht der Tatsache, dass ihre Zahl landesweit zurückgeht, war es erfreulich, dass die Hecken speziell um ihretwillen mit Nistkästen ausgestattet worden waren und eine zusätzliche Winterfütterung stattfand. Bergfinken und Berghänflinge schauen wohl auch öfter mal vorbei.

ZWERGSCHNEPFE

Von Iain und Jim erfuhr ich, dass der Herbst die beste Jahreszeit für Watvögel ist. Neben den üblichen Verdächtigen wie zum Beispiel Brachvogel und Kiebitz gab es solche Leckerbissen wie Zwergstrandläufer, Kampfläufer und Dunkler Wasserläufer zu entdecken, und sogar ein Graubruststrandläufer ist hier mal aufgetaucht. Auch Möwen lassen sich trefflich beobachten – von Ringschnabelmöwe über Eismöwe und Polarmöwe bis hin zur Unterart der Polarmöwe *kumlieni* aus dem nordöstlichen Kanada hatte sich hier schon alles blicken lassen. Außerdem gab es Pläne, das Sumpfgebiet zu einem Schutzgebiet zu erklären. Das würde es zu einem grandiosen Fleckchen in der Stadt machen.

Inzwischen wurde es langsam dunkel, und wir wollten noch einen letzten Ort besuchen, das berühmte regionale Naturschutzgebiet Hogganfield Park. Der Ruhm entstammt den regelmäßigen Winterbesuchen ihrer legendären Spezialität: der Zwergschnepfe. Das Schutzgebiet trumpft auf mit einem großen See mit einer bewaldeten Insel, stets in Schuss gehaltenen Wiesen, dichten Büschen und einem kürzlich angelegten Sumpfgebiet mit einem Tümpel.

Bei meinem Besuch war der See zu über drei Vierteln zugefroren, und die zahlreichen Wasservögel drängten sich auf einem kleinen, eisfreien Fleckchen nahe des Parkplatzes. Sie ergötzten sich an den Brotkrümeln, die ihnen die Besucher zuwarfen. Auf den ersten Blick schien das Fressgelage nur aus Lachmöwen, Blässhühnern, Höckerschwänen, Graugänsen und Reiherenten zu bestehen, aber meine Begleiter machten rasch auch noch wilde Gänsesäger, Schellenten und Singschwäne in der Menge aus – häufig nur wenige Meter von uns entfernt. Ich erfuhr, dass die Gänsesäger erst seit Kurzem hier brüteten, vielleicht sind also nicht alle Vögel, die gerade keine Stockenten sind, irgendwo entflohen, sondern leben tatsächlich wild.

Hogganfield ist auf jeden Fall zu jeder Jahreszeit einen Besuch wert, und auf seiner beeindruckenden Liste finden sich ein paar interessante Zugvögel. Ich verließ Glasgow als aufgeklärter Mann: Die Stadt ist ein absoluter städtischer Zufluchtsort, der eine Menge Überraschungen zu bieten hat.

MEKKA FÜR LAPPENTAUCHER

Das schöne Schottland ist über die Jahre nur sehr selten in meiner Kolumne aufgetaucht, Asche auf mein Haupt. Dieser Tatsache wurde ich mir eines Herbsts im Zug nach Edinburgh schmerzlich bewusst. Mein Ziel war allerdings nicht die schottische Hauptstadt, sondern ein Schönheitsfleck namens Aberlady Bay in East Lothian. Aberlady gilt offiziell als Stadt, sodass meine Integrität als Urban Birder unangetastet blieb, aber in Wirklichkeit wollte ich einfach nur an die Küste, weg von der tobenden Menge. In meinem heimischen Fleckchen in West-London bekam ich eher selten hereinbrechende Wellen zu sehen, vor denen die Sanderlinge davonstoben. Mein grober Plan bestand darin, die Küste von East Lothian zu erkunden, zu der auch Aberlady Bay gehört. Eine Hauptattraktion hier sind die riesigen, bis zu dreißigtausend Kurzschnabelgänse umfassenden Schwärme, die auf dem Weg von und zu ihren Futter- und Niststätten vorbeiziehen.

Dazu gesellen sich im Herbst noch mal zwei- bis dreitausend Weiß-wangengänse. Den Anblick wollte ich mir nicht entgehen lassen, zumal ich wusste, dass ihre Anzahl genau zum Zeitpunkt meines Besuchs am höchsten sein würde.

Im Jahr 1952 wurde das eine dreiviertel Stunde östlich von Edin-burgh gelegene Aberlady Bay zum ersten regionalen Naturschutzge-biet Großbritanniens erklärt. Zwei Drittel des Gebiets, knapp sechs Quadratkilometer, liegen unterhalb der Gezeitenmarke, und das Watt ist natürlich ein echter Magnet für Wat- und Wasservögel. Der Winter eignet sich hier am besten zur Vogelbeobachtung, denn dann besteht die Chance, Sumpfohreule, Merlin oder Wanderfalke zu sich-ten, die über der Bucht jagen, in der sich wiederum Knutt, Sandregen-pfeifer, Pfuhlschnepfen und andere Schreitvögel tummeln. Ich über-nachtete in Aberlady, und schon der kurze Weg von meinem Hotel über die Straße zur Bucht versetzte mich in eine Welt, in der die hypnotischen Schreie von Brachvögeln und Austernfischern wider-hallten. Der atmosphärische Klang dieser Rufe beglückt mich jedes Mal aufs Neue. Die Flut hatte ihren Höchststand noch nicht erreicht, ein kurzer Rundumblick belohnte mich aber dennoch mit Pfeifenten und Mittelsägern. Am Strand stelzten Rotschenkel, Graureiher und mehrere Seidenreiher umher. Heutzutage vergisst man schnell, wie selten diese Reiher einmal in Großbritannien waren.

Zeitweise war ich mit Dave Allen von der Schottischen Ornitho-logenvereinigung unterwegs, einem redseligen Kerl, der mich nur zu gerne durch sein Revier führte. Mit von der Partie war der versierte Aquarellmaler und Vogelfreund Darren Woodhead. Im Laufe der folgenden Tage erkundeten wir einen Großteil der Küste, wobei wir mit meinem „Ersatzheimfleckchen" anfingen, der Bucht vor meiner Hoteltür. Eine beachtliche Anzahl Brandgänse trieben entweder im Wasser oder fraßen an der Küstenlinie. Jedes Jahr überwintern hier bis zu 400 Exemplare, ab Januar übernehmen dann die Wacholderdrosseln und tun sich dort an den Kreuzdornbeeren gütlich. Von den Jungs erfuhr ich, dass man im Sommer auch einiges zu sehen bekommt, seien es brütende Feldschwirle oder Klappergrasmücken, die man hier oben im Norden nur selten antrifft.

Gosford Bay, westlich von Aberlady und anscheinend ein echtes Mekka für Lappentaucher, gefiel mir besonders gut. Im August zieht es bis zu fünfzig Rothalstaucher an, die größte Population in ganz Großbritannien, und auch im Winter thronen über achtzig Ohrentaucher auf den örtlichen Wellen. Wir entdeckten mehrere Ohrentaucher, die sich unter ein paar verfrühte Eisenten gemischt hatten. Im Winter lassen sich hier wirklich vortrefflich Vögel beobachten, denn dann sind die drei Taucher, Alkenvögel sowie Samtenten und Trauerenten alle versammelt, und dazu gesellt sich noch ab und zu eine seltene Rosenseeschwalbe.

Als wir auf dem Westparkplatz in Londniddry Bents hielten, verlagerte sich unser Fokus auf die Singvögel. Das Küstengestrüpp wirkte auf mich wie eine Goldgrube der seltenen Arten, und ich machte mich sofort daran, nach „abwegigem Strandgut" Ausschau zu halten.

Dave musste mich ein wenig bremsen und riet mir, mich stattdessen auf Wacholderdrosseln und andere Winterdrosseln, Mönchsgrasmücken und Gimpel zu konzentrieren. Das Örtchen sah wirklich spannend aus, doch wir sichteten lediglich ein paar Stieglitze. Die Küste östlich von Musselburgh war besonders lohnenswert und eröffnete uns einen traumhaften Panoramablick auf die gesamte Bucht. Wir hatten freie Sicht auf eine Gruppe Eisenten, die nahe der Küste auf dem Wasser trieben. In der Nähe befanden sich Eiderenten und noch mehr Mittelsäger, während am Himmel eine Schwadron aus Lachmöwen und Sturmmöwen kreiste. Die anderen

OHRENTAUCHER

entdeckten in der Ferne eine einsame Große Raubmöwe und eine ebenso weit entfernte Kleingruppe Zwergmöwen.

Ich verbrachte ein paar entspannte Tage in bester Gesellschaft und gemütlicher Vogelbeobachtung – besser geht es nicht. Wieso durch die Gegend rennen, wenn man auch dahinschlendern oder sich setzen kann? Lass die Vögel zu dir kommen, sage ich immer. Der schönste Moment war für mich, als wir zu einer Gruppe der schottischen Ornithologenvereinigung stießen, die nahe des Hauptsitzes gerade auf den abendlichen Flug der Kurzschnabelgänse warteten. Und wir wurden nicht enttäuscht. Zu tausenden zogen sie in mehreren Strängen über uns vorbei und kläfften dabei wie ein riesiges Hunderudel. Es war unglaublich. Ich habe es also nicht in die Hauptstadt Schottlands geschafft. Das kommt noch. Aber die Küste von East Lothian wird schwer zu schlagen sein.

NORTHUMBERLAND UND NORTH TYNESIDE

EIN THORSHÜHNCHEN!

Als ich aus meinem Hotel unweit des Flughafens Newcastle trat, empfingen mich die morgendliche Dämmerung und eisiger Regen. Ich war mit Alan Tilmouth verabredet, dem ehrenamtlichen Schriftführer des Northumberland and Tyneside Bird Clubs. Er hatte sich trotz meiner sehr kurzfristigen Anfrage bereiterklärt, mir einige Beobachtungsplätze entlang der Küstenregion Northumberlands und North Tynesides zu zeigen. Bis dahin hatte ich nur eine recht grobe Kenntnis dieser Gegend; um genau zu sein, war ich in den frühen Neunzigerjahren das letzte Mal mit dem Fernglas in Northumberland unterwegs gewesen. Damals war ich auf dem Rückweg von ein paar Meetings in Schottland und hatte auf einem namenlosen See an der Landstraße eine Gruppe Singschwäne beobachtet. Es war wirklich an der Zeit, meine Vogelkunde Northumberlands auf den neuesten Stand zu bringen.

So begann ein Kurztrip mit strammem Zeitplan: Nachmittags wollten wir das Washington Wetland Centre in North Tyneside, südlich von Newcastle, erreichen. Alan nahm mich zunächst mit zum Blyth South Harbour, wo er seine Vogelbeobachtung begonnen hatte. Als Kind hatte er diese Gegend systematisch nach Vogelplätzen durchforstet und sich an Tauben erfreut, die unter seinen Füßen in den Holzbalken des Hafenpiers nisteten. Auch heute noch ist der Hafen in Betrieb, wenngleich es dort früher, wie in so vielen Häfen Großbritanniens, wesentlich geschäftiger zuging. Mit den von Buhnen unterteilten kleinen Strandabschnitten bot der Ort einen faszinierenden Anblick. Wir verbrachten einige Zeit damit, die Möwen an der Küstenlinie zu studieren, und suchten im trübgrauen Licht erfolglos nach Schneeammern. Eine Anzahl großer Lagerhäuser diente zahlreichen Möwen sowie Watvögeln wie Sandregenpfeifern und Alpenstrandläufern als Wohn- und Schlafplatz. Der Hafen selbst weist überdies eine stattliche Eiderenten-Population auf, von denen sich einige auch tatsächlich zeigten.

Ich war völlig in diesen Ort versunken, als wir schon wieder aufbrechen mussten. Prestwick Carr rief. Vier Meilen nördlich vom Zentrum Newcastles gelegen, ist es eines der wenigen verbliebenen Flachlandmoore Großbritanniens. Im 19. Jahrhundert konnte es sich in seiner Funktion als Brutplatz für Wachtelkönige, Kampfläufer und Rohrdommeln rühmen. Über die Jahre hinweg wurde das Gebiet jedoch entwässert und für die Landwirtschaft trockengelegt, was leider den Verlust dieser fantastischen Vogelarten zur Folge hatte.

Erst kürzlich rief der Northumberland Wildlife Trust ein fortlaufendes Projekt zur Flutung einiger Areale ins Leben, um den Ursprungszustand wiederherzustellen. Mit Erfolg: Einige nicht-brütende Kampfläufer sowie Rotschenkel und eine Anzahl überwinternder Wasservögel sind bereits zurückgekehrt. Während Alan und ich uns dort unterhielten, bemerkte ich eine Bewegung in einer nahestehenden Hecke. Sie rührte von einer der reizendsten Bewohnerinnen Prestwick Carrs: einer Weidenmeise. Ich konnte mich nicht entsinnen, wann ich das letzte Mal eine dieser kleinen Meislein gesehen hatte, und war entzückt. In anderen Teilen der Hecken tummelten sich Wacholderdrosseln und Rotdrosseln, aber den Raubwürger, der das Gebiet in den vergangenen Tagen immer mal wieder besucht hatte, bekamen wir leider nicht zu Gesicht. Es lag wohl an den schlechten Lichtverhältnissen.

Unser nächster Stopp war der Big Water Country Park, eine innerstädtische Anlage. Sie besteht aus einem großen, von einer Parklandschaft umgebenen See, die wiederum in die städtische Bebauung eingebunden ist. In der Nähe lebt eine stetig wachsende Feldsperling-Kolonie, der See wimmelte von Sturmmöwen und Lachmöwen, und auch eine große Anzahl Pfeifenten waren zugegen. Dazwischen tauchte ein einzelnes Weibchen der Kleinen Bergente auf – meine erste Sichtung dieser Art in Großbritannien. In diesem Park waren solche Raritäten nichts Neues, hatte er doch schon den Drosselrohrsänger und das berühmte Fichtenammer-Weibchen von 1991 beherbergt. Nun hatte uns das Sichtungsfieber vollends gepackt, und ein Besuch beim Großen Gelbschenkel, der in Hauxley beobachtet wurde, war unumgänglich. Mit ihm konnte ich ein zweites Häkchen auf meiner Großbritannien-Liste setzen, und ein ebenfalls anwesendes Thorshühnchen bildete das i-Tüpfelchen.

THORSHÜHNCHEN

Der vielleicht überraschendste Ort, den ich auf meiner Reise besuchte, war das Naturschutzgebiet Gosforth Park vor den Toren Newcastles. Das etwa sechsunddreißig Hektar große Reservat versetzte einen direkt nach Narnia – die Vielfalt des Wildtierbestandes war hinsichtlich der Nähe zur Großstadt einfach unglaublich. Der Park bietet Schlafplätze für mehrere Kolonien von Abendseglern, und neben Englands einziger städtischer Population der roten Europäischen Eichhörnchen leben hier auch Otter, Dachse, Sumpfspitzmäuse und eine Vielzahl an Waldvögeln. Als wäre das noch nicht genug, verfügt das Gelände zudem über massenweise Röhricht und einen See. Von einem Unterstand aus beobachtete ich eine große Zahl von Pfeifenten, Schnatterenten sowie einige Höckerschwäne. Ohne Vorwarnung stieß plötzlich eine Rohrdommel aus dem Schilf und flatterte umher, bevor sie wieder herabsank und verschwand. Ich war begeistert, dass diese Art hier lebte.

Wie viele städtische Naturparks ist auch dieses Schutzgebiet durch irrsinnige Bauvorhaben stark gefährdet, die den Grüngürtel ringsum bedrohen, die Pufferzone zur Stadt für den Wildtierbestand. In einer laufenden Kampagne versuchen Anwohner und NGOs dieser Entwicklung Einhalt zu gebieten. Immerhin steht hier ein Naturschutzgebiet von nationaler Bedeutung auf dem Spiel.

Als wir im Washington Wetland Centre ankamen, war ich deswegen leicht bedrückt. Kleine, urbane Beobachtungsplätze werden nur allzu oft von der Omnipräsenz städtebaulicher Entwicklung bedroht. Daher ist es für uns unerlässlich, diese Gebiete zu erkennen und zu schützen. Ich brauchte dringend eine Aufmunterung und erfuhr sie auch tatsächlich, als ich von einem Verschlag aus Zeuge des spektakulären Fluges mehrerer hundert Brachvögel zu ihren Schlafplätzen wurde. Der Anblick und Klang dieser Tiere im Abendlicht war atemberaubend. Ich hatte im Inland noch nie so viele Brachvögel auf einmal gesichtet. Gerade als ich dachte, nun alles gesehen zu haben, flog direkt vor uns eine Schleiereule vorbei und landete seitlich des Verschlags. Sie hatte einen bedauernswerten kleinen Nager erbeutet und breitete nun im Gras ihre Schwingen über ihm aus – ein großartiger Abschluss eines fantastischen Tages.

#

HARTLEPOOL, COUNTY DURHAM

NIRVANA DES
URBAN BIRDING

Achtung, alle mal herhören: Vergesst die ganze Negativpresse über dieses kleine Städtchen im Norden und die Behauptungen, die Vogelbeobachtung dort lohne sich nicht. Manche von euch wissen bestimmt aus eigener Erfahrung, dass Hartlepool Headland schon so einige sehenswerte Vögel auf der Liste hat, nicht zuletzt den berühmten Weißkehlsänger von 2011 oder die Orpheusgrasmücke, die kürzlich in aller Munde war. Doch wusstest du, dass sich eigentlich die gesamte Landzunge zu praktisch jeder Jahreszeit hervorragend zur Vogelbeobachtung eignet?

Als ich dort an einem bewölkten Morgen im Spätoktober ankam, erlebte ich den klassischen Fall von: „Da hättest du mal vor drei Tagen hier sein sollen ..." Zu Beginn der Woche war die Ostküste Englands zwar von einem dichten Nebelschleier, dafür aber auch unzähligen Zugvögeln überzogen gewesen. Hartlepool Headland war da keine

Ausnahme. Neben den zu erwartenden Rotdrosseln, Wacholderdrosseln und Wintergoldhähnchen schauten auch ganze Scharen von Rotkehlchen, Bergfinken und ein paar seltenere Zugvögel wie Gelbbrauen-Laubsänger vorbei.

Obwohl ich das Spektakel verpasst hatte, gab es noch immer reichlich Bewegung. Kleine Gruppen von Staren kamen ständig von der See hereingeflogen, und Drossel-Schwärme streiften über den Dächern umher. Zwar tummelten sich entgegen meiner Hoffnung nicht scharenweise Zugvögel im Gebüsch, aber dafür entdeckte ich in den diversen Meisenschwärmen unzählige Wintergoldhähnchen auf Futtersuche.

Das Epizentrum der viel gepriesenen Vogelmassen befand sich auf dem Bowling Green, einem unscheinbaren, quadratischen Rasenstück mit Hecken und Büschen drum herum. In den Lücken zwischen den Hecken hatte Chris Brown, seines Zeichens Beringer und mein Gastgeber, Japannetze angebracht. Gemeinsam mit Toby Collett, dem stellvertretenden Leiter des RSPB Reserve Saltholme, zeigte er mir die Stadt. Trotz seines bescheidenen Äußeren ist das Bowling Green bewiesenermaßen ein magischer Ort für Zugvogelsichtungen. Manchmal sieht man ewig überhaupt nichts, doch eine Stunde später entdeckt man dann plötzlich einen Goldhähnchen-Laubsänger. Wie zum Beweis zeigte Chris auf ein

HAUSROTSCHWANZ

Netz, in dem er schon zwei Feldrohrsänger gefunden hatte.

Auf der anderen Seite der Straße gab es ein weiteres Bowling Green. Dort wurde der Weißkehlsänger freigelassen, nachdem er beringt worden war. Einer Anekdote zufolge wurden die Wurftechniken der ansässigen Bowls-Spieler einmal lautstark von einer Gruppe Ornis kommentiert, die eigentlich gekommen waren, um einen

Blick auf den Weißkehlsänger zu erhaschen. Eine weitere wichtige Vogelfalle befindet sich nahe der einzigen Schrebergärten der Landzunge, die ebenfalls auf den ersten Blick äußerst unspektakulär wirken. Die Gärten werden zwar landwirtschaftlich genutzt, wir fanden jedoch nicht viel mehr als ein paar Zwiebelfelder und Unkraut. Auf diesem heiligen Boden wurde der Weißkehlsänger also erstmals entdeckt? Ich sank sofort in Demut auf die Knie.

Chris hat in seinen Netzen dort schon allerhand Zugvögel eingefangen, darunter Mönchsgrasmücken, Hausrotschwänze, ein Blaukehlchen und einen Zwergschnäpper. Wenn man schon mal da ist, wäre es außerdem geradezu verwerflich, sich nicht wenigstens kurz auf eine Bank zu stellen und einen Blick in den Doctor's Garden zu werfen. In diesem berühmten Garten verbrachte der Weißkehlsänger die meiste Zeit, und an der straßenseitigen Mauer stellten die Ornis damals reihenweise ihre Leitern auf oder kletterten sogar auf Autodächer, um einen Blick auf den Vogel zu erhaschen. Kann man sich alles auf YouTube anschauen.

Seit Jahren ist der Doctor's Garden eine wahre Fundgrube an Raritäten. Zugvögel wie Zwergammer, Weißbartgrasmücke und Sprosser wurden alle schon in dieser Oase gesichtet. Der übersichtliche Rasen hat bereits legendäre Schwärme hunderter Rotdrosseln und Wacholderdrosseln beherbergt – und das nicht etwa zu unterschiedlichen Zeitpunkten, sondern am selben Tag, zur selben Zeit. Die müssen geradezu übereinandergestapelt gewesen sein.

Nachdem wir diese heiligen Stätten besichtigt hatten, ging es auf die Straße, von wo aus wir in die Gärten spähten und die Gebäudefassaden nach Spuren von Zugvögeln absuchten. In einem guten Herbst finden Vögel an allen möglichen Orten Unterschlupf, ob natürlich oder von Menschenhand gemacht. Meine beiden Begleiter erzählten strahlend von Tagen, an denen sich unzählige Drosseln auf den Dächern und Regenrinnen tummelten.

Die Chancen auf interessante Sichtungen stehen praktisch überall auf der Landzunge sehr gut, und da ist noch nicht einmal der Blick aufs Meer dabei, der sich auch lohnen kann. Nach einer knappen halben Stunde hatte ich bereits viele Trauerenten über dem Wasser entdeckt sowie mindestens 20 Krabbentaucher, meine ersten in diesem Jahr. Mein Lieblingsort war der Jüdische Friedhof und das umliegende Gestrüpp im Norden der Landzunge. Neben dem kleinen Bereich mit Grabsteinen, der einen Hausrotschwanz für mich bereithielt, gab es noch das angrenzende Buschwerk, das Waldohreulen und allerlei Zugvögel anzog. Das Potenzial scheint hier enorm zu sein, und ich hätte locker den halben Tag nur damit verbringen können, das Gebüsch zu durchsuchen. Hartlepool ist ein echt spannender Ort, und irgendwann muss ich dort unbedingt noch einmal hin, um endlich einen richtigen Glücksgriff zu landen. Vielleicht sollte ich mir dort auch gleich ein Haus kaufen …

# #

INDUSTRIE UND MOOR-OASEN IM NORDOSTEN

Eines Abends beobachtete ich in der Ferne eine Sumpfohreule, die im schwachen Licht eines bedrückend grauen Herbsthimmels auf Beutejagd ging. Es war allerdings gar nicht Herbst, sondern mitten in unserem berüchtigten englischen Sommer, an einem Juniabend, um genau zu sein. Mit viel gutem Willen konnte man ihn als mild bezeichnen, auch wenn ich persönlich ihn als etwas kühl empfand. Ich sah jedenfalls dieser Eule durchs Fernglas zu, wie sie gemächlich über einen Feldrand und dann eine Böschung hinaufflog, als sie sich urplötzlich auf irgendetwas herabstürzte. Da hatte wohl jemand das Pech gehabt, von ihren Augen oder Ohren erfasst worden zu sein. Zusätzlich zu ihrer herausragenden Sehkraft verfügen Eulen auch über ein exzellentes Gehör. Diese hier verschwand schließlich hinter einem Gebüsch. Zufrieden mit dem faszinierenden Spektakel, suchte ich den Horizont nach weiteren, potenziell interessanten Vögeln ab.

Du denkst jetzt vielleicht, ich hätte an diesem Abend gerade in einer Moorlandschaft oder an einer bezaubernden Flussmündung gestanden. Weit gefehlt! Mein Standort war am Fluss Tees im Teesmouth-Nationalpark, mitten im hoch industrialisierten Hinterland im Norden von Middlesbrough und unweit des Vogelschutzgebiets Saltholme. Die Landschaft vor mir war durchsetzt von einer Vielzahl haushoher Rohrleitungen und Flammen speiender Trichter. Kennst du die Einstiegssequenz von Ridley Scotts hoch gepriesenem „*Blade Runner*"? Genau diese Landschaft war Vorbild der seltsamen Architektur, durch die Harrison Ford als Deckard herumläuft. Da soll noch mal einer sagen, Hässlichkeit hätte nicht auch ihren Reiz.

Meine Eulen-Beobachtung an diesem merkwürdigen Ort bildete den Abschluss eines langen Tages, an dem ich die wilderen Seiten von Middlesbrough und Stockton erkundet hatte. Begleitet wurde ich dabei von Steve Ashton, dem Manager für Mensch und Tier des Tees Valley Wildlife Trust. Wenn sich nicht gerade eine seltene Art dort aufhält, bleibt dieses Industriegebiet in der Konurbation Teesside weitgehend unbeachtet – von Politikern und auswärtigen Vogelbeobachtern.

ROHRWEIHE

Middlesbrough und Stockton sind praktisch Zwillingsstädte, nur durch den Tees voneinander getrennt, und beide bieten eine überraschende Vielfalt an heimischen Vögeln. Ein sehr interessantes Gelände war zum Beispiel der Portrack Marsh in Middlesbrough. Dieser etwa zwölfeinhalb Hektar große Überrest einer ehemaligen Moorlandschaft wird vom Tees Valley Wildlife Trust und Northumbrian Water als Naturschutzgebiet geführt.

Im Sommer nisten an den erhöhten Ufern des Tees Uferschwalben und Eisvögel, und zur richtigen Jahreszeit führt der Fluss wandernde

Lachse. Obwohl die Industrie weiter vordringt, beherbergt das Gelände durch seine Mischung aus offenen Gewässern, Schilfgürteln und Buschland doch eine erfreuliche Anzahl Vögel. Die üblichen Rohrsänger brüten hier in Eintracht mit Rohrammern direkt neben den Ostschermäusen. Im Winter zeigen sich die gewöhnlichen Wasservögel und kleinere Ansammlungen von Graureihern. Mitunter können seltene Enten wie Zwergsäger und Eisente beobachtet werden. Die Urban Birder der Region waren jedoch besonders erfreut, als 2006 zwei Beutelmeisen-Männchen gesichtet wurden. Diese alljährlichen Besucher sind landesweit äußerst selten und lassen sich so weit im Norden praktisch nie blicken.

BEUTELMEISE

Das Naturschutzgebiet Bowesfield hat eine ganz andere Geschichte. Ursprünglich war es Ackerland, das 1996 der Verwilderung überlassen wurde, bis dann 2004 Nutzungspläne zum Bau von Wohn- und Geschäftshäusern entwickelt wurden. Zur ihrer Ehrenrettung waren die Planer durchaus willens, mit dem Wildlife Trust zusammenzuarbeiten, um Teile des Geländes in ein Naturschutzgebiet umzuwandeln. In diesem finden sich nun eine Reihe kleiner Teiche und offener Seen mit Flusszulauf, und zwischendurch immer wieder Wildblumenwiesen. Den neuen Anwohnern wurde zudem eine kostenlose Mitgliedschaft im Wildlife Trust angeboten – eine wunderbare Möglichkeit, Leute für das Reservat zu begeistern, die es sonst vielleicht für eine Verschwendung von Bauland gehalten hätten. Tatsächlich waren wahrscheinlich genau diese Leute im letzten Frühling die ersten Zeugen einer Rötelschwalbe, die über den Köpfen der herkömmlichen Feldlerchen und Rohrammern umhersegelte.

Steve und ich hielten noch an weiteren spannenden, wenn auch vollkommen urbanen Orten wie beispielsweise Middlebeck im Herzen eines Wohngebietes von Middlesbrough. Die Attraktionen hier waren Ostschermäuse, Teichrohrsänger und sogar Feldschwirle. Der großzügig bewaldete Friedhof Linthorpe war ebenfalls eine Überraschung im Zentrum des wachsenden Stadtgebiets. Er beherbergt die typischen Waldvögel, wird jedoch selten von Ornis besucht.

Ich beendete meine Exkursion mit einer Nachtigall, die ihr Lied im Cowpen Bewley Country Park in Stockton und damit weit nördlicher als üblich angestimmt hatte. Das Gelände war ursprünglich eine künstliche Landaufschüttung und ist nun Teil der hiesigen Bewaldungspläne. Natürlich konnte sich die Nachtigall bei unserem Eintreffen zu keinem weiteren Ton bequemen.

Stockton und Middlesbroughs *pièce de résistance* ist jedoch zweifellos das Vogelschutzgebiet Saltholme, denn trotz der Ölraffinerien und Fabriktürme im Hintergrund ist es eine Mooroase für Wildtiere. Das Gelände wurde mir von Toby Collett gezeigt, dem enthusiastischen Wildhüter vor Ort. Während meines Besuchs verpasste ich leider die Rosenseeschwalbe, sah dafür jedoch eine Schwarzkopfmöwe. Toby machte außerdem mit sicherem Blick eine Küstenseeschwalbe aus, die hier ihren ersten Sommer verbrachte, und schließlich sahen wir noch ein Rohrweihen-Weibchen und eine Schleiereule, die in ein leerstehendes Gebäude segelte. Das Schutzgebiet hat eine beachtliche Sichtungsliste vorzuweisen: von heimischen Besonderheiten wie einem Rohrdommel-Männchen, dem Purpurreiher und dem Sichler bis hin zu landesweiten Seltenheiten wie Weißbürzelstrandläufer und Steppenweihe.

Ich war beeindruckt von meinem Tag in Teesside. Nicht nur wegen der wirklich interessanten Beobachtungsgebieten, sondern auch aufgrund der Tatsache, dass hier das Engagement der Bewohner als elementarer Beitrag zur Heimatpflege gesehen wird. Solltest du je in der Gegend sein, nutze die Gelegenheit, tauche hier ein in die Vogelwelt.

# #

VORHERSAGE DER MAUERSEGLER

Meine Verbindung zu York besteht schon seit fast zwanzig Jahren. Eine langjährige Freundin von mir stammte von dort, und ihre Eltern leben noch heute in der uralten, ummauerten Stadt in Nord-Yorkshire. Mein letzter Besuch fand Mitte der Neunziger statt, als ich dem Auftritt eines damals unbekannten Comedians namens Eddie Izzard beiwohnte.

Es war also höchste Zeit, die Beobachtungsgebiete zu entdecken, denen ich damals keine Aufmerksamkeit geschenkt hatte. Doch das ging nicht ohne Hilfe, und die kam in Form des örtlichen Vogelkundlers Paul Brook. Er entwarf eine Route, die üppige Wälder und städtisches Brachland umfasste und uns von den Ausläufern ins Herz der Stadt führen würde. Das Erste, was mir auffiel, war die große Zahl an Feldsperlingen. Paul betrachtete sie praktisch als selbstverständlich, aber für mich ist die Sichtung dieses landesweit seltenen Sperlings immer ein besonderer Moment. Ich beobachtete sie praktisch schon vor der Hoteltür, als wir gen Knavesmire und Knavesmire Wood aufbrachen, zusammen mit ihren gewöhnlicheren Cousins, den Haussperlingen. Der erste Ort war eine kleinere Wiese, auf der sich Schmetterlinge tummelten, dazu mehrere Rohrammern und Dorngrasmücken, die im hohen Gras landeten. Der Wald, der vom Woodland Trust verwaltet wird, grenzt an die Rennstrecke von Knavesmire, deren kurz gehaltenes Gras im Winter bestimmt durchziehende Goldregenpfeifer und Kiebitze anzieht.

KLAPPERGRASMÜCKE

Wir machten einen gemütlichen Spaziergang durch den sonnigen Wald, der sich über knapp fünf Hektar erstreckt, und verzeichneten die üblichen Verdächtigen, von Kleibern bis zu den allgegenwärtigen Buchfinken. Obwohl der Wald stark von Gassigehern und Joggern frequentiert wird, die wohlgemerkt alle extrem freundlich waren, lassen sich hier vortrefflich Vögel beobachten. Allerdings wird leider nicht genug Beobachtung betrieben. Das Gleiche gilt für den nahe gelegenen Rawcliffe Country Park, noch so ein beliebter Ort für Ausflügler, Jogger und Radfahrer. Die gesamte Gegend, insbesondere die angrenzenden Rawcliffe Meadows, waren eine Paradies für die üblichen Laubsänger und Grasmücken. Mönchsgrasmücken, Zilpzalpe und Dorngrasmücken schmipften mit uns, während wir vergeblich nach Goldammern und kreisenden Greifvögeln Ausschau hielten. Als wir auf einem recht stark frequentierten Weg innehielten, um in einer Hecke nach Bewegung zu suchen, entdeckte ich eine Klappergrasmücke auf Futtersuche. Paul war begeistert, da sich dieser hübsche Sänger nur selten in York blicken lässt. Seine Begeisterung wurde noch davon verstärkt, dass es seine erste Klappergrasmücke überhaupt war. Ich hatte ihm eine persönliche Erstsichtung verschafft.

Die Sonne, die den Vormittag über auf uns heruntergeknallt war, machte sich langsam rar, als wir uns dem Ufergebiet der Rawcliffe Ings näherten. Als wir den Ouse nach dem Eisvogel absuchten, von dessen Anwesenheit Paul wusste, zog es sich über uns zu. Ich war mir recht sicher, dass es nicht regnen würde, da die Mauersegler immer noch am Himmel hin und her schossen. Vielleicht ist das nur ein Ammenmärchen, aber angeblich regnet es nicht, auch wenn es nach Regen aussieht, solange die Mauersegler noch umherfliegen. Wenn man dagegen hochschaut und keine sieht, rennt man besser los. Seit Jahrzehnten hielt ich mich an diese Maxime, und die Mauersegler hatten mich noch nie im Stich gelassen. Diese Vorhersagemethode hat allerdings eine entscheidende Schwachstelle: Wenn die Mauersegler sich gerade in Afrika sonnen, geht man besser nicht ohne Schirm aus dem Haus.

Paul und ich streiften den Rest des Tages über durch andere potenzielle Vogelgebiete in der Stadt. Manche, wie zum Beispiel Homestead Park, waren städtische Grünanlagen mit Zierbepflanzung. Wir beobachteten einen Sperber, den einzigen Greifvogel des Tages, der dort über den Baumkronen kreiste und die örtlichen Stieglitze und Grünfinken in helle Aufruhr versetzte. Außerdem hörten wir in ein paar Nadelbäumen, in denen sich im Winter bestimmt auch Sommergoldhähnchen verstecken, Wintergoldhähnchen singen. Der städtische Friedhof wirkte vielversprechend, da mit Bäumen und Büschen, in denen sich interessante Zugvögel verbergen könnten, alle nötigen Zutaten vorhanden waren. Der Ouse-Abschnitt gegenüber der Terry's Schokoladenfabrik bescherte uns einen einsamen Kiebitz, singende Goldammern und eine kleine Uferschwalben-Kolonie, die am Ufer nistete.

MAUERSEGLER

Die interessanteste Sichtung des Tages jedoch fand sich in einer Ecke Yorks, die eigentlich so gar nichts mit Vögeln zu tun hat. Wir fuhren an einem Industriegebiet in Innenstadtnähe vorbei, da fiel mir eine Gruppe Möwen auf dem Betonboden auf. Wir hielten an und identifizierten sie vom Zaun aus als Silbermöwen. Die Vögel waren nervös und liefen vor uns davon, wobei sie immer wieder misstrauische Blicke über die Schulter warfen. Plötzlich flatterten sie alle auf einmal davon und ließen ein einziges Exemplar zurück. Diese Möwe ähnelte zwar auf den ersten Blick den Silbermöwen, wirkte jedoch kleiner. Keiner von uns hatte ein Spektiv dabei, und der Vogel stand in der flimmernden Hitze, sodass wir ratlos zurück-

FLUSSREGENPFEIFER

blieben. Ich ließ den Blick über das distelbestandene Ödland streifen, da entdeckte ich drei Flussregenpfeifer, die entspannt beisammenstanden. Obwohl sie eigentlich in dieses Habitat passen wie die Faust aufs Auge, hatten wir nicht mit ihnen gerechnet. Die Identität der mysteriösen Möwe wurde nie geklärt, aber damit wäre wieder einmal bewiesen, dass man nicht weit reisen muss, um interessante Vögel zu entdecken.

# #

KINGSTON UPON HULL, YORKSHIRE

IN DER FLUGROUTE
DER MEERESVÖGEL

Ich war tatsächlich in Hull, und es war gar nicht so schlimm. Das ungemein geschichtsträchtige Städtchen (mit vollem Namen Kingston upon Hull, beziehungsweise zu Zeiten König Edwards I noch King's Town upon Hull) hat einen ziemlich schlechten Ruf in Sachen Ornithologie. Ganz klassischer Fall: Was hat man an so einem Ort zu suchen, wenn man nicht gerade dort geboren wurde? Vögel gibt's da doch bestimmt keine. Solchen Herausforderungen kann ich allerdings nur schwer widerstehen, und damit stand der Trip fest. Ehrlich gesagt hinterfragte ich diese Entscheidung jedoch schon während der Zugfahrt dorthin an einem warmen Sommerabend, und auch am folgenden Tag im zentral gelegenen East Park hatte ich immer noch so meine Zweifel.

Auf meinen Twitter-Aufruf an ehemalige oder derzeitige Einwohner Hulls, mir die besten Beobachtungsplätze zu verraten, hatte ich mehrmals East Park als Antwort bekommen. Auf mich wirkte der städtische Park mit dem kleinen Gehege und dem langgezogenen See erst mal recht eintönig, aber angeblich zieht er die interessantesten Vögel an, so zum Beispiel eine ordentliche Auswahl überwinterndes Wassergeflügel, zu dem mitunter auch Gänsesäger gehören. Ich erspähte jedoch lediglich eine Horde marodierender Teenager, wilde Graugänse, ein paar Stockenten sowie zwei Pfauen auf einem niedrigen Zaun. In Verbindung mit den hässlich-grauen, tiefhängenden Wolken am Himmel ergab sich ein wenig erquickliches Bild. Mein Mut schwand.

Dann tauchte Les Johnson vom örtlichen RSPB-Club auf. Er hatte sich bereiterklärt, mir den Weg zu fruchtbareren Jagdgründen zu weisen. Nach einer kurzen Autofahrt bekam ich auch schon einen Schwarm Feldsperlinge zu sehen, die in den Bäumen am Feldrand Schutz vor Wind und Regen suchten. Das waren die Freuden des englischen Sommers in Paull Holme Strays, knapp achtzig Hektar relativ neuer Gezeitenzone, die die Umweltbehörde an den Ufern des mächtigen Humber als Teil eines Hochwasserrisikomanagementplans angelegt hatte. Das Wasser zog sich gerade zurück, und an seine Stelle traten die Watvögel – allen voran zahlreiche Rotschenkel, Brachvögel und ein paar Waldwasserläufer. Unter Eingeweihten ist dieses Naturschutzgebiet auch für die Säbelschnäbler-Trupps bekannt, die sich manchmal hier einfinden. In der Ferne sah ich zwei Rohrweihen ins Röhricht tauchen. Und all das in Sichtweite der Zivilisation – das ist doch schon viel besser.

FELDSPERLING

Wenige Tage vor meiner Ankunft hatte sich ein transatlantischer Kleiner Gelbschenkel hier gezeigt, und im Winter sind noch mehr Watvögel zu sehen, Kornweihen und umhergleitende Sumpfohreulen. Auch das Ästuar Humber selbst ist ein tolles Fleckchen, und falls du hier jemals die Fähre nach Zeebrugge besteigst, plan ein bisschen Zeit zur Wasserbeobachtung ein. Kürzlich wurde nämlich entdeckt, dass der Fluss Teil einer Flugroute für zahlreiche Meeresvögel ist, darunter Skuas, Seeschwalben und sogar Sturmtaucher.

Les zeigte mir noch ein paar andere Orte am Stadtrand, Welton Waters zum Beispiel, drei von Büschen und Schilf bestandene Seen, die sich auch bei den örtlichen Bootsfans größter Beliebtheit erfreuen. Das ebenfalls an den Ufern des Humber gelegene Brough Haven, ein paar Kilometer außerhalb der Stadt, war auch ein nettes Fleckchen. Als wir ankamen, goss es wie aus Eimern. Wir starrten aufmerksam in den Schlamm, wurden jedoch lediglich mit einem einzelnen unbeugsamen Graureiher belohnt.

Der vielleicht schönste Ort, den Les mir zeigte, waren die North Cave Wetlands nahe Hotham, die vom Yorkshire Wildlife Trust betreut werden. Dort dämmerte mir allmählich, dass wir so weit von Hull entfernt waren, dass von Urban Birding eigentlich kaum noch die Rede sein konnte. Nach einem gepflegten, magenwärmenden Bacon-Sandwich am Wild Bird Food Truck, der am Eingang parkte, war uns ein Spaziergang jedoch herzlichst willkommen. Obwohl es regnete, machten wir ein paar gute Entdeckungen und erhaschten unter anderem einen tollen Blick auf zwei Waldwasserläufer aus nächster Nähe.

Am nächsten Tag beschloss ich, alles mal nicht so eng zu sehen, und brach zum knapp fünfzig Kilometer entfernten Spurn Head auf. Ich war noch nie dort gewesen und sagte mir, ich könne nicht nach Hull fahren, ohne auf Spurn vorbeizuschauen. Dort unterhielt ich mich mit Andy Gibson, dem Leiter des Naturschutzgebiets, der übrigens in Hull wohnte. Dieses Gespräch entpuppte sich als lohnenswert, da er mir von zahlreichen weiteren Fleckchen in der Stadt erzählte, von denen ich nichts geahnt hatte – Fleckchen, von denen nur Einheimische wissen.

Er schickte mich nach Priory Fields, einer großen Wiese zwischen Hull und dem benachbarten Cottingham, wo mehrere gewöhnliche Laubsänger und Grasmücken – und andere Singvogel-Arten heimisch sind. Dann war da noch das Klärwerk Bransholme am Ufer des Hull, ein gutes Brutörtchen für Rohrammern. Der Friedhof Sculcoates befriedigte mein Bedürfnis, bei jedem Trip einen ebensolchen zu besuchen. Außerdem befriedigt er die Bedürfnisse von Gimpeln, ein paar gewöhnlichen übersommernden Laubsängern und Grasmücken und patrouillierenden Sperbern.

Der erste Eindruck kann also trügen – Hull bietet nicht nur mehrere interessante innerstädtische Beobachtungsorte, sondern liegt auch zentral zwischen ein paar der großen Vogelmekkas im Land.

BRADFORD, YORKSHIRE

MIT DEM KOPF IM SACK ZUM ULTRAGEHEIMEN HOTSPOT

Bradford am Fuße der Pennines war früher bekannt für seine blühende Textilindustrie, heute kennt man es eher für seine indischen Restaurants. Ich kam an meinem ersten Abend dort auch ganz ohne kulinarische Nachhilfe ins Schwitzen: Um halb zwei Uhr morgens riss mich nämlich der unnötig laute Feueralarm des Hotels aus dem Schlaf. Ich rief verschlafen bei der Rezeption an und erfuhr, dass es tatsächlich brannte (ein Kopfkissen hatte Feuer gefangen – frag mich bitte nicht, wie es dazu kam). Kurz darauf warteten wir Gäste draußen auf der kalten Straße auf die Feuerwehr, und meine Leidensgenossen würzten ihren lautstark geäußerten Unmut mit allerlei Unflätigkeiten.

Das Hotel lag im Stadtzentrum. Ich sah mich in der Dunkelheit um und entdeckte Vogelbeerbäume und ein paar Zwergmispeln in der Straße. Später fand ich heraus, dass diese Bäume Seidenschwänze geradezu magisch anziehen. Sobald die Ornis der Umgebung mitbekommen hatten, dass diese wunderschönen Vögel im Winter Städte wie Aberdeen und Edinburgh aufsuchten, dauerte es natürlich nicht lange, bis sie in Bradford einfielen.

Nachdem mein Schlaf so unerwartet unterbrochen worden war, schaffte ich es trotzdem, mich noch vor der Morgendämmerung für einen Besuch im etwa zehn Autominuten entfernten Bowling Park aus dem Bett zu quälen. In diesem etwa zwanzig Hektar umfassenden Stadtpark gibt es viele Bäume und Büsche, die mich natürlich sofort neugierig machten. Meine Intuition stellte sich denn auch als richtig heraus, denn vor dem noch dunklen, frühmorgendlichen Himmel flogen mehrere Rotdrosseln, Amseln und Misteldrosseln geschäftig hin und her und sammelten Beeren. Ich hörte Buchfinken, mehrere Meisenarten und auch ein paar Wintergoldhähnchen rufen. Im Sommer brüteten hier bestimmt auch noch Laubsänger und Grasmücken.

Im Osten schloss sich ein großer Friedhof an den Park an. Ich gehe gern auf Friedhöfen spazieren, also überquerte ich ein paar Sportplätze in diese Richtung, auf denen sich jede Menge Sturmmöwen und Lachmöwen tummelten. Leider hatte ich mich mit der Zeit verschätzt und musste meine Mission abbrechen, um mich auf den Weg ins nahe gelegene Bingley zu meinem Termin mit Shaun Radcliffe zu machen, dem Vorsitzenden der Bradford Ornithological Group, der mich heute ein wenig herumführen wollte.

WINTERGOLDHÄHNCHEN

Bradford selbst ist eine Industriestadt mit wenigen Grünflächen. In der näheren Umgebung sieht es jedoch schon ganz anders aus. Dort findet man Wäldchen, Flüsse, Sumpfgebiete, stehende Gewässer, kilometerlange Steinmauern, Schilf und natürlich Moore, die sich über weite Flächen erstrecken. Shaun und ich begannen unsere Bradford-Erkundungstour, indem wir uns die Stadt von oben ansahen, von Rombalds Moor aus. Dieses Moor ist Teil des berühmten Ilkley Moors, das man wohl für immer mit den Brontë-Schwestern assoziieren wird. Shaun gab mir eine Liste mit den Arten, die es dort potenziell zu sehen gab. Die Liste war für solch einen Lebensraum an sich ganz normal, aber so nah an der Zivilisation? Ich meine, wie oft kann man denn bitte in Großbritannien ein Schottisches Moorschneehuhn beobachten, das auf einem Felsen hockt und sich vor dem Hintergrund einer glitzernden Skyline die Welt betrachtet?

SEIDENSCHWANZ

Bradfords Umgebung ist unglaublich pittoresk, besonders um Bingley (dessen Fluss Aire voller Wasseramseln und Otter ist, und wo sich im Winter manchmal Seidenschwänze einfinden) und Keighley herum (was Keith-ley ausgesprochen wird – bestimmt nur, um Besucher aus dem Süden wie mich zu verwirren). In Bradford selbst besuchten wir ein geheimes Örtchen, an dem wir einen Wanderfalken sahen, der auf dem Lüftungsschacht einer alten Fabrik hockte. Dann stülpte mir Shaun einen Sack über den Kopf, drehte mich mehrere Male im Kreis und brachte mich zum nächsten, ultrageheimen Hotspot. In einer namenlosen Straße klopften wir an ein unscheinbares Wohnhaus. Nach einigem mir unverständlichen Verhandeln folgten wir dem Bewohner des Hauses in den Garten, der mehr oder weniger aus einer kleinen Veranda bestand, an die sich direkt ein mittelgroßer, tiefer See anschloss.

Der Red Beck Mill Pond ist komplett von Gärten eingeschlossen und damit von der Straße aus nicht einsehbar. Im Winter tummeln sich hier regelmäßig Tauchenten wie Reiherente und Gänsesäger, und der Hausbesitzer erzählte sogar von einem Eisvogel, der fast immer zu sehen sei. Eine wahre Oase mitten in der Stadt. Auf einem Industriegrundstück an der Wakefield Road ganz in der Nähe entdeckten wir auf einem alten Fabrikgebäude etwa einhundert schlafende Kiebitze. Shaun erzählte, dass er vor ein paar Tagen auf demselben Fabrikdach eine ähnliche Anzahl Goldregenpfeifer gesehen habe. Auf der Suche nach ihnen durchkämmten wir mehrere Straßen, wurden jedoch nicht fündig. Dafür hatten wir bald einen Polizisten an der Backe, der uns in einem Zivilfahrzeug folgte. Unser Fotograf Russell kam ihm mit seinem großen Teleobjektiv, das für die Goldregenpfeifer gedacht war, wohl verdächtig vor. Wie sich herausstellte, befand sich ein gut bewachtes Polizeigebäude in der Nähe.

Das wohl bekannteste und bei Bradfords Zugvogelfans beliebteste Beobachtungsfleckchen ist das Naturschutzgebiet Raw Nook im Süden der Stadt. Dort kann man gewöhnliche Zugvögel auf der Durchreise ebenso sehen, wie solche, die von weiter her über die Penninen zu uns kommen. Dazu zeigen sich mitunter auch noch seltene Exemplare wie beispielsweise ein Schneeammer-Männchen. Im Sommer kann das Reservat außerdem von sich behaupten, weit und breit der einzige Brutplatz der Klappergrasmücke zu sein.

Bradford präsentierte sich weitaus vielfältiger als erwartet, und es bedürfte wahrlich wenig Überredungskunst, mich noch einmal dort hinzulocken.

GRÜNE LIEBLINGSSTADT

Wenn man mich fragen würde, in welcher englischen Stadt (von London abgesehen) ich am liebsten wohnen würde, dann wäre meine Antwort Manchester. Meine Verbindung zu dieser Stadt reicht bis in meine Jugend zurück, zu meinem ersten Spiel von Manchester United.

Meine Beobachtungen der heimischen Vögel dieser Region fanden damals deshalb auch vorwiegend während der Fußballsaison statt und waren durch die Hafengegend Salford Quays vor den Toren von Old Trafford geprägt, dem Stadion von ManUtd. Im Laufe der Jahre habe ich dort viele großartige Spiele gesehen, oft garniert mit Möwen, Kormoranen und dem einen oder anderen Sperber. Manchmal jedoch war die Verlockung seltener Vögel zu groß, und so ließ ich mitunter ein Spiel aus, um mit etwas Glück einen Blick auf einen verirrten Vogel wie die Maskenammer zu erhaschen, die 1994 ganz in der Nähe in Pennington Flash auftauchte.

Diesmal besuchte ich meine zweitliebste Stadt allerdings ausschließlich um der Vogelwelt Willen. An einem trüben Samstagmorgen erreiche ich den Bahnhof Manchester Piccadilly völlig erschöpft. Nach meinem Gastspiel in einer spätabendlichen Radiotalkshow war ich nach gefühlten zwei Minuten Schlaf zu einer unchristlichen Zeit in den ersten Zug hierher gestiegen.

Ich fuhr mit meinem Mietwagen nach Irlam im Südwesten der Stadt, um mir dort die Gegend genauer anzusehen, die allgemein als Chat Moss bekannt ist. Auf dem Weg durch Eccles kam ich am Friedhof Peel Green vorbei und konnte natürlich nicht widerstehen. Der Friedhof ist ein klassisches Gräberfeld aus den 1880er-Jahren und umfasst etwa dreizehn Hektar Mischwald. Während ich dort umherspazierte, lösten sich die grauen Wolken über mir auf und ein heißer, sonniger Tag kündigte sich an. Typisch englisches Wetter also. Ich setzte mich auf eine Bank, ließ den Blick über den von Eichen und anderen alten Bäumen gesäumten, dicht bewachsenen Friedhof schweifen, und erfreute mich am Gewirr der Vogelstimmen. Zahllose Stieglitze zwitscherten in den Baumwipfeln, während Kohl- und Blaumeisen auf Futtersuche für ihre Jungen herumflatterten und in der Ferne mehrere Mönchsgrasmücken und eine einzelne Dorngrasmücke sangen. Die Mischung aus Müdigkeit, morgendlicher Wärme und friedvollen Vogelklängen ließ meine Lider schwer werden, und schon stimmte ich mit friedlichem Schnarchen in den Chor ein.

Am Vormittag erreichte ich Chat Moss, eine weitläufige Moorlandschaft in Irlam. Leicht erholt freute ich mich auf Runde

MOORENTE

zwei meiner städtischen Erkundungstour, obwohl Irlam nur bedingt in diese Kategorie fällt. Viele der Ortschaften auf meinem Weg waren eindeutig dörflicher Natur und vermittelten einen perfekten Eindruck davon, wie Manchester früher einmal ausgesehen haben muss. Die Skyline zeigte mir aber, wie nahe ich der Zivilisation war.

Chat Moss, der Sammelbegriff für das Torfmoor, das etwa dreißig Prozent der Stadt Salford einnimmt und hat eine Fläche von ungefähr siebenundzwanzig Quadratkilometern, die hauptsächlich aus Ackernutzland, Gemüsefeldern, unberührtem Moor und dem größten Waldstück des Countys besteht, Botany Bay Wood. Kräftige Hecken und überwucherte Wassergräben säumen die Felder. Ich begegnete den typischen Vogelarten, die auf dem Land zu erwarten sind. Goldammern zwitscherten in den Sträuchern, Braunkopfammern sangen ihr monotones Lied, Schwalben segelten umher und Mäusebussarde schwebten majestätisch über dem Land. Sogar Wachteln hört man hier vielfach singen. An einem Bauernhof hielt ich kurz an, um einen Schwarm kleinerer Vögel aus der Nähe zu betrachten, die ich an einer Mauer gesehen hatte, und wurde mit meinen ersten Feldsperlingen in diesem Jahr belohnt. Ich war in meinem Element.

Ich hätte den ganzen Tag in der Gegend zubringen können, die Zeit gebot mir jedoch, zurück zur Stadt zu fahren. Ich beschloss, noch einen kurzen Abstecher zum Chorlton Water Park zu machen, wo ich Mitte der Neunzigerjahre meine erste Moorente gesehen hatte. Das Reservat besteht zum Großteil aus einem See, der in den Siebzigerjahren angelegt wurde, und ist seitdem zu einem landesweit bedeutsamen Lebensraum für Wasservögel geworden. Eine große Zahl wirklich ungewöhnlicher Arten wurde hier schon gesichtet. Diesmal ließ sich jedoch keine davon blicken, da der Himmel genau in dem Moment, als ich den Parkplatz erreichte, einen heftigen Regenguss schickte. Der Blick durch die Frontscheibe in den strömenden Regen, der nur von den Scheibenwischern unterbrochen wurde, hatte eine hypnotische Wirkung. Die Müdigkeit überkam mich erneut, und so fuhr ich zurück in die Stadt, um ein Hotel und etwas Schlaf zu finden.

Am nächsten Morgen erwartete mich eine Mischung aus Wolken, Regen und strahlendem Sonnenschein – kommt dir das bekannt vor? Ich zwang mich aus meinem gemütlichen Bett und schlenderte nach dem Frühstück zum belebten Marktplatz, um dem Team der RSPB-Wanderfalken-Beobachtungsstelle einen Besuch abzustatten. Dort hatte man gerade eines der vier vor Kurzem flügge gewordenen Jungen entdeckt, das auf dem E des ARNDALE-Schriftzugs an der Seite des gleichnamigen Einkaufzentrums saß.

Da mir bis zu meiner Abreise nicht viel Zeit blieb, spazierte ich nur noch kurz in eine ruhige Seitenstraße unweit der Observationsstelle, um ein paar alte Gebäude zu betrachten. Schon nach wenigen Minuten entdeckte ich ein Gebirgsstelzen-Pärchen, das Futter zu seinem Nest in einem Loch nahe eines Fenstervorsprungs brachte. Während ich noch die beiden Flussbewohner bewunderte, die mitten in der Stadt und meilenweit entfernt vom nächsten Wasserlauf ihre Familie großzogen, tauchte der zweite Bewohner des Gebäudes auf. Nur wenige Fenster von seinen langschwänzigen Nachbarn entfernt schaute ein Hausrotschwanz-Weibchen aus dem Nest.

Und damit endete ein Wochenende voller Regen, Sonne, Schlaf und Vögeln.

#

SHEFFIELD, YORKSHIRE

DAS AUS DES WELLENLÄUFERS

Wer kam nicht schon einmal an einer Reihe Häuser oder einem Einkaufszentrum vorbei und dachte bei sich: „Das war hier alles mal Feld." Die Wenigsten von uns werden jedoch beim Anblick einer Landschaft sagen können: „Das war hier alles mal Bergwerk." Genau dies war jedoch der Fall, als ich den Vogelkundler Mark Reeder aus Sheffield an einem frostigen Januartag auf einer Tour um seine Heimatstadt herum begleitete.

Die gesamte Gegend litt unter dem heftigen Schneefall, der in diesem Winter ganz Großbritannien bedeckte, und ich hatte meinen geplanten Besuch mehrere Male verschieben müssen. An manchen Stellen lag der Schnee damals hüfthoch. Zum Zeitpunkt unseres Treffens war er größtenteils schon wieder getaut, aber die Straßen waren immer noch mit schmutzigen Schneehügeln gesäumt, und nach wie vor gab es vielerorts Glatteis. Die Wanderbedingungen für unsere

Vogeltour waren also nicht gerade ideal. Doch die Sonne schien und der Himmel war blau, als wir Pit House West am nördlichen Ende des Rother Valley Country Parks erreichten, und das versöhnte uns wieder ein wenig mit dem Wetter.

Für mich sah der Park nach einer natürlich gewachsenen Mischung aus Büschen und Ufergebiet aus, tatsächlich standen wir jedoch vor einem renaturierten Bergwerksgelände. Wären wir im Sommer hergekommen, hätten uns wohl die Ohren vom hektischen Tschilpen des Teichrohrsängers geklingelt, denn das hier ist die beste Gegend in ganz Sheffield, um ihn zu beobachten. Hin und wieder lässt sich auch ein Feldschwirl hier nieder, um seine Jungen aufzuziehen, aber es sind wohl eher die Weidenmeisen, deretwegen die örtlichen Ornis herkommen. Übrigens: Bisher galt ja das Gefieder als bestes Merkmal in der Unterscheidung von Sumpf- und Weidenmeise, diese Sicht gilt jedoch mittlerweile als überholt. Experten behaupten stattdessen, das einzig sichere Unterscheidungsmerkmal der beiden wäre ihr Ruf. Hier muss man sich darum aber wohl keine Gedanken machen, da Sumpfmeisen in dieser Gegend gar nicht vorkommen. Mark zeigte mir dann noch den zugefrorenen, mit Schilf umwachsenen Teich, wo er einmal überwinternde Rohrdommeln auf Futtersuche entdeckt hatte. Ein oder zwei dieser scheuen Schilfbewohner verbringen hier seit acht Jahren den Winter, mir war ihr Anblick jedoch leider nicht vergönnt.

Innerhalb der Stadtgrenze gibt es etliche Orte, die ursprünglich nur faulige Gruben ohne jedes Leben waren, mittlerweile jedoch verschönert und für Wildtiere hergerichtet wurden. Trotz der offensichtlichen Anstrengungen, die die Renaturierung dieser Gebiete gekostet haben muss, schwebt immer noch die Gefahr über ihnen, der Bauentwicklung weichen zu müssen. Pit House West wird jetzt schon als Sheffields nächstes Freizeitzentrum gehandelt, während drüben bei den Orgreave-Seen bereits Land für neue Wohnhäuser abgeteilt wurde. Die Seen selbst sind eine recht junge Ergänzung auf den Karten der Vogelbeobachter, weil es sie erst seit ein paar Jahren überhaupt gibt. Auf mich machte das Ganze eher den Eindruck einer Geländeaufschüttung mit einem Haupt- und einem kleineren Nebensee, und drumherum ein bisschen planierter Schlamm. Für Mark hingegen war die Gegend wirklich aufregend. Sie war sein heimatliches Gebiet, und er hatte die seltene Gelegenheit gehabt, die einkehrenden Vögel praktisch vom ersten Tag an zu dokumentieren.

WELLENLÄUFER

Als wir den Fluss überquerten, um das Gelände zu betreten, schwammen einige Gänsesäger gemächlich vor uns davon. Wie sie dort auf den platschenden Wellen ritten, erinnerten sie mich fast an südamerikanische Sturzbachenten, die die Strömung eines Chilenischen Flusses bezwingen – oder zumindest an meine Vorstellung davon. Gruppen schreckhafter Krickenten und Reiherenten sowie einige Schellenten flatterten auf und ließen etliche Stockenten allein zurück. Diese üblicherweise zutraulichen Tierchen sahen einander nervös an und schienen hin und her gerissen, ob sie mitfliegen oder lieber bleiben sollten.

Die Seen waren überwiegend zugefroren und zwangen dadurch gut neunzig Pfeifenten und ebenso viele Schnatterenten an das schlammige Ufer und in die angrenzenden Felder – ein Anblick, der Marks Brust vor Stolz schwellen ließ. Auf der Suche nach der kürzlich gesichteten Steppenmöwe ließen wir den Blick über die auf dem See versammelten Möwen schweifen. Wie jeder Vogelkundler, der etwas auf sich hält, zählte natürlich auch Mark die tollsten Arten auf, die er in diesem heranreifenden Gebiet bereits entdeckt hatte, zum Beispiel die kürzlich eingetroffenen Schneeammer und Spornammer, die das unwirtliche Wetter hierher verschlagen hatte. Am verblüffendsten war wohl jedoch die Begegnung mit dem Wellenläufer, den er im letzten September erspäht hatte. Während er dem Vogel noch dabei zusah, wie er immer mehr an Höhe gewann, schoss urplötzlich ein Sperber aus dem Nichts heran. Zack! Da gab es den Wellenläufer nur noch als Häkchen auf Marks Liste.

Kein Stadtbesuch ist komplett, ohne im eigentlichen Zentrum gewesen zu sein. Auf dem Weg dorthin kamen wir an Bowden Housteads Woods vorbei, Sheffields ältestem Buchenwald, der schon seit dem 17. Jahrhundert existiert. Obgleich der Kleinspecht hier schon mehrfach gesichtet und vor einigen Jahren auch ein Gelbbrauen-Laubsänger entdeckt wurde, wird dieses Waldgebiet von Vogelbeobachtern sträflich vernachlässigt. Vom Botanischen Garten Sheffields, unserem Ziel in der Innenstadt, kann das dagegen nicht behauptet werden. Mit seinen knapp fünf Hektar ist er recht klein, hat jedoch einiges an Vögeln zu bieten. Hier tummelten sich Meisen-Trupps, Buchfinken, Kleiber, ein Waldbaumläufer und ein Buntspecht. Ruhm erlangte der Garten im Jahr 1987 durch die Schwarzkehldrossel und, etwas aktueller, durch die Sichtung von Polar-Birkenzeisig und Gelbbrauen-Laubsänger. Das Stadtzentrum wartete außerdem mit dem obligatorischen Wanderfalken-Pärchen auf, das in der Regel dabei beobachtet werden kann, wie es sein Reich von einem luftigen Ausguck auf der St. George's Church oder dem nahe gelegenen BT Tower überblickt.

Alles in allem eignet sich Sheffield mit seinen Wasseramseln und Eisvögeln, die im Stadtzentrum brüten, und dem Birkhuhn-Bestand in den Vororten (auch wenn diese dort von Menschen angesiedelt wurden) wirklich vorzüglich zum Vögelbeobachten.

# #

AUF KNOCHENSUCHE AN DER KATHEDRALE

Nick Brown vom Derbyshire Wildlife Trust ist kein gewöhnlicher Vogelbeobachter, sondern ein „Vogelbeobachter des Todes". Bevor du jetzt entsetzt das Buch zuschlägst: Er selbst ist nicht „des Todes", sondern erfreut sich bester Gesundheit. Nick schleicht bloß gerne an den Gemäuern der Derby Cathedral entlang und hält Ausschau nach den verstümmelten Überresten von Opfern der städtischen Wanderfalken. Die Vögel zerlegen ihre Beute auf den Wasserspeiern, und ab und zu fällt eben was runter. Das klingt zwar erst mal makaber, aber ich kann verstehen wie dieses Gebiet der Ornithologie eine gewisse Faszination ausübt. In New York gibt es Beobachter, die die nächtlich durchziehenden Zusammenstoßopfer des Empire State Buildings einsammeln.

Im Laufe der letzten fünf Jahre haben es über fünfzig Arten auf Nicks Liste geschafft, von der offensichtlichen Taube (sowohl Ringeltaube als auch Stadttaube) bis hin zu Vögeln, die man sich eigentlich nicht als Wanderfalken-Beute vorstellen kann, so zum Beispiel ein Seidenschwanz und zwei Wachtelkönige – einer davon stammte aus dem Auswilderungsprogramm von Nene Washes. Nicks Hauptkritikpunkt bestand darin, dass der Pfarrer die unschönen Kadaver oft schon weggefegt hatte, bevor er sie näher untersuchen konnte. Mit gutem Grund: Als die Wanderfalken auf der Kathedrale Einzug hielten, hielten einige Leute die willkürlich verstreuten Vogelhäupter für Teil eines satanischen Rituals.

Zur Kathedrale von Derby gehört ein beeindruckender Turm aus dem Jahr 1535, der zweithöchste in ganz Großbritannien. Als ich die uralte, steile Wendeltreppe zum Glöcknerraum hinaufkraxelte, von dem man wiederum aufs Dach gelangte, fühlte er sich allerdings an wie der höchste Turm der Welt. Außer Nick und mir war noch Nick Moyes von der Derbyshire-Kreisverwaltung mit von der Partie. Er war für die international berühmte Wanderfalken-Webcam verantwortlich, deren Kontrollzentrum sich im Glöcknerraum befand, und hatte unsere kleine Expedition ermöglicht. Wir beobachteten vier Junge im Livestream und sahen uns außerdem ein paar tolle Aufnahmen an, darunter ein paar Minuten, in denen die Altvögel im Schutz der Dunkelheit eine Waldschnepfe bei lebendigem Leibe zerlegten. Ich konnte verstehen, wieso die Website über eine halbe Million Klicks hatte.

Anschließend stiegen wir aufs Dach und genossen bei herrlichem Sonnenschein die Aussicht über die Stadt. Inzwischen waren auch die Glöckner eingetroffen und läuteten herzhaft, um die Gemeinde anzulocken. Als ich über eine Mauer hin zu einem Wasserspeier spähte, entdeckte ich zu meinem Entsetzen die Überreste eines adulten Zwergtauchers. Auf einem anderen Wasserspeier lagen die Überreste mehrerer Goldregenpfeifer. Einmal hatte Nick Brown Kopf und Bein einer in Skandinavien beringten Küstenseeschwalbe gefunden.

Zudem gibt es Aufnahmen eines Exemplars, das eine Wanderratte an seinen Nachwuchs verfüttert. Ich hatte keine Ahnung, dass Wanderfalken auch auf dem Boden jagten.

Ich hätte den ganzen Tag auf dem Dach der Kathedrale verbringen können, aber Derby hat noch mehr zu bieten als die berühmten Falken. Unsere Zeit war knapp bemessen, deswegen machten wir uns schnurstracks auf den Weg zum nördlich der Kathedrale gelegenen Fluss Derwent. Im Winter finden sich hier Wasseramseln. Gebirgsstelzen sind hier zu Hause und in der Nähe brüten Gänsesäger. Sogar Otter wurden schon gesichtet. Der bewaldete Park, den wir durchquerten, sah ebenfalls vielversprechend aus, aber ein Wettlauf an jenem Morgen machte uns einen Strich durch die Rechnung, und wir mussten uns mit Rotkehlchen, Amseln und Meisen begnügen.

Der Aufenthalt rund um den Pride Park, das örtliche Fußballstadion, hat sich mir ebenfalls eingeprägt. Am nahe gelegenen Fluss beobachteten wir eine Uferschwalben-Kolonie, die ihre Nester meisterhaft in die Lücken der Stahlträger entlang des Ufers gebaut hatte. Offenbar brüteten hier mindestens dreißig Paare. Während wir gerade einen großen, glänzenden Hecht betrachteten, der in aller Seelenruhe vorbeischwamm, schoss ein wunderschöner Eisvogel auf dem Weg zu einem unbekannten Ziel vorbei.

Ganz in der Nähe befand sich das Sanctuary, ein zwölf Hektar großes Naturschutzgebiet auf einer ehemaligen Müllkippe, für das Nick Moyes lange Zeit unermüdlich gekämpft hatte. Es liegt direkt neben dem Park-and-Ride-Parkplatz im Schatten des Stadions, und es gibt keinen Eingang. Entweder muss man also durch den Zaun spähen oder die extra für diesen Zweck errichteten Hochsitze erklimmen, die auf die gefluteten Gruben und dünn bewachsenen Hü-

WANDERFALKE

gel hinausblicken. Ein paar Wochen, nachdem es zum Naturschutz-gebiet erklärt worden war, entdeckte Nick eine Provencegrasmücke, die ganze sechs Wochen blieb – die erste Sichtung in Derbyshire seit über 160 Jahren. Wir sahen mindestens zehn Steinschmätzer, dar-unter auch ein paar sehr bunte, rotbrüstige Exemplare, die zur lang-beinigen, etwas größeren Grönland-Unterart zu gehören schienen.

Überall waren Flussregenpfeifer, und am Himmel kreisten im Laufe des Nachmittags mehrere Mäusebussarde. Während wir auf dem bewachsenen Hügel der Müllkippe lagen und in den Himmel schauten, entdeckten wir unglaublich weit oben einen Wanderfalken und einen potenziellen Raubvogel mit leicht angewinkelten Flügeln und recht kleinem Kopf auf dem prominenten Hals. Ein Wespenbus-sard? Vielleicht, leider boten auch die resultierenden Aufnahmen keinen endgültigen Aufschluss darüber. Aufregend war es trotzdem.

Derby eignet sich unerwartet gut zum Vögelbeobachten und ver-dient eine genauere Untersuchung. Am besten radelt man am Der-went entlang, da die meisten Fleckchen sich ganz in der Nähe befin-den. Und wenn du mit einer Karriere als „Vogelopferbeobachter" liebäugelst, bist du hier auch genau an der richtigen Adresse.

HAROLD DER SINGSCHWAN

John Hague – Urban Birder, Vogelkundler, Comedian und Wahlsohn der Stadt Leicester – erzählte mir von Harold dem Singschwan, während ich mitten auf einer überfluteten Aue stand und mir den Allerwertesten abfror. Eigentlich sollte es schon Frühling sein, aber trotz blauem Himmel war es saukalt. Zum Glück hatte ich noch nicht mit der Mauser begonnen und mich meiner Winterfleecejacke entledigt.

Wir waren etwas außerhalb von Leicester in Cossington Meadows, einem fast 30 Hektar großen Naturreservat im Überschwemmungsgebiet des Soar-Flusses, das vom Leicester and Rutland Wildlife Trust verwaltet wird. Wie fast überall hatte diese Region aus überfluteten Kies- und Sandabbaugruben ordentlich Regen abbekommen, und der Wasserpegel war enorm gestiegen. Zu meiner Überraschung sah ich jede Menge kleine Schwärme nervös umherschwimmender Pfeifenten und noch nervöserer Krickenten auf dem Wasser. Ich suchte den Himmel nach den ersten Schwalben des Frühlings ab, doch das phänomenale Blau wurde nur von Kormoranen,

Graureihern und Enten, darunter Stockenten, Schnatterenten sowie einigen Löffelenten, durchkreuzt. Immerhin entdeckte ich auf einem der Felder einen durchziehenden Steinschmätzer.

Zudem zieht dieses Streifchen regelmäßig erhabene Krieger der Lüfte wie Baumfalken und Wanderfalken an, oder auch – wie in einem der letzten Winter – vier Sumpfohreulen. Schafstelzen sind außerdem häufig zu Gast, und im Winter machen es sich Rohrammern hier bequem. Nicht zuletzt ist es der beste Ort in Leicester, um Kuckucke zu finden. Cossington Meadows verfügt über eine beeindruckende Sichtungshistorie, darunter die berühmte Schwarzflügel-Brachschwalbe in den Siebzigerjahren oder erst kürzlich eine Zwergdommel.

Leicester ist kein klassischer Vogelwallfahrtsort, doch selbst ich staunte nicht schlecht angesichts der vielfältigen Chancen, die einem aufmerksamen Orni hier geboten werden. Aufgefallen sind mir vor allem die vielen Brachflächen in und um die Stadt herum. Wegen der Rezession waren viele Grundstücke nicht bebaut, und der exzessive Regen hatte sie in kleine Sumpfgebiete verwandelt. Wir machten an einigen Halt, und ich war sehr überrascht von der Zahl nistender Flussregenpfeifer. Das Industriegeländе in Rothley Lodge hielt Flussregenpfeifer, Kiebitze sowie einen einsamen Goldregenpfeifer für uns bereit, und im Brachland von Grove Park fanden wir neben den obligatorischen Flussregenpfeifern, Wiesenpieper und Trauerbachstelzen auf Futtersuche auch ein paar Bekassinen.

GOLDREGENPFEIFER

John erzählte mir, dass dort ein paar Tage zuvor 20 Bekassinen und etliche Zwergschnepfen gezählt worden waren. Zu schade, dass diese Oasen verschwinden werden, sobald sich die Wirtschaft wieder erholt.

Auf dem verfallenen Raynesway-Estate liefen wir ein paar weiteren Flussregenpfeifern über den Weg. In früheren Jahren hatte John dort im Frühling auch Steinschmätzer gesichtet. In der Nähe, im Watermead Country Park, besuchten wir den Pec Pit, wie die Einheimischen den kleinen See zu Ehren der Pectoral Sandpipers, den Graubruststrandläufern, nennen, die sich einstmals dort herumtrieben. Anschließend zogen wir weiter zur überschwemmten Wanlip Meadow, wo regelmäßig Temminckstrandläufer einkehren und sich auch die Graubruststrandläufer niedergelassen hatten. Dort sah ich dann endlich die langersehnten Schwalben über mich hinwegfliegen.

Als Urban Birder bat ich John natürlich, mir zu zeigen, was das Stadtzentrum zu bieten hatte. Er nahm die Herausforderung an und führte mich durch den Victoria Park, eine städtische Grünfläche mit einem kleinen Waldgebiet, das öfter mal Zugvögel anlockt. Das ist einer dieser Orte, an dem ein aufmerksamer Vogelfreund für regelmäßige Streifzüge belohnt wird.

Evington Park war ein weiterer überraschender Ort mit Freiluft-Fitnessgeräten, gepflegten Gärten und ein paar kleinen Teichen, die allesamt Populationen von Nördlichen Kammmolchen und Teichmolchen beherbergten. In einer Hecke nahe der Molche wurde einmal ein Gelbbrauen-Laubsänger gesichtet und auch ein Trauerschnäpper schlug vor Kurzem dort auf. Der Welford-Road-Friedhof befriedigte meine Neugier auf urbane Grabstätten und ließ erahnen, dass regelmäßige Besuche sich hier ebenfalls lohnen würden, denn um die gepflegten Gräber herum gab es viel wildes Buschwerk.

SINGSCHWAN

Unser urbaner Tag endete mit einer Tasse Pfefferminztee auf der Terrasse der King's Lock Tea Rooms, von der aus man die überfluteten Auen des angrenzenden Naturreservats überblicken konnte. Wir hatten uns Ringdrosseln gewünscht, da dies einer ihrer Stammplätze war, doch stattdessen entdeckten wir nur Ringeltauben, und das einzig Spannende war ein Stück Treibgut, das den Fluss hinuntergetragen wurde und große Ähnlichkeit mit der Flosse eines Weißen Hais hatte.

Harold der Singschwan kam übrigens einst als junger Vogel in das Gebiet von Leicester. Er verschwand ziemlich schnell wieder, kehrte dann jedoch als ausgewachsenes Exemplar zurück – mit einem Ring aus Cumbria. Seitdem ist er geblieben. Obwohl wir ihn an vielen seiner Lieblingsstellen suchten, bekamen wir ihn leider nicht zu Gesicht.

#

PETERBOROUGH, CAMBRIDGESHIRE

EIN JANUAR-TRIP OHNE SCHUHE

Es war ein kalter, grauer, nebliger Sonntagmorgen im Januar. Falls die Sonne schon aufgegangen war, zeigte sie sich jedenfalls nicht. In einem kleinen Häuschen am Stadtrand von Peterborough, Cambridgeshire, saß Mike Weedon, stellvertretender Chefredakteur von *Bird Watching*, bei Kaffee und Toast an seinem Frühstückstisch und wartete auf seinen Gast. Dieser sollte jede Minute eintreffen, und der Plan bestand darin, ihn zu einigen der schönsten Beobachtungsgebieten zu begleiten, die die Stadt vorzuweisen hatte. Es klingelte. 7:35 Uhr. Fünf Minuten zu spät, dachte Mike auf dem Weg zur Tür. Der Anblick, der sich ihm bot, verschlug ihm schier die Sprache. Dort draußen im Sprühregen stand ein erschöpfter, barfüßiger Vogelkundler. Dieser Vogelkundler war ich.

Eine Stunde zuvor war ich im nahegelegenen Dörfchen Castle Bytham aus dem Schlaf geschreckt. Ich hatte den Wecker nicht gehört und war nun panisch auf der Suche nach meinen Turnschuhen. Meine Wirtin hatte es gut gemeint und sie irgendwo sehr ordentlich „weggeräumt". Ich wollte weder sie noch ihr kleines Kind zu dieser frühen Stunde wecken, doch mir lief die Zeit davon, und Mike wollte ich auch auf keinen Fall warten lassen. Also stapfte ich kurzerhand in Socken durch das nasse Gras zu meinem Auto. Wenige Minuten von seinem Haus entfernt stellte ich fest, dass ich auch meinen Geldbeutel im Zimmer vergessen hatte. Konnte es noch schlimmer werden?

Gott sei Dank nicht. Im Gegenteil, im Kofferraum fand ich ein Paar Gummistiefel, und als wir unseren ersten Halt, Maxey Pits, erreichten, war die Welt schon wieder in Ordnung. Die Kiesteiche von Maxey Pits, nicht zu verwechseln mit Maxi Priest, was mir immer auf der Zunge liegt, sind äußerst attraktiv für Wasser- und Watvögel. Der Teich, den wir besuchten, war Mikes Stammplatz. Er lag ein Stück abseits der Etton Road und war als einziger hier extra für Wildtiere hergerichtet worden. Neben dem offenen Gewässer gab es Schilfzungen, sumpfige Abschnitte und etwas Auenwald. Während wir durch den Matsch rings um den Teich stapften, wies Mike auf die Stellen hin, die für die Rückkehr der ersten Steinschmätzer und Braunkehlchen gesorgt hatten. Das Röhricht zog Bodenbrüter wie Schilfrohrsänger und Teichrohrsänger ebenso an wie Rohrammern, und die unberührte Graslandschaft beherbergte einige Paare der landesweit äußerst seltenen Gelbkopf-Schafstelzen. Letztere konnte ich in den vergangenen Jahren während der Brutzeit nur sehr vereinzelt sichten.

Die Wasser- und Watvögel machten meinen Besuch zu einem echten Highlight. Es gab große Familien von Krickenten, Löffelenten und Reiherenten, zudem zeigten sich viele Stockenten. Entlang des Ufers lebten zahlreiche Kiebitze, vereinzelte Rotschenkel und eine Handvoll Alpenstrandläufer. Während der Brutsaison finden sich hier außerdem Austernfischer, Sandregenpfeifer und Flussregenpfeifer ein, um ihre Familien aufzuziehen, und in der Übergangszeit stehen die Chancen gut, unter den bekannten Uferbewohnern auch ausgefallenere Exemplare zu entdecken. Graubruststrandläufer und Grasläufer zeigen sich hier mitunter, und seit einigen Jahren auch ein Stelzenläufer.

Mike berichtete stolz, dass in diesem Gebiet sogar Spornpieper, Carolinakrickente und Sichler verzeichnet werden konnten. Dies beweist mal wieder, dass man in jedem Gebiet echte Schätze entdecken kann, solange man es nur regelmäßig durchforstet. In der vagen Hoffnung, eine Zwergschnepfe zu entdecken, die hier bereits gesichtet wurde, machten wir auf dem Weg zurück zum Auto einen Schwenk durch ein sumpfiges Schilfbett. Nach kurzer Zeit stieg ein einzelnes Exemplar von seinem morastigen Standort auf, um sich einige Meter weiter wieder niederzulassen. Wundervoll.

Meine Zeit in Peterborough war begrenzt, also machten wir nur noch einen kurzen Abstecher in den Ferry Meadow Country Park, eine malerische Gegend westlich von Peterborough, die in der Nähe des *„Bird Watching"*-Büros liegt und gemeinhin als „die Ortons" bekannt ist. Das Gebiet lockt dank seiner Mischung aus Wald und Weideland vielfältige Arten an.

SICHLER

Der Fluss Nene schlängelt sich durch den Park, und an einem schönen Sommertag ist es bestimmt herrlich hier. An diesem Tag brauchte man jedoch eine ordentliche Portion Fantasie, denn graue Wolken hingen bedrohlich tief am Himmel. Nachdem wir die hübsche Milton-Ferry-Brücke überquert hatten, erreichten wir drei geflutete Kiesgruben: Gunwade Lake, der Seglern und Wassersportlern zur Verfügung steht, Overton Lake und den kleineren Lynch Lake. Allesamt hervorragende Plätze, um nach den zum Teil sehr zutraulichen Wildvögeln wie Lappentauchern und Möwen Ausschau zu halten. Die Monate April und Mai eignen sich besonders gut zur Beobachtung von Zwergmöwen, Küsten- und Trauerseeschwalben, und mit etwas Glück erhascht man sogar einen Blick auf die seltenen Brand- und Zwergseeschwalben. In den Büschen und Sträuchern um die Seen herum brüten Sänger wie Klappergrasmücke, Feldschwirl und einige Grauschnäpper-Paare, eine weitere Art, die ich sonst fast nie an Brutplätzen sehe. Die Beobachtung hier lohnt sich wirklich, denn jederzeit kann etwas Spannendes auftauchen, wie Mike betonte. So geschehen mit den Rötelschwalben, die sich im Frühjahr 2010 hier einfanden.

Was für eine wunderbare Entdeckungstour durch eine Stadt, die wohl nicht viele von uns mit Vögeln in Verbindung bringen würden. Nachdem ich mich von Mike verabschiedet hatte, machte ich mich auf den Weg zurück nach Castle Bytham, um nach einer weiteren schwer auffindbaren Spezies zu suchen: meinen Turnschuhen.

#

GIBRALTAR POINT, LINCOLNSHIRE

HABE NICHTS GESEHEN, ABER ES KLANG GUT

Wie schön es doch ist, nach einem deprimierend grauen Tag bei strahlendem Sonnenschein aufzuwachen und auf Streifzug zu gehen. Solche unvergesslichen Tage habe ich öfter erlebt. Andererseits, ich weiß nicht, ob du das kennst, aber oft genug habe ich mich auch schon vom Wetter geradezu gegängelt gefühlt. Sobald man ein Fernglas in die Hand nimmt, werden die Himmelsgötter nämlich gern aufsässig.

Jedes Mal, wenn ich in letzter Zeit ein Fernglas einpackte und das Haus verließ, senkte sich sofort ein dichter Nebelschleier herab, sodass ich bloß noch grauen Wolken hinterherjagte. Einmal ist mir das mitten in den Scrubs passiert und ähnlich, nur etwas weniger schlimm, habe ich es auch in Northumberland erlebt. Eines Abends bestieg ich gerade den Zug nach Skegness und „Weather with you", dieser Evergreen von Crowded House, ging mir durch den Kopf, als sich auch schon wieder ein ominöser, tief hängender Nebel zusammenbraute.

Mein Plan war es, in Skeggy aufzuwachen und im Naturschutzgebiet Gibraltar Point unter der wachsamen Anleitung des Parkleiters Kevin Wilson etwas weniger urbaner Vogelbeobachtung zu frönen. Am nächsten Morgen lugte ich gespannt aus dem Hotelfenster, nur um von einer undurchdringlichen Nebelwand begrüßt zu werden. Na toll. Vielleicht verschwindet der ja später noch, dachte ich. Als Kevin und ich durch den vornehmeren Teil von Skegness zum Reservat fuhren, vorbei am Seacroft-Golfplatz, der als Areal von besonderem wissenschaftlichen Interesse designiert ist und ebenfalls zum Gibraltar-Point-Komplex gehört, überkam mich jedoch die schreckliche Vorahnung, dass dieser Nebel, der mich verfolgte, wohl nicht weichen würde.

Gib Point stand schon lange auf meiner Liste, und es war umso fantastischer, eine persönliche Einladung von den Mitarbeitern des vom Lincolnshire Wildlife Trust verwalteten Naturreservats zu erhalten. Es erstreckt sich über 400 Hektar vom südlichen Ende von Skegness bis zur Mündung des Flusses Wash und bietet eine Reihe unterschiedlicher Lebensräume: Süßwassersumpfgebiete, Grasland sowie großflächige Sanddünen und Salzwiesen an der Küste von Lincolnshire.

Über die Jahre wurden in Gib Point einige tolle Vögel wie zum Beispiel Sprosser gesichtet. Am bekanntesten wurde das Reservat aber wohl durch einen Schnäpperwaldsänger, der 1982 dort

WALDSCHNEPFE

entdeckt wurde. Offenbar wurde ein Schnäpperwaldsänger sogar einmal ganz in der Nähe eines Isabellwürgers gesichtet. Verrückt, oder? Von hier stammt außerdem die einzige Aufzeichnung über einen Terekwasserläufer in ganz Lincolnshire, und wo wir schon dabei sind, gibt's auch gleich noch eine Portion Carolinasumpfhühner und Großer Gelbschenkel obendrauf. Ich konnte einfach nicht verstehen, warum so wenige Ornis hierherkommen, wo das unglaubliche Potenzial für interessante Zugvogelsichtungen doch auf der Hand liegt.

Apropos Hand – die konnten wir kaum vor Augen sehen, als wir an der Beringungshütte in der Nähe des Reservatzentrums hielten. In der Hütte wurde gerade ein Rotkehlchen zur Beringung aus dem Japannetz geholt. Der nächste Kandidat war schon etwas aufregender: eine eindrucksvolle, wenn auch etwas unterernährte Waldschnepfe.

LÖFFLER

Aus der Nähe ist die kryptische Gefiederzeichnung einfach atemberaubend. Nach ihrer Freilassung flatterte sie hinüber zu einer nahe gelegenen Wiese und verhielt sich dort unsichtbar.

Vor dem Besucherzentrum sah es trüb aus. Man konnte vielleicht zwanzig Meter weit sehen, und diese Waschküche machte auch keine Anstalten, sich aufzulösen. Ein Hausrotschwanz-Männchen, das neben dem Gebäude umherhüpfte, tat sein Bestes, um mich aufzumuntern, während sich langsam die Gruppe versammelte, die Kevin auf eine geführte Tour mitnehmen wollte.

Er ließ sich von der schlechten Sicht nicht entmutigen und begann seine Führung mit der Anweisung, dann eben ordentlich die Ohren zu spitzen. Es fühlte sich ziemlich komisch an, mit den Ohren auf Vogelbeobachtung zu gehen, da meine Stärke eindeutig eher das Visuelle ist. Ich habe eine hervorragende Wahrnehmung für Bewegung, die mich oft weit entfernte Vögel erkennen lässt. Wenn es aber darauf ankommt, Vögel zu hören, kann man mich vergessen, vor allem weil ich auf dem linken Ohr auch noch so gut wie taub bin. Wenn ich in einem Wald bestimmen sollte, woher das Zwitschern eines Laubsängers kommt, dann würde ich mich entweder gleich geschlagen geben oder auf gut Glück ins Blaue hineinraten.

Zum Glück hatte Kevin Ohren wie ein Luchs und machte schnell Brachvögel, Rotschenkel sowie Kurzschnabelgänse in weiter Entfernung aus. Ich erlangte etwas Selbstwertgefühl zurück, indem ich hinter dem Dunstschleier eine männliche Rohrammer in einem Busch entdeckte. Als wir später im Plantagengebiet in einem Meisenschwarm mehrere Wintergoldhähnchen auf Nahrungssuche und singende Zilpzalpe beobachteten, fiel mir außerdem ein einsamer Löffler auf, der tief über unseren Köpfen kreiste und schließlich hinter den Bäumen verschwand. Die Silhouette des Löfflers wirkte ganz schön gespenstisch und fremdartig, wie sie so den Nebel durchschnitt. Der Löffler war der letzte Vogel, den wir sahen, danach wurde die Nebelsuppe noch dichter. Ich hätte an jedem beliebigen Ort in England sein können, es machte keinen Unterschied – alles war grau.

Das war also mein Ausflug zum Gibraltar Point. Mein Fazit? Ich habe nichts gesehen, aber es klang gut. Da muss ich wohl mal bei besserer Sicht wiederkommen.

#

MAGNET FÜR ZUGVÖGEL

The Stone Roses haben es gerade so geschafft, *Blur* haben es geschafft, sogar *Duran Duran* ist es gelungen – aber was war mit mir? Würden auch Cornelius Ravenwing III, mein ehemaliger Vogelkumpan Nummer Eins, und ich einen Neustart machen können? Wir hatten als Vogelduo vom Jugend- bis ins frühe Erwachsenenalter gemeinsam gefiederte Träume gejagt, und jetzt bestand der Plan darin, in Lowestoft an der Küste Suffolks einen Comeback-Auftritt hinzulegen, der sich gewaschen hatte. Wir würden dort eine herbstliche Superrarität entdecken und anschließend auf der Suche nach Vögeln durchs gesamte Land streifen, so wie früher. Doch unser großes Comeback scheiterte schon an der ersten Hürde, als Cornelius im allerletzten Moment beschloss, den Vormittag mit einer neuen Freundin im Bett zu verbringen, statt mit mir das Küstengestrüpp unsicher zu machen.

Das wird er noch bitter bereuen, dachte ich, als ich in Begleitung der örtlichen Vogelkundler Andrew Easton und Steve Jones nach müden Zugvögeln Ausschau hielt. Wir hatten uns auf dem Parkplatz an der Links Road getroffen, dabei handelte es sich jedoch um keinen gewöhnlichen Parkplatz. Vor Kurzem hatte ein Rotkopfwürger hier eine ganze Woche verbracht. Die Möwen, die an einer Pfütze herumlungerten, waren keine seltene Arten, sondern einfach nur zwölf Lachmöwen. Eine war jedoch deutlich größer als die anderen und hatte längere, rötliche Beine – ganz anders als die rötlichen Streichhölzer ihrer Artgenossen. Handelte es sich womöglich um eine Dünnschnabelmöwe im Winterkleid? Diese Art hat ebenfalls rötliche Beine, doch nach kurzer Rücksprache einigten wir uns widerwillig darauf, es handele sich lediglich um eine abweichende Lachmöwe. Damit hätte ich meinen treulosen Freund richtig schön ärgern können, aber nun gut, vielleicht war das Tierchen ja auch ein Vorbote bedeutenderer Entdeckungen.

Wir inspizierten die interessanten, nicht ausreichend erkundeten Gebiete entlang der nördlichen Stadtgrenze. Andrew, der seit Mitte der Siebziger in Lowestoft nach Vögeln sucht, erklärte mir, die Gegend gelte als verarmter Verwandter der beiden nahe gelegenen Pilgerorte Minsmere und Norfolk. Wenn irgendwo in East Anglia eine seltene Art auftauchte, machten sich die Vogelfreunde aus Lowestoft sofort auf den Weg, statt vor der eigenen Haustür Ausschau zu halten. Dabei hätten sie so noch viel ausgefallenere Vögel entdecken können.

Spätestens als wir Warren House Wood gegenüber des berüchtigten Parkplatzes betraten, ging mir jedenfalls auf, welche tollen Lebensräume hier vorhanden waren. Das Gelände schrie förmlich nach seltenen Arten. Unser langsamer Spaziergang über die gewundenen Pfade führte uns vorbei an kleineren Meisentrupps, angeführt von Schwanzmeisen, und über uns zogen Erlenzeisige und hin und wieder auch Feldlerchen in Richtung Süden vorbei. Dieses Wäldchen war hauptsächlich dafür bekannt, dass dort 1988 der erste Rotaugenvireo Suffolks gesichtet wurde. Im Laufe der Jahre wurden noch drei weitere in Lowestoft entdeckt.

Schließlich gelangten wir aus dem Wald nach Gunton Warren, einem mit Büschen und Farnen bewachsenen Küstenstreifen. Mitunter überwintert hier eine kleine Zahl Provencegrasmücken, doch der Ort ist auch bei Hundebesitzern beliebt. Deswegen war es besser, frühmorgens nach Zugvögeln Ausschau zu halten, bevor sie sich davonmachten. Wir entdeckten ein paar misstrauische Amseln, mehrere Wiesenpieper und fantasierten über die Sichtung einer verwirrten Schwirrnachtigall.

Wir machten uns auf den Rückweg entlang der Ufermauer und erreichten bald Flycatcher Alley. Den Namen verdankte das Fleckchen – wer hätte es gedacht – ein paar Vogelfreunden, die im Jahr 1910 von der großen Zahl an Fliegenschnäppern beeindruckt waren. Wir sahen zunächst erst mal gar nichts, bis zu unserer Freude ein paar Kreuzschnäbel über uns hinwegzogen, gefolgt von einem bräunlich weißen Zilpzalp, der aus dem Gras sprang und sich von uns in Augenschein nehmen ließ. Womöglich ein Sibirien-Zilpzalp, ein rarer Besucher in diesen Landen. Als Andrew die anderen Arten aufzählte, die sich im Herbst hier hatten blicken lassen, lief mir förmlich das Wasser im Mund zusammen: Gelbspötter, Seidensänger und mindestens drei Gelbbrauen-Laubsänger.

Noch weiter südlich lag Sparrows Nest Park, eine hübsch angelegte, offene Fläche mit vielen Bäumen, dazu eine Freiluftbühne, ein Bowlingrasen und so weiter. In meinen Augen ein ganz klarer Zugvogelmagnet, und ich sollte Recht behalten. Auf der Liste toller Vögel standen unter anderem ein kürzlich gesichteter Waldpieper, einer der berühmten Rotaugenvireos, ein Blauschwanz und ein Halsbandschnäpper-Männchen.

Der Hauptanziehungspunkt für seltene wie gewöhnliche Zugvögel war ein immer noch in Betrieb befindlicher Leuchtturm in der südwestlichen Ecke, dessen einladendes Licht auf die durchreisenden Vögel schien. Wir erspähten den ersten Bergfink des Herbstes sowie ein flüchtiges Sommergoldhähnchen, das sich unter ein paar umherstreifende Meisen gemischt hatte. Das Fleckchen war wirklich einen Besuch wert, und außerdem gab es ein Café, in dem wir uns mit einer Tasse Tee belohnen konnten.

Das Ende dieses interessanten Tages verbrachte ich mit Blick aufs Meer in Ness Point, dem östlichsten Punkt Großbritanniens. Früher mündete hier ein Abwasserkanal, der spannende Möwenarten anzog, darunter öfter mal Schwalbenmöwen und riesige Schwärme von bis zu zweiundvierzig Meerstrandläufern. Zusammen mit Andrew, Steve und anderen örtlichen Vogelfreunden entdeckte ich einen Sterntaucher und mindestens fünf Skuas, die über dem Meer Jagd auf alles machten, was Flügel hatte. In der Nähe sang ein Hausrotschwanz-Weibchen, und an der felsigen Küste suchte ein einsamer Meerstrandläufer nach Futter. Also, Cornelius, wer von uns beiden hatte den besseren Tag? Ich glaube, die Antwort liegt auf der Hand.

MEERSTRANDLÄUFER

\#

SEIDENSCHWÄNZE STATT GRÖLENDE GANGSTER

Als ich meinen vogelunkundigen Freunden in London erzählte, dass ich nach Norwich fahren würde, erntete ich den erwarteten Chor aus Dorftrottelimitationen, garniert mit Anspielungen auf Traktoren und Delia Smith. Die Vogelexperten schlugen erwartungsgemäß vor, ich solle mich doch lieber an der Nordküste nach seltenen Arten umsehen. Der Gedanke war verlockend.

Bis vor Kurzem betrachtete ich Norwich noch als das Tor zum Vogelmekka, der Nordküste Norfolks. Zu Beginn meiner Vogelkarriere ging ich oft lächerlich zeitig zu Bett, stand in den frühen Morgenstunden auf und brach mit einem Kumpel zu unseren traditionellen Vogelwochenenden in Norfolk auf. Als wir losfuhren, war es noch dunkel, und wenn wir an Norwich vorbeifuhren, brach gerade der Tag an. Dieses Mal würde ich allerdings nicht vorbeifahren, sondern anhalten und mich dort umsehen.

Die meisten Vogelfreunde in Norfolk starten in einem Sumpfgebiet in den Tag, in dem es von Vögeln nur so wimmelt. Ich dagegen startete in einer Plattenbausiedlung – wo auch sonst? Jetzt willst du sicher wissen, was ich dort in Dussindale in der südlichen Vorstadt erspähte. Keine grölenden Gangster jedenfalls, sondern einen Schwarm umherziehender Seidenschwänze. Ich rollte langsam durch die frühmorgendlich ruhigen Straßen wie ein Spanner und spähte in die Vorgärten nichtsahnender Dussindaler. Nach wenigen Minuten entdeckte ich fünfzehn der hübschen nordischen Beerenfresser, die sich in einem kahlen Baum niedergelassen hatten. Zu meiner großen Begeisterung hielten sich die fröhlich zwitschernden Seidenschwänze anscheinend für Stadtbewohner.

Anschließend fuhr ich weiter nach Mousehold Heath, einer geschichtsträchtigen Ecke im Nordosten der Stadt. Die knapp achtzig Hektar des „Landes in der Stadt", wie die Einheimischen es nennen, bestehen hauptsächlich aus Wald, doch es gibt auch noch ein kleines Heidegebiet. Eine beträchtliche Zahl der gewöhnlichen Laubsänger-Arten brütet hier, und anno dazumal gab es hier sogar Waldlaubsänger, die inzwischen so gut wie gar nicht mehr in East Anglia brüten. Da es mitten im Winter war, entdeckte ich außer den obligatorischen Schwanzmeisen nichts, doch zu anderen Jahreszeiten hatte dieses Fleckchen durchaus Potenzial.

Irgendwann erreichte mich die Meldung, dass im Gebüsch am Ufer des Wensum ein Sommergoldhähnchen gesichtet wurde, und die Verlockung war einfach zu groß.

SEIDENSCHWANZ

Kurze Zeit später stand ich am Wensum und beobachtete am gegenüberliegenden Ufer nahe des Cow Towers, einer Befestigungsruine aus dem 14. Jahrhundert, einen Eisvogel. Dann durchsuchte ich systematisch Büsche und Bäume, die die Häuser entlang des Uferwegs säumten. Allerdings wurde ich dabei von einer Gruppe Lachmöwen abgelenkt, die scheinbar im Spiel über dem Fluss auf und ab flogen. Als etwa ein Dutzend von ihnen vor mir auf dem Wasser landete, entdeckte ich unter ihnen auch eine Sturmmöwe, die ich bislang nur sehr selten hatte schwimmen sehen.

Dann hörte ich den typischen Klang eines näherkommenden Meisenschwarms, und darauf folgten etwa fünfzehn Schwanzmeisen in Begleitung einiger ihrer Blau- und Kohlmeisen-Verwandten. Wie der Zufall es wollte, hörte ich außerdem den unverwechselbaren hohen Gesang des Sommergoldhähnchens. Wie auf Kommando flatterte das kleine Kerlchen über meinen Kopf hinweg, und ich erhaschte gerade noch so einen Blick durch mein Fernglas, bevor es in einer Baumkrone in Ufernähe verschwand. Ich hörte es noch einmal rufen, als die Meisen auf Futtersuche vorbeizogen, doch obwohl ich tapfer wartete, blieb mir eine erneute Sichtung versagt.

Eines der berühmtesten Beobachtungsgebiete in Norwich ist das UAE Broad auf dem Gelände der Universität von East Anglia. Das Broad ist ein schilfbestandener See, an dem sich im Laufe der Jahre schon einige bemerkenswerte Arten haben blicken lassen. Ein echter Magnet für Wasservögel, und auch Gänsesäger überwintern hier regelmäßig. Tatsächlich entdeckte ich drei wunderschöne Männchen und ein Weibchen auf einem eisfreien Fleck. Von diesen hübschen Sängern kriege ich einfach nicht genug. Ich musterte die versammelten Möwen, die unentschlossen auf dem Eis am Ufer standen, und hoffte auf eine Ringschnabelmöwe, die hier erst ein einziges Mal gesichtet worden war, musste mich jedoch mit dem gewöhnlichen Möwenspektrum zufrieden geben. Das UAE Broad war jedenfalls ein Fleckchen, das regelmäßige Besuche verdient, trotz der zahlreichen Gassigeher.

Meine Odyssee durch Norwich endete mit einem Stopp am Whitlingham Broad. Auch hier war der Name etwas irreführend, da es sich eigentlich um eine alte Kiesgrube handelt. Im November 1996 wurde hier zum zweiten Mal seit Beginn der Aufzeichnungen in Norfolk ein Baumläuferwaldsänger gesichtet. Ich stand im Abendlicht unter den Bäumen mit dem meisten Potenzial und stellte mir den megaspannenden Vogel auf seiner einzigartigen, den Waldbaumläufern eigenen Futtersuche vor. Was für ein Anblick er den versammelten Ornihorden geboten haben musste. Auf einmal wurde ich von ein paar lautstarken Meisen aus meinem Tagtraum geweckt. Ich drehte mich um und ließ den Blick über die Grube schweifen. Praktisch sofort entdeckte ich eine kleine Gruppe Reiherenten, darunter auch ein Bergenten-Weibchen – was für eine tolle Sichtung.

Wären mir an der Nordküste bessere Vögel vors Fernglas gekommen? Da bin ich mir gar nicht so sicher.

#

CAMBRIDGE, CAMBRIDGESHIRE

MASSENHALLUZINATION BEI VOGELGUCKERN

Cambridge ist bekanntermaßen eine Universitätsstadt mit reicher Geschichte, und in den Straßen tummeln sich haufenweise Studenten auf Fahrrädern. Als ich kürzlich dort zu Besuch war, war ich zutiefst fasziniert von der Architektur der beeindruckenden Universitätsgebäude, und mein Mangel an Bildung wurde mir schmerzlich bewusst. Aber hier kommt ein ernüchternder Gedanke: Cambridgeshire ist die baumärmste Grafschaft im baumärmsten Land Europas. Das eröffnete mir Peter Herkenrath, der Vorsitzende des örtlichen Vogelvereins, als wir am eiskalten Ufer des Flusses Cam standen. Wir zählten gerade die verfrorenen Lachmöwen im Stadtzentrum, die sich in Kleingruppen auf den vertäuten Schiffen oder dem zugefrorenen Fluss selbst aufhielten. Der Woodland Trust bestätigt diesen Mangel an Wald. Zum Glück gibt es in der Stadt und ringsum noch genügend artenreiche Wälder, die der Tierwelt ein Zuhause bieten.

Während wir über das Jesus Green nördlich des Zentrums und nahe des Jesus College gingen, dachte ich immer noch über die Baumbestände nach. Obwohl hier so viele Leute Fußball, Schlagball und anderen Sportarten nachgingen, lohnte sich das Vogelbeobachten. In diesem Abschnitt des Cams sind die exotischen Mandarinenten und Flussseeschwalben zu Hause, die im Sommer elegant über die Wasserfläche dahinsegeln. Vielleicht nisten auch mehrere Paare auf einem nahe gelegenen Flachdach? Der Spaziergang durch die Backs, die Gärten und Wälder mit dem einfallsreichen Namen hinter den Colleges, war sehr schön. Ein Großteil des Gebiets befindet sich in Privatbesitz, ist jedoch beschränkt zugänglich. Brütende Tannenmeisen und Wintergoldhähnchen finden sich hier, und es ist der einzige Ort in der Stadt, wo man Kleiber sichten kann – eine seltene Art in Cambridgeshire. So selten, dass wir keinen zu Gesicht bekamen. Die Collegegebäude selbst beherbergen hin und wieder Hausrotschwänze, wohingegen die Gebirgsstelzen den allgegenwärtigen Cam bevorzugen.

Im Laufe der Jahre sind schon ein paar interessante Arten in der Stadt aufgetaucht, so zum Beispiel der Wellenläufer, der unpassenderweise an Castle Hill nördlich des Zentrums vorbeiflog. Der größte ornithologische Hingucker in Cambridge war jedoch das Paar Mariskenrohrsänger, das 1946 am Klärwerk nistete. Mariskenrohrsänger sind dunkler und haben einen prominenteren Überaugenstreif als ihre Kusinen, die Schilfrohrsänger. Die Teilzieher sind in Feuchtgebieten Osteuropas und Südasiens heimisch. Nach der überraschenden Entdeckung wurde das Paar über mehrere Wochen tagtäglich stundenlang von einer Gruppe Vogelfreunde beobachtet, zu der auch die berühmtesten Ornithologen von damals gehörten. Viele Beobachter fertigten detaillierte Notizen an, die alle auf einen ungewöhnlichen Besucher hindeuteten. Obwohl ein paar Ornithologen murrten, dass es sich bei den Vögeln lediglich um anomale Schilfrohrsänger handele, ging die Sichtung in die Annalen ein.

Nachdem ich mir die Geschichte angehört und die Originalaufzeichnung durchgelesen hatte, war auch ich überzeugt, dass Großbritannien tatsächlich einen außergewöhnlichen Besucher gehabt haben musste. Deswegen saß der Schock auch umso tiefer, als das Britische Komitee für seltene Vögel die Sichtung im Jahr 2005 aus dem Archiv strich. Anscheinend waren sie wohl im Recht, und es handelte sich bloß um eine Massenhalluzination. Ein genaueres Studium der Aufzeichnungen und Beschreibungen hatte dazu geführt, dass der Mariskenrohrsänger ausgeschlossen werden konnte. Die Hinweise auf den Schilfrohrsänger verstärkten sich, als herauskam, dass die Bestimmung der damaligen Beobachter auf dem gängigen Naturführer basierte, dessen Illustration des Mariskenrohrsängers lediglich die Unterseite zeigte und damit für die Bestimmung praktisch nutzlos war. Das Zünglein an der Waage war jedoch die einstimmige Beobachtung, die Beine seien blass gewesen. Das trifft auf den Schilfrohrsänger zu – die Beine des Mariskenrohrsängers dagegen sind dunkel. Der Fall war gelöst. Die Moral der Geschichte besteht dann wohl darin, dass wir uns auf jeder Expedition folgende Frage stellen müssen: Was macht diesen Vogel zu dem, wofür wir ihn halten?

SCHILFROHRSÄNGER

Das Klärwerk gibt es leider nicht mehr, also konnten wir am Ort des Vorfalls auch nicht mit gesenkten Köpfen unseren Respekt zollen. Peter war ein bisschen traurig, dass die Sichtung der genaueren Prüfung schlussendlich nicht standgehalten hatte, da sie wirklich bemerkenswert gewesen wäre.

Unser Tag endete im wunderschönen Milton Country Park, nahe des ehemaligen Standorts des berüchtigten Klärwerks und Heimat für überwinternde Grüppchen Schnatterenten, Löffelenten, Krickenten und andere geläufige Wasservögel. In den Sommermonaten zeigen sich die gewöhnlichen brütenden Rohrsänger nur selten, aber dafür finden sich regelmäßig nistende Seidensänger und Feldschwirle und dazu noch mehrere Paare Nachtigallen. Wir beobachteten gerade aus nächster Nähe eine Wasserralle, die an einer offenen Stelle nach Futter suchte, als eine bis dahin bestens getarnte Bekassine aufflatterte, sich mit seitwärts geneigtem Körper auf die verwunderte Wasserralle zubewegte und dabei die rostfarbenen Federn ihres gespreizten Schwanzes zeigte. Sie ging an ihr vorbei, die Wasserralle nahm ihre Futtersuche wieder auf, und die Bekassine verschmolz erneut mit der Winterlandschaft. Die ganze Episode dauerte gefühlt lediglich eine Nanosekunde. So ein Verhalten hatte ich noch nie gesehen und ich werde es nie vergessen.

MARISKENROHRSÄNGER

#

EIN GRIFF INS KLO? - NEIN, HAUFENWEISE SEEN

Es war ein dunkler, verregneter Abend irgendwann Mitte der Achtziger. Ich saß zwischen zwei albernen Kumpels von mir gequetscht auf dem Rücksitz, und wir fuhren im strömenden Regen auf der Suche nach einer bestimmten Adresse durch Milton Keynes. Damals gab es noch keine Navis und eine Straßenkarte hatten wir auch nicht. Wir waren auf dem besten Weg zu einem klassischen Griff ins Klo. Wir hatten den Kofferraum voll schwerer Schallplattenkisten, und das Auto kämpfte sich tapfer voran. Wir kurvten durch zahllose Kreisel und fanden schließlich das Haus, in dem ich auflegen sollte. Die Party war lahm und ich schwor, nie wieder zurückzukehren. Und das verband ich seitdem also mit Milton Keynes – alles dunkel, nass, voller Kreisverkehre und insgesamt rundum enttäuschend. Schnitt.

August 2010: Die Sonne scheint, und wieder einmal röhre ich die M1 Richtung Milton Keynes hoch, diesmal werde ich aber von mo-

126

derner Technik unterstützt. Ich folgte der Einladung der örtlichen Vogelfreunde Mark und Gill Baker, die ich ein paar Monate zuvor kennengelernt hatte. Sie hatten mich mit dem Versprechen geködert, mir eine Seite von MK zu zeigen, die mir bisher angeblich völlig entgangen sei. Ich hatte immer gedacht, dass das Städtchen in Buckinghamshire komplett neu errichtet worden wäre, um überschüssige Londoner aufzufangen. Teilweise stimmt das auch, und die Stadt ähnelt dem amerikanischen Straßennetzsystem (plus haufenweise Kreisverkehre), aber auch mehrere mittelalterliche Stellen sind noch erhalten. Außerdem war ich überrascht, wie grün alles war – die Stadtplaner mussten bewusst darauf geachtet haben. Angeblich kommen auf jeden Einwohner vier Bäume. Egal wo ich hinging, überall Fahrradwege, Parks, Grüngürtel und Seen, haufenweise Seen. Wie mein Gastgeber Mark stolz verkündete, ist Milton Keynes die Stadt der Seen. Auf den achtundachtzig Quadratkilometern Stadtgebiet finden sich außerdem große Wohngebiete, Gewerbegrundstücke und eines der größten Einkaufszentren Europas. Die Seen wurden also als Rückhaltebecken angelegt, um den überschüssigen Abfluss aufzufangen.

Der bekannteste See ist wahrscheinlich Willen Lake, wo sich schon seit langer Zeit interessante Möwenarten, Trauerseeschwalben und Watvögel finden, darunter kürzlich auch ein Wilson-Wassertreter. Der südliche Teil des Sees, der durch die A509 getrennt wird, war die Hölle auf Erden. Dort wimmelte es von tätowierten Stadtbewohnern, die Kinderwagen durch die Gegend schoben, Mastiffs ausführten und sich an den äußerst beliebten Wassersportanlagen erfreuten. Ein kurzer Spaziergang zum ruhigen nördlichen Teil glich dem Überqueren einer unsichtbaren Grenze. Von einem Verschlag aus beobachteten wir ein paar Grünschenkel und ein Kolbenenten-Weibchen, umgeben von zahlenmäßig überlegenen Kormoranen und Stockenten. In der Nähe tauchten einige Familienverbände von

Flussseeschwalben auf und teilten sich das Wasser mit Haubentaucher-Familien. Wie idyllisch.

Doch für Vogelfreunde gab es neben diesem Szenetreff auch noch mehr zu entdecken. Der vielleicht interessanteste Ort, den wir besuchten, war relativ unbekannt, das Hanson Environmental Study Centre nordwestlich Willen Lakes: sechsunddreißig Hektar Wiesen, Wälder, Röhricht, Teiche und natürlich ein großer See. Die Anlage, im Übrigen das heimische Fleckchen von Mark und Gill, wird vom Stadtrat von Milton Keynes verwaltet, wo man sich auch um die Mitgliedschaft und einen Schlüssel bewerben muss. Hier tummeln sich brütende Feldschwirle, Nachtigallen und Gimpel sowie neunzehn verschiedenen Libellenarten. Auch Schleiereulen und Steinkäuze lassen sich hier blicken, und während wir die zahlreichen Fitisse beobachteten, lernte ich ein paar Sumpfmeisen kennen. Aus dem Hauptverschlag am See sahen wir mindestens sechs Seidenreiher in einem Baum in Ufernähe, hörten einen Eisvogel und erspähten – gleichsam als Sahnehäubchen – einen Baumfalken, der hoch über dem Wasser Jagd auf Insekten machte. Ich verstand, wieso Mark und Gill so gerne hierherkamen. Selbst Einheimische frequentierten dieses Fleckchen nur selten.

FITIS

Die Mischung aus Wäldern, Uferparks und Seen versorgt die Stadt mit einem durchgehenden Grüngürtel.

Man kann die Wege beradeln und nach Lust und Laune anhalten, um die Vogelwelt zu bestaunen. Ich durchstreifte ein Gelände, auf dem mir ein Steinkauz begegnete und das sich perfekt für durchziehende Steinschmätzer eignete. Die Wälder im Süden und Osten wären auch gute Optionen gewesen. Sogar im zentral gelegenen Campell Park rund um das Einkaufszentrum kann man Vögel beobachten. Wir tranken dort einen Tee und spazierten dann durch den Park, um den Ausblick auf die Landschaft und Willen Lake zu genießen, der jedoch fast zur Gänze von Bäumen versteckt wurde, die womöglich Wintergoldhähnchen und Kreuzschnäbel beherbergten.

Der Park ist der höchste Punkt in MK, und im Winter treiben sich auf dem grasigen Hügel gerne Drosseln herum. Im Vorjahr waren außergewöhnlich viele Rotdrosseln und Wacholderdrosseln zu Gast gewesen. Trotz der warmen Temperaturen und der örtlichen Thermik, an der sich die Segelflieger erfreuten, sahen wir wider Erwarten keine Rotmilane oder Mäusebussarde. Doch das spielte keine Rolle, da mein Kopf sowieso schon von all dem schwirrte, das mir in Milton Keynes begegnet war.

ST. ALBANS, HERTFORDSHIRE

ACHTTAUSEND GARNELEN AN EINEM TAG

Wenn ich für meine Kolumne in verschiedene Städte reise, sind meine Begleiter vor Ort üblicherweise entweder älter als ich oder zumindest in meinem Alter. Mein Besuch in St. Albans hob diese Statistik jedoch aus den Angeln. Luke Massey, mein Tourguide für diesen Tag, war ein milchgesichtiger, neunzehnjähriger Student. Wenn er nicht gerade in Canterbury studierte, fand man ihn meistens auf Patrouille durch die Beobachtungsgebiete, die diese historische Stadt so zu bieten hat. Während unseres Treffens ertappte ich mich immer wieder dabei, wie ich meinem jungen Begleiter Perlen der Weisheit mit auf den Weg gab. Nicht nur über die Vogelkunde, denn er war bereits ein sehr kompetenter Beobachter, sondern über die Frauen und das Leben an sich. Jedenfalls rief er viele Erinnerungen in mir wach.

Als wir uns trafen, schien er etwas angeschlagen – die Nacht zuvor war wohl recht kurz gewesen. Also ließen wir es ruhig angehen und schlenderten zunächst gemütlich durch den Verulamium Park. Wie der Name vermuten lässt, gibt es eine Verbindung zu den Römern; tatsächlich liegt der Park an der Stelle der altrömischen Stadt Verulamium, die offenbar zur gleichen Zeit gegründet wurde wie ein gewisses Londinium. Er umfasst etwa fünfundzwanzig Hektar, und hier und da finden sich noch Überreste der römischen Stadtmauern. Der Fluss Ver, der den Park im Osten begrenzt, und der Verulamium Lake beherbergen die üblichen Entenarten, unter denen sich hin und wieder auch Krickenten finden. Das kleine Waldstück auf der Insel inmitten des Sees ist Heimat einer hübschen Reiher-Kolonie. Der Park lockt viele Waldwasserläufer an, außerdem gibt es dort regionale Seltenheiten wie Flussuferläufer, die kürzlich gesichtete Trauerseeschwalbe oder auch die Nilgans zu sehen. Luke erklärte mir, dass es sich immer lohne, den Himmel über dem Wäldchen in nordöstlicher Richtung abzusuchen, da man dort mit etwas Glück Rotmilane und Mäusebussarde im Segelflug entdecken kann. Wir unternahmen einen kurzen Abstecher in die Zentrale des Herts and Middlesex Wildlife Trusts, die in der nordwestlichen Ecke des Parks liegt und einen kleinen Wildtiergarten betreibt. Leider war sie am Wochenende geschlossen, aber wir lugten über die Mauer und sahen immerhin ein paar Buchfinken sowie eine Anzahl verschiedener Meisenarten, die sich an den großzügigen Futterstellen gütlich taten.

Ich liebe solche versteckten kleinen Plätze inmitten von Städten, die nur von wenigen Einheimischen besucht werden, und St. Albans verfügt über etliche davon. Dazu gehören auch die Riverside Road Watercress Beds, nur eine kurze Fahrt vom Verulamium Park und wenige hundert Meter vom Stadtzentrum entfernt. Wir wurden von

WALDWASSERLÄUFER

einem Schwarm Dohlen begrüßt, die sich in den Baumwipfeln und auf angrenzenden Hausdächern tummelten, und gurrende Ringeltauben beschworen den Sommer herauf, obwohl es ein eisiger Januartag war.

Während wir durch dieses kleine, regionale Naturschutzgebiet spazierten, das von der Watercress Wildlife Association verwaltet wird, überkam mich ein Gefühl unglaublicher Ruhe. Die Watercress Beds sind ein wunderschöner Ort mit diesigen Waldabschnitten, kleinen Teichen und dem stets präsenten Ver. Überall auf den Erlen saßen Erlenzeisige, die auf jede erdenkliche Weise sangen, nach Futter suchten und aus kleinen Tümpeln tranken. Inmitten der Zweige entdeckten wir auch einen Alpenbirkenzeisig, und er war bestimmt nicht der einzige Vertreter seiner Art. Luke zufolge standen die Chancen auf Wasserrallen ziemlich gut, und ich freute mich schon auf die Sichtung. Die Stimmung wurde mir jedoch gründlich versaut, als wir stattdessen lediglich das vertraute Kreischen meiner alten Freunde, der Halsbandsittiche, hörten – einer Vogelart, die in dieser Gegend zum Glück erst noch Fuß fassen muss. Im Sommer bietet dieser Ort die für Waldgebiete typischen Laubsänger und eignet sich gut, um nach Eisvögeln Ausschau zu halten.

Ein Spaziergang durch die Gegend um St. Albans wäre nicht komplett ohne den Besuch des berühmtesten Beobachtungsgebiets, der Kiesgruben von Tyttenhanger. Von Vogelkundlern gut abgedeckt, beherbergt diese Gegend jährlich über hundertvierzig Arten. Ich verbinde insbesondere den Fischadler mit Tyttenhanger, der hier scheinbar jedes Jahr herkommt. Luke führte mich in die Nähe von Garden Wood am östlichen Ende der Gruben, wo eine kleine Feldsperling-Kolonie zu finden war. Angeblich soll das die verlässlichste Stelle der gesamten Gegend sein, um diese landesweit sehr seltene Art zu beobachten. Natürlich sah ich keine, aber dafür hatten sich gerade etliche Goldammern und Rohrammern an den Futterplätzen versammelt. Die Felder südlich des Geländes unweit von Willows Farm waren geradezu überfüllt mit gemischten Gruppen aus Rot- und Wacholderdrosseln, Kiebitzen sowie Sturm- und Lachmöwen, die den Boden nach Leckerbissen absuchten. Es lohnt sich ebenso, den kleinen Baumbestand zwischen Willows Farm und Garden Wood nach dem scheuen Kleinspecht zu durchforsten.

Das Naturschutzgebiet Lemsford Springs des Herts and Middlesex Wildlife Trust war mir mit Abstand der liebste Ort in der Stadt. Lemsford Springs wird im Westen vom Fluss Lea begrenzt und ist ein von Brunnenkresse bewachsenes Gelände umgeben von Wald, Wiesen und Sümpfen. In den Teichen wimmelte es nur so von Süßwassergarnelen, was natürlich wiederum Myriaden von Wasservögeln anzog. Wir beobachteten einen Eisvogel, der freundlicherweise genau vor unserem Verschlag auf einem Pfahl posierte, und darunter einen Seidenreiher, der mit dem Fuß nach Essbarem wühlte. Wir hatten sogar das überraschende Vergnügen, endlich doch noch eine Wasserralle in ihrer ganzen Pracht von einem Schilfabschnitt zum anderen schwimmen zu sehen. Doch was den Ort wirklich zu etwas Besonderem macht, ist der Waldwasserläufer. Sein Verhalten wurde hier ausgiebig studiert, zahlreiche Exemplare wurden beringt und ehrenamtliche Mitarbeiter des Trusts ermittelten, dass er täglich bis zu achttausend Garnelen verschlingt.

WORMWOOD SCRUBS UND
BEDDINGTON FARMLANDS, LONDON

MEIN REVIER NEBEN GEFÄNGNISMAUERN

Als Kind verbrachte ich übermäßig viel Zeit in meinem Zimmer. Ich spielte nicht mit Spielzeug, las Comics oder plante insgeheim, die Weltherrschaft an mich zu reißen, sondern saß über Naturführern und führte Listen. Lange bevor ich wusste, dass dies die traditionelle Art der Vogelkunde war, schrieb ich schon meine Beobachtungen nieder. Ich hatte zum Beispiel eine Gartenliste erstellt, die jede Menge umstrittene Sichtungen enthielt. Außerdem ließ ich Platz für Arten wie etwa den Steinadler, ich war nämlich fest davon überzeugt, dass er sich eines Tages über meinem Haus in Nordlondon zeigen würde. Eine andere Liste beinhaltete ausgestorbene Vögel, in wieder anderen hatte ich sogar Arten aufgeführt, wie ich sie mir in anderen Ländern vorstellte. Nicht zuletzt verfügte ich auch über eine Liste möglicher Irrgäste.

Diese Listen habe ich vor etwa fünfzehn Jahren aufgegeben. Obwohl, das stimmt nur zum Teil. Über Großbritannien führe ich zwar keine Liste mehr, für den Rest der Welt dafür schon. Frag mich jetzt aber bitte nicht, wie viele Arten ich schon gesehen habe. Ansonsten habe ich nur noch die Liste der Vögel in meinem geliebten Heimatrevier Wormwood Scrubs aufgehoben. Sie entstand vor zwanzig Jahren, als ich eines Tages im Spätsommer zum ersten Mal den Fuß auf diesen heiligen Boden setzte. Es war als eine Art Aufklärungsmission gedacht, da ich zunächst die Habitate vor Ort erkunden und abschätzen wollte, welche Arten dort möglicherweise auftauchen könnten. An diesem Tag dokumentierte ich armselige zweiundzwanzig Arten, fühlte mich jedoch durch die gute Anzahl an Singdrosseln und Bluthänflingen in den damals spärlich bewachsenen Busch- und Waldabschnitten ermutigt. Eine Woche später, nach beinahe täglichen Besuchen zur Mittagszeit, hatte ich bereits eine beeindruckende Liste von Zugvögeln erstellt, darunter zwei Trauerschnäpper, ein Baumpieper und ein Gartenrotschwanz. Meine Liebe zu den Scrubs war entfacht, und das Gelände sollte noch viele Überraschungen für mich bereithalten.

Die weitläufige Parklandschaft ist mit etwa sechsundvierzig Hektar sogar größer als das nahe gelegene London Wetland Centre. Einen Großteil der Fläche bilden Sportfelder, aber es gibt auch einen schmalen Streifen Wald aus Maulbeerfeigen, Birken, Platanen und Eichen um das Gelände herum. Das noch unberührte westliche Ende der Scrubs besteht aus einer etwa fünf Hektar umfassenden Grünfläche, das nördliche Ende wird von einer künstlich angelegten und mit Ginster und Japanknöterich bewachsenen Anhöhe begrenzt. In beiden Abschnitten tauchten ohne Zutun die besten Vögel auf, zum Beispiel zwei Wespenbussarde, Fischadler, Habicht, Rohrweihe, Wendehals, Ortolan und Zwergammern, Provencegrasmücke, Wachtel, Raubwürger und drei Spornpieper. Die Wiesen dort beherbergen zudem die dem Zentrum Londons nächstgelegene Brutkolonie von Wiesenpiepern, während die Anhöhe ein beliebter Nistplatz für Singdrosseln und Bluthänflinge ist.

Meine Liste der Scrubs begann ursprünglich als eine Art Tagebuch und entwickelte sich mit der Zeit zu einer monatlichen und später jährlichen Gesamtaufzählung. In den ersten Jahren war ich mit meinen Beobachtungen in dem Gebiet noch allein. Nachdem ich jedoch einige gefiederte Schönheiten entdeckt hatte, stießen mehr und mehr Ornis dazu, und bald schon waren wir ein kleiner Trupp von „Scrubbers", wie wir uns selbst gern nennen. Die Erstellung von Listen wurde zur Gemeinschaftsaufgabe, und irgendwann fingen wir an, uns Jahresziele zu setzen. Das Listenerstellen in den Scrubs ist bei weitem kein leichtes Unterfangen, denn das Gebiet befindet sich mitten in einem dicht bebauten Gebiet und wird von zahlreichen Mitbürgern frequentiert. Zudem gibt es keine stehenden Gewässer, weshalb uns, abgesehen von einer kleinen Anzahl Enten, die uns im Winter regelmäßig besuchen, Wasservögel wie Blässhühner oder Bekassinen fehlen. Lediglich vorüberziehende Pfuhlschnepfen und Goldregenpfeifer zeigen sich mitunter. Es gab sogar Jahre, in denen bis März keine einzige Stockente dokumentiert wurde.

Ich schätze, eine gute Jahresliste ist mit einer Fußballsaison vergleichbar, die von Januar bis Dezember geht. Um sein Saisonziel zu erreichen, muss man während der Frühjahrs- und Herbstwanderungen der Vögel wertvolle Punkte sammeln, da in dieser Zeit praktisch alles auftauchen kann. In der Zugsaison entdecken wir jedes Jahr seltene Vögel wie Ringdrossel und Gartenrotschwanz. Erstere wird in der Regel nur für wenige Minuten gesichtet, bevor sie sich wieder auf den Weg macht. Ein schlechter Frühling bedeutet eine traurige Jahresbilanz. So ist es nun mal.

Jedes Jahr setzen wir uns ein moderates Ziel von einhundert Vogelsichtungen, das wir jedoch bis heute nicht erreicht haben. Am nächsten kamen wir der magischen Zahl im Jahr 2010. Am 28. Dezember waren wir bei fünfundneunzig und ich weiß noch genau, wie ich das verschneite Gelände auf der verzweifelten Suche nach ein paar mehr Vögeln durchforstete. Ich schaute nach oben und sah eine vorüberziehende Heidelerche, die in niedrigem Flug nach Westen unterwegs war. Sie führte einen Schwarm Feldlerchen an und war von uns bisher überhaupt nur drei Mal dokumentiert worden – sechsundneunzig. Ich war noch immer ganz aufgekratzt, als plötzlich eine Nilgans vorüberflog. Diese Vögel nisten

NILGANS

unweit von uns im Hyde Park, sind am Himmel über unserem Gebiet jedoch nur sehr selten zu sehen – siebenundneunzig. Überglücklich schickte ich meiner Freundin, die gerade in Thailand war, eine Nachricht. Ihre Antwort: „Zwölf schnatternde Gänse!", in Anspielung auf das Weihnachtslied *The Twelve Days of Christmas*. Als ich die Nachricht las, hörte ich tatsächlich ein Schnattern. Wie im Traum sah ich nach oben und wurde Zeuge, wie eine Schar von zweiunddreißig Blässgänsen Richtung Osten vorüberzog. Wir beendeten das Jahr mit achtundneunzig Spezies, aber Junge, Junge, was für ein Abschluss!

Auf meiner Suche nach Stadtvögeln kreuz und quer durch Großbritannien und Europa lag mein getreuer Rucksack schon in zahllosen Hotelzimmern, war in Fliegern, Zügen und auch ein paar Autos immer in Reichweite. Aber wenn man gleichzeitig noch sein Heimatgebiet im Blick behalten will, ist es nicht gerade hilfreich, wenn man ständig unterwegs ist, insbesondere während des Vogelzugs, wo ungeteilte Aufmerksamkeit das A und O ist. Also beschloss ich, für eine

Herbstvisite in Wormwood Scrubs „zu Hause" zu bleiben und auch meinem Revier aus den Achtzigerjahren, Beddington Farm in Südwest-London, einen Besuch abzustatten.

Ich startete meinen Heimaturlaub mit einem Ausflug nach Wormwood Scrubs. Der Park ist gerade mal zehn Minuten von meinem Haus entfernt und untrennbar mit meinem innersten Wesen verwoben. Vor jedem Besuch spüre ich ein gespanntes Kribbeln, da es hier oft Ungewöhnliches zu sehen gibt, wie klein es auch sein mag. Wormwood Scrubs ist meine persönliche innerstädtische Fair Isle – auch wenn die Raritätensichtungen hier viel, viel seltener sind. Sogar heute noch, achtzehn Jahre nach meinem Antrittsbesuch, gucken mich die Leute schief an, wenn ich den Park zum Vogelbeobachten vorschlage. Das nahe gelegene Gefängnis hat seine abschreckende Wirkung nicht verloren, und kürzlich fragte mich ein Vogelfreund dort allen Ernstes, ob ich Gefängniswärter sei.

WIESENPIEPER

Die vierundsiebzig Hektar der Scrubs bestehen aus Sportplätzen und Wiesen, die von dünnen Waldstreifen gesäumt werden – hauptsächlich Berg-Ahorn, Birken und Platanen. Auf den ersten Blick wirkt das Gelände, offen gesagt, nicht gerade wie ein Vogelparadies. Im Norden rattern die Züge vorbei, im Westen und Osten wird der Park von Wohngebieten begrenzt, und im Süden ragt das berüchtigte Gefängnis auf. Doch auf der Sichtungsliste sind seit 1980 unglaubliche hundertzwanzig Arten verzeichnet, darunter Wendehals, Ortolan und zwei separate Sporenpieper. Außerdem beherbergen die Scrubs Londons zentralste Kolonie brütender Wiesenpieper. Bis zu fünf Paare dieser auf der Vorwarnliste geführten Pieper schlagen sich mühsam in den Wiesen durch, deren Grenze öfter mal von Hundebesitzern übertreten wird.

Wir haben Mitte August, und bislang ist mir noch kein vorbeiziehendes Braunkehlchen untergekommen – in unseren Breitengraden der Inbegriff des Herbsts! Besonders während der Herbstmigration ist die Sichtung dieser hübschen Vögelchen praktisch garantiert. Zu Beginn meiner Orni-Karriere waren sie stets in großer Zahl vertreten, und eines Tages Ende September wurden zweiundzwanzig Exemplare gezählt – die größte Gruppe Südenglands in jenem Herbst. Gut gelaunt spähte ich ins Gebüsch und entdeckte mehrere Dorngrasmücken, Mönchsgrasmücken und ein paar Fitisse. Auf einer Wiese zwischen mindestens zweihundert jungen Stieglitzen sah ich auf einer Distel ein einsames Braunkehlchen. Mir ging das Herz auf.

Am nächsten Tag fuhr ich auf Einladung von Peter Alfrey und Roger Browne, deren Heimrevier Beddington Farm war, nach Hackbridge tief im Süden Londons. Auf der Farm wird nach wie vor Kies gefördert und Klärschlamm verteilt, und eine Müllkippe gibt es auch. Die gefluteten Sümpfe ziehen durchreisende Watvögel an, und die Müllkippe ist ein Magnet für Möwen, unter denen sich manchmal auch weißgeflügelte Seltenheiten finden, etwa die mega außergewöhnliche Beringmöwe, die anscheinend 2007 von Gloucester aus hierher pendelte.

Das Areal hatte eine unfassbare Wandlung durchgemacht, wirkte aber immer noch unfertig – ein bisschen Habitatmanagement tat Not. Beddington Farm ist viermal so groß wie das London Wetland Centre und ein schlafender Riese der Orni-Szene Londons. Innerhalb des Stadtgebiets reicht kaum ein Ort an seine zweihundertfünfzig Arten umfassende Liste heran, wovon hundertfünfzig alljährlich auftreten. Faszinierende Vögel wie Keilschwanz-Regenpfeifer, Tüpfelsumpfhuhn (die in den Sechzigern hier brüteten), inländische Schwalbenmöwen, Brachpieper sowie Waldammer und Zwergammer gehören zur aviären Hautevolee, die hier im Laufe der Jahre vorbeischaute. Außerdem beherbergt Beddington Farm die größte brütende Population an Feldsperlingen in Großbritannien. 2008 wurden hier knapp dreihundert Jungvögel flügge.

All das lernte ich von meinen beiden Kumpanen, während wir auf dem Gelände umherschlenderten, das bis vor Kurzem noch eine matschige, stinkende Kläranlage mit begrenztem Zugang gewesen war. Das größte Ärgernis für Londoner Vogelfreunde war ebenjener mangelnde Zugang, und so erlangte die Farm einen schlechten Ruf. Doch all das ist Geschichte.

Heute ist das Gelände mit dem futuristischen und landesweit bedeutenden Hackbridge Sustainable Suburb Project verbandelt, einem Projekt von One Planet Living, und auf der Farm und im Umland wird fleißig recycelt. Der Zugang ist zwar immer noch beschränkt, doch an mehreren, über das Jahr verteilten Tagen der Offenen Tür ist die Öffentlichkeit willkommen. Wenn der Ort eines Tages wirklich gerettet und die Naturschutzarbeit abgeschlossen ist, sollen die Tore nicht nur für die Öffentlichkeit, sondern auch für die Vogelwelt weit geöffnet werden.

Je bekannter Beddington Farm unter Vogelfreunden wird, desto besser stehen seine Chancen darauf, endlich sein Potenzial als erstklassiges städtisches Naturschutzgebiet voll zu entfalten.

\#

TOWER 42 UND CANARY WHARF, LONDON

SPEKTAKEL IN LUFTIGER HÖHE

Es macht mich wirklich sehr froh, dass sich immer mehr Menschen für Vögel auf dem Durchzug interessieren. Ich persönlich bin natürlich auch großer Fan, besonders gern sehe ich dem Spektakel von hohen Aussichtspunkten aus zu.

Meine erste Erinnerung an den Vogelzug war im Alter von sechs Jahren, als ich an einem Julimorgen Vögel am Stadthimmel ziehen sah. Damals dachte ich, die großen Kiebitz-Schwärme – ein Anblick, der inzwischen leider der Vergangenheit angehört – würden einfach zufällig dort umherfliegen. Einige Jahre später verstand ich dann zwar, dass Vögel tatsächlich wandern, glaubte jedoch, dies würde nur in einem einzigen, großen Flug entlang der Küsten stattfinden, und auch nur im April und September. Schnell wurde ich eines Besseren belehrt.

Ich stürzte mich in die Bücher von Eric Simms, einem meiner Helden der Vogelkunde, der über den Rückgang des Vogelzugs in städtischen Regionen schreibt. Er berichtete auch von frühherbstlichen Beobachtungen in den Fünfziger- und Sechzigerjahren, als sich Ornis der alten Schule auf dem Primrose Hill unweit des Regent Parks einfanden, um den Vögeln aus dem Norden bei ihrer Prozession entlang des Stadtrands zuzusehen. Diese Pioniere der Vogelbeobachtung entdeckten eine klare Zugstraße von Wiesenpieper-, Buchfinken- und anderen Singvogel-Schwärmen über die „North London Heights".

An einem Samstagmorgen im vergangenen Oktober stand ich bei einem Fußballspiel im Tor. Nach dem Spiel kam ich mit dem gegnerischen Stürmer, der mich ganz schön auf Trab gehalten hatte, ins Gespräch und erfuhr, dass er Kameramann war und erst kürzlich auf der Spitze des Tower 42 in Londons Square Mile gefilmt hatte. Er hörte gar nicht mehr auf, von dem wunderbaren Ausblick und dem atemberaubenden Sonnenaufgang zu schwärmen. In der darauffolgenden Woche trat ich mit dem Tower in Kontakt und fragte, ob ich mit einer kleinen Crew vorbeikommen dürfe, um die Ringeltauben dort zu filmen. Zu meiner Überraschung stimmten sie zu. Auch wenn wir am vereinbarten Tag dann nur etwa zweihundert Tiere im grauen Dunst ausmachen konnten, wurde mir das Potenzial dieses Aussichtspunktes sofort klar, und ich kann voller Dankbarkeit und Freude berichten, dass ein weiteres Treffen mit dem Management des Turms zur Gründung der Tower 42 Bird Study Group führte.

Der Weg hinauf aufs Dach ist nicht so einfach, wie du vielleicht denkst, denn es gibt nicht etwa einen Aufzug, der einen bequem bis nach ganz oben bringt. Nein, der letzte Abschnitt muss zu Fuß zurückgelegt werden. Eine Feuertreppe und eine weitere, noch gewundenere, führen hinauf in den Technikraum. Hier bahnt man sich seinen Weg über verschiedene Absätze, unter niedrigen Decken hindurch und an Rohrleitungen entlang, muss dann noch zwei Leitern erklimmen, und kann von dort schließlich auf das Dach klettern. Für diesen Aufstieg musst du schon ganz schön in Form sein.

Die Studiengruppe traf sich während des Frühlings einmal wöchentlich und dokumentierte in ihren insgesamt neun Zusammenkünften eine faszinierende Artenvielfalt. Darunter waren tägliche Sichtungen von Wanderfalken und Sperbern ebenso wie die im Zentrum Londons äußerst seltenen Austernfischer, Küstenseeschwalben, Mäusebussarde, Rotmilane und Baumfalken. Die außergewöhnlichste Sichtung war wohl die einiger Wespenbussarde. Einmal flog einer von ihnen gegen ein Bürofenster im Westend und jagte den Mitarbeitern dort einen gehörigen Schrecken ein. Glücklicherweise blieb er unverletzt und setzte seinen Weg bald fort.

Auch wenn die Arbeit auf dem Tower 42 mitunter nicht einfach ist und der auf dem Meer ähnelt – nur dass sich hier statt Wellen Häuserzeilen bis zum Horizont erstrecken –, wurde der Standort doch schnell zum Synonym für Vogelzugbeobachtungen in London. Die Herbstzählungen endeten mit mehreren Brandseeschwalben und einem weiteren Rotmilan.

WESPENBUSSARD

Einige Kilometer östlich liegt Canary Wharf und das berühmte One Canada Square Park mit der Pyramidenspitze, eines der höchsten Gebäude Großbritanniens. Zwischen 2001 und 2006 studierte der Ornithologe Ken Murray mit seinen Kollegen dort die Zugvögel, die sich im winzigen Canada Square Park am Fuße des Gebäudes und im nahe gelegenen Jubilee Park einfanden. Letzterer ist ein aufwändig angelegtes Gelände mit vielen immergrünen Pflanzen, während Canada Square Park lediglich aus einem spartanischen, von wenigen Bäumen gesäumten Rasenstück besteht. Beide Parks werden von einer Vielzahl Büromitarbeiter für ihre Mittags- und Raucherpausen genutzt. Obgleich sie anfangs unattraktiv wirken, entdeckten Ken und seine Freunde doch an beiden Standorten über die Jahre hinweg eine ungewöhnliche Anzahl Zugvögel, einschließlich Seltenheiten wie dem Neuntöter, dem Wendehals und ganzen drei Buschrohrsängern.

Ich selbst besuchte das Gebiet mehrere Male und sah sofort sein Potenzial. Dies führte zur Wiederaufnahme von Kens Erhebungen in Gestalt der Canary Wharf-Zugvogelstudien. Mit einer entsprechenden Erlaubnis (die Sicherheitsbestimmungen sind dort sehr strikt) ist dieses faszinierende Projekt offen für jedermann und kann möglicherweise noch mehr Licht in die Dunkelheit des Wanderverhaltens von Vögeln im städtischen Raum zu bringen. Zum Zeitpunkt dieser Kolumne hatte die Gruppe dort bereits einen Steinschmätzer und mehrere Sommergoldhähnchen verzeichnet. Die heimische Vogelkunde erlebt einen echten Aufschwung, war aber wohl auch noch nie so aufregend wie heute.

#

DORF UND PARK FÜR MENSCH UND NATUR

Es ist kein Geheimnis, dass ich ein großer Fürsprecher der städtischen Vogel- und Naturbeobachtung bin und gern auch entsprechend Trara um deren Vorzüge mache. Manche Nicht-Ornis begreifen das Konzept des Urban Birding überhaupt nicht, können sich nicht einmal vorstellen, dass es in der Stadt überhaupt wildlebende Tiere gibt. Städte und wilde Tiere in einem Satz ergeben für sie überhaupt keinen Sinn. Aber wie wir alle wissen, hat das mit der Realität wenig zu tun.

Hier liegt das Dilemma: Viele Beobachtungsgebiete, die ich besuche, sind im Grunde Überbleibsel aus der Vergangenheit, Inseln mit natürlichen Lebensräumen wie Wäldern, Flüssen und Wiesen, die trotz menschlicher Eingriffe überlebt haben. Manche davon unterliegen keinem offiziellen Schutz und gelten unter örtlichen Vogelfreunden als Oasen, unter Bauunternehmern dagegen als unerschlossenes Land. Wenn das geliebte örtliche Vogelparadies von riesigen

Schaufelbaggern aufgerissen wird, um in ein Einkaufszentrum verwandelt zu werden, führt das natürlich zu Wut, Unmut und Trauer. Wäre es nicht auch möglich, ein artenreiches städtisches Areal komplett zu zerstören, es mit Stahl und Beton zu bebauen und gleichzeitig die Attraktivität für die Tierwelt beizubehalten?

Die Umsetzung ist nur schwer vorstellbar, selbst für einen unverbesserlichen Optimisten wie mich. Als ich zu einem Besuch des Olympischen Dorfs eingeladen wurde, sah ich entsprechend auch schon eine Riesenbaustelle voll brüllender Bauarbeiter mit Schutzhelmen vor mir. Das Olympische Dorf liegt im Osten Londons neben den Hackney Marshes, am südlichen Ende des Lea Valley. Das umstrittene Bauprojekt wurde von vielen Seiten kritisiert, darunter auch von einer kleinen Zahl Vogelfreunde, die in der Gegend regelmäßig Ausschau hielten. Früher war es Teil eines großen Grundstücks, auf dem baufällige Fabriken, schmierige Autowerkstätten und wildwachsendes Buschland standen. Die Vogelfreunde, die ich darauf ansprach, erinnerten sich mit nostalgiegeschwängerter Stimme an regelmäßige Sichtungen von Kuckuck, Bekassinen, Laubsängern und Singdrosseln. Sogar ich kann mich noch an die Gegend erinnern. Mit achtzehn hatte ich eine Freundin in Stratford, und während ich auf dem Weg zu ihrem Wohnbau streunenden Hunden (und Menschen) auswich, ließ ich den Blick auch gelegentlich über das Brachland schweifen. Einmal wurde ich ebenfalls mit einem vorbeifliegenden Kuckuck belohnt.

Dieses Szenario klingt zwar erst mal einladend, doch die Vegetation bestand hauptsächlich aus invasiven Arten, wie zum Beispiel Riesen-Bärklau, und im Boden befand sich tonnenweise Giftmüll. Dieser potenziell gefährliche Mix musste laut David Stubbs, dem Nachhaltigkeitsverantwortlichen des Londoner Organisationskomittees für die Olympischen und Paralympischen Spiele, beseitigt werden. Er war selbst begeisterter Vogelbeobachter und führte mich gemeinsam mit zwei Kollegen über die Baustelle. Von Anfang an bestand die Vision eines Komplexes, der nachhaltige Artenvielfalt mit menschlichen Bedürfnissen in Einklang bringt. Ich war beeindruckt, wie viel Mühe und Umsicht in die verwildert wirkende und äußerst einfallsreich Olympiapark getaufte Grünfläche geflossen war, die an das Olympische Dorf grenzt. Anscheinend war während der Planungsphase jede Umweltorganisation unter der Sonne in den Prozess miteinbezogen worden. Auch das Dorf selbst mit den niedrigen Häusern und Sportanlagen war mit der Natur im Hinterkopf entworfen worden. Über zweitausend handverlesene einheimische Bäume waren zur Erfreuung von Mensch und Tier gepflanzt worden. Zahlreiche Bauten, darunter auch die Brücken, waren mit Nisthöhlen für Eisvögel, Uferschwalben und Fledermäuse versehen. Sogar ein Otterbau war angelegt worden. Und wie zum Beweis flogen während der Besichtigung tatsächlich mehrere Uferschwalben über den Fluss.

KUCKUCK

Die Wetland Bowl, ein bewaldetes Ufer- und Röhrichtgebiet im nördlichen Teil des Parks, wurde mit der Flora der Niederungen East Anglias bepflanzt. Es war zwar klein, wirkte jedoch vielversprechend. Angeblich wurden hier schon Eisvögel und singende Teichrohrsänger entdeckt, und ich erwischte einen Zwergtaucher dabei, wie er in einen kleinen Kanal im Röhricht einbog. Ich machte einen Witz darüber, dass hier am Ende noch Bartmeisen und Rohrdommeln auftauchen würden, aber bei näherer Betrachtung schien mir das gar nicht mal so unwahrscheinlich. Trotz der Bauarbeiten war am Himmel einiges los. Jedes Mal, wenn ich nach oben schaute, sah ich Möwen und einen oder zwei Kormorane auf der Durchreise. Während wir im Schatten des inzwischen berühmten Olympiastadions entlanggingen, kreisten

Heringsmöwen, Silbermöwen und Lachmöwen über uns. Eine Hohltaube flog vor der klassischen Londoner Skyline aus Tower 42 und Gherkin vorbei. Mir wurde fast schwindlig vor städtischem Vogelglück. Eines Winters segelte übrigens merkwürdigerweise eine Sumpfohreule eine Weile durch das Stadion. Vielleicht war sie auch das Überbleibsel einer Vergangenheit, in der die Art womöglich noch ungestört in dieser Gegend lebte.

Während meines Besuchs befand sich die Anlage immer noch im Bau. Nach den olympischen Spielen im Sommer 2012 sollte sie herangereift und der Öffentlichkeit zugänglich sein. Ich verließ den Olympiapark mit folgender Frage: Wenn die weltbesten Athleten mit ihren Wettkämpfen fertig waren, würden sich dann die olympischen Ornis an die Erkundung dieses einzigartigen Fleckchens machen?

UFERSCHWALBE

\#

SEEVÖGEL UND ZUCKERWATTE

Schon lustig: Manchmal lebt man relativ nah an einem interessanten Vogelgebiet, kommt aber niemals auf die Idee, es zu besuchen. Stattdessen reist man quer durchs Land, verlockt von der vermeintlichen Aussicht auf bessere Bedingungen. Southend liegt ganz in der Nähe von meiner Wohnung, knappe sechzig Kilometer von London entfernt. Wenn ich am Wochenende früh genug aufbreche, kann ich mich nach weniger als einer Stunde an der Essexschen Sonne laben. Ich war fest davon überzeugt, schon mal in diesem Küstenstädtchen an der Ostküste gewesen zu sein. Irgendwo in den Tiefen meines Bewusstseins regte sich die Erinnerung an Achterbahnen, Zuckerwatte und monströse Möwen. Nach einem rigorosen Kreuzverhör meiner Mutter kam jedoch die Wahrheit ans Licht. Ich war tatsächlich noch nie in diesem ehemaligen Badeort Nummer Eins der Londoner gewesen.

Auf Einladung der einheimischen Vogelfreundin Emily Broad hin fuhr ich also kürzlich im Herbst nach Southend. Sie freute sich darauf, mir ihre Stammplätze zu zeigen und mit meiner Hilfe womöglich ihren allerersten Fliegenschnäpper, egal welchen, zu entdecken. Die Herausforderung nahm ich an.

Southend-on-Sea, wie die Ecke richtig heißt, ist mehr als nur ein Küstenstädtchen. Der Landstrich erstreckt sich über sechzehn Kilometer Küste und umfasst Leigh-on-Sea im Westen sowie Shoeburyness im Osten. Ein gewöhnlicher Ausflügler würde sich beim Blick auf die Themsemündung in Westcliff-on-Sea vermutlich an den Industriestätten auf Canvey Island und der Isle of Grain im benachbarten Kent stören. Zugegeben, der Anblick ist ein bisschen gewöhnungsbedürftig, aber für Vögel sind beide Orte natürlich wiederum ideal.

Während wir in Southend am Meer entlangschlenderten und über die Mündung hinausblickten, fielen uns zuerst die zahllosen Möwen und Watvögel auf, die sich entweder auf dem Watt ausruhten oder nach Futter suchten. Seidenreiher, Austernfischer, ein paar Brachvögel und Steinwälzer entlang des nassen Strandes ergänzten die Möwengruppen, die hauptsächlich aus Silbermöwen und Mantelmöwen bestand. Weiter draußen räkelten sich achtzehn Seehunde auf einer Sandbank. Auf dem Weg zum weltberühmten Southend Pier entdeckten wir ein paar Flussseeschwalben und dazu zahlreiche Lachmöwen und einige wenige wunderschöne Schwarzkopfmöwen. Die Küste hier ist Teil des größten Küstenschutzgebiets Englands, verfügt über eine beeindruckende Muschelbank, und es wimmelt hier regelrecht vor Wirbellosen, sehr zur Begeisterung der überwinternden Wat- und Wasservögel, darunter große Schwärme Ringelgänse.

Der Southend Pier war ein echtes Schmankerl. Mit seinen über zwei Kilometern ist er der längste Pier der Welt, und ein putziger kleiner Zug bringt einen bis zum Ende. Emily und ich gingen jedoch zu Fuß, auf der Suche nach Steinwälzern und Flussseeschwalben, die sich gerne auf dem Pier niederlassen.

Und tatsächlich entdeckten wir bald mehrere Gruppen beider Arten, die sich dort gerade ausruhten. Ganz in der Nähe machten außerdem einige Seeschwalben Jagd auf Fische. Manche von ihnen trugen noch ihr Sommerkleid, aber die meisten waren entweder Jungtiere, die sich gerade ins Winterkleid mauserten, oder Altvögel im Winterkleid. Sofort fielen uns zwei kleinere Seeschwalben im Wintergefieder zwischen zwei typischeren Flussseeschwalben auf. Diese merkwürdigen Gesellen ähnelten auf den ersten Blick zwar den gewöhnlichen Seeschwalben, hatten jedoch dünnere, kürzere Beine und waren definitiv kleiner. Emily und ich schossen zahlreiche Fotos, die wir später online stellten. Sie sorgten für lebhafte Diskussionen unter meinen Facebook-Freunden, doch die allgemeine Meinung ging in Richtung Flussseeschwalben, die lediglich etwas von ihrem gewöhnlichen Aussehen abwichen.

FLUSSSEESCHWALBEN

Das Ende des Piers lohnt sich auch in einer herbstlichen Brise, da die Meeresbeobachtung hier einiges hergibt. Basstölpel, Küstenseeschwalben und Skuas lassen sich beispielsweise öfter blicken. Und ebenfalls lohnenswert ist die Ausschau nach Sterntauchern, seltenen Lappentauchern wie Ohrentauchern und interessanten Möwenarten. Nach unserem Ausflug ans Pierende und der obligatorischen Zuckerwatte nahmen wir die Bahn zurück zu unserem Ausgangspunkt. Gegenüber der Küste befanden sich ein paar niedrige Klippen, die entweder eingezäunte Büsche und Sträucher oder gepflegte, baumbestandene Parkanlagen umfassten. Wir untersuchten den Park und konzentrierten uns dabei auf Gebüsch, das Zugvögeln den besten

Schutz bietet. Mein erklärtes Ziel war es, Emily ihren Fliegenschnäpper zu verschaffen. Ich scheiterte kläglich und brachte es lediglich auf zehn Rotkehlchen.

Zu meiner Überraschung stellte ich fest, dass sich dieser vernachlässigte Teil der englischen Küste sehr gut zur Vogelbeobachtung eignet. Laut der Website der Southend Ornithological Group (SOG) gibt es mindestens vierzig Beobachtungsplätze in der Gegend.

Zum besten Ort wurde dabei der Pitsea Hall Country Park gekürt. Mit seinem Mischhabitat aus Süßwassergräben und Salzwasserbucht konnte der Park schon eine ganze Menge besonderer Vögel verzeichnen. Neben Watvögeln und einer netten Auswahl an Wasservögeln kann man dort Wasserrallen und Bartmeisen erspähen. Die Liste seltener Sichtungen war ebenfalls nicht zu verachten, auf ihr finden sich Kleinode wie Waldpieper und Drosselrohrsänger.

TRAUERSCHNÄPPER

Unser Tag endete an einem anderen vom SOG empfohlenen Ort: Two Tree Island in Leigh-on-Sea. Wir besuchten die Westküste des Essex Wildlife Trust-Schutzgebietes, wo Emily mir stolz den Schlafplatz der Seidenreiher zeigte. Das Schutzgebiet ist ein toller Platz mit klasse Vögeln, den man ruhig öfter mal besuchen kann.

Eine Woche später, ich war wieder in London, erreichte mich ein Tweet von Emily. Sie hatte ihren Fliegenschnäpper selbst gefunden – einen Trauerschnäpper auf dem Southend Pier. Was wiederum beweist, dass man nicht weit reisen muss, um interessante Vögel zu entdecken.

\#

BIRDWATCHING IM LIEGESTUHL

Es gibt kaum etwas Englischeres, als am Strand im Liegestuhl zu liegen und in der Sonne zu braten. Möwen kreischen, Kinder lachen, und man genießt ein Softeis mit leckerer Schokoröllchen – nur bitte möglichst ohne geknotetes Taschentuch auf dem Kopf. Genau das habe ich nämlich als Kind irgendwann in den Siebzigern auf einem Tagesausflug mit meinen Eltern nach Eastbourne getan, und die Erinnerungen daran wurden wieder wach, als ich die Stadt eines Aprilnachmittags von meinem Aussichtspunkt auf der Landspitze Beachy Head überblickte.

Ziehende Schwalben zischten von der See herein, und die ersten Dorngrasmücken der Saison plapperten im nahen Ginster. Beachy Head ist als lohnender Ausguck während des Vogelzugs bekannt, und es gab hier schon einige tolle Entdeckungen. Ringdrosseln, Sommergoldhähnchen und Ortolane stehen allesamt auf der Sichtungsliste, und 2008 hat hier sogar mal ein Schlagschwirl für einen Tag Station gemacht. Natürlich hat die Gegend auch noch andere Vorzüge, aber am besten gefällt mir, dass die Franzosen die Kreideklippen ursprünglich Beauchef oder „Schöner Vorsprung" getauft hatten, was dann irgendwann zu Beachy Head verkam.

In dieser beliebten Ferienregion an der englischen Südküste sollte ich für die Regionalgruppe der Royal Society for the Protection of Birds (RSPB) in Pevensey Bay, einem Küstenort östlich von Eastbourne, einen Vortrag halten. Der Veranstaltungssaal lag quasi direkt am Strand, also konnte ich mir einen kurzen Abstecher nach dem Vortrag nicht verkneifen. Die fünfminütige Birdwatching-Einlage bescherte mir meine erste Brandseeschwalbe des Jahres, die ganz in der Nähe den Küstenstreifen abflog und im glitzernden Sonnenlicht nach Leckerbissen suchte. Einige Mitglieder des Ortsverbands, die meinen Ausführungen gelauscht hatten, boten mir netterweise eine Blitzführung durch Eastbourne an. Da konnte ich natürlich nicht nein sagen. Auf dem Weg in den Stadtkern kamen wir an den Pevensey Levels vorbei, einem geschützten Marschlandstreifen, von dem ich bereits gehört, den ich aber noch nie besucht hatte. Früher bestand er ausschließlich aus Schwemmland, ist inzwischen aber zu großen Teilen trockengelegt. Trotzdem kann man hier noch landesweit seltene Pflanzen und Wirbellose entdecken, etwa die Raubspinnenart *Dolomedes plantarius*. Selbstverständlich ist das Gebiet auch perfekt zur Vogelbeobachtung geeignet. 2001 wurde hier sogar ein Steppenkiebitz gesichtet.

Es gibt sicher nicht viele Orte in Großbritannien, die sich mit der Bezeichnung „Brutstätte der Bartmeise" brüsten können, aber die West Langley Levels von Eastbourne, ein bewirtschaftetes Sumpfgebiet mit dichtem Röhrichtbestand, sind eins davon. Bisweilen lassen

SILBERMÖWE

sich dort sogar Wasserbüffel blicken. Sie werden zur Landschaftspflege eingesetzt und sind bei den Kindern natürlich der absolute Renner. Die Gegend ist bei den Anwohnern zum Spazierengehen, Picknicken oder Angeln beliebt. Von Vogelliebhabern scheint das Gelände, das die in dieser Umgebung zu erwartenden Arten, vor allem Wasservögel und Graureiher, beherbergt, nicht regelmäßig aufgesucht zu werden. Bei meinem Besuch war alles voller Silbermöwen, und aus dem Röhricht tönten die plappernden und zwitschernden Gesänge mehrerer Teichrohrsänger. Am besten besucht man die West Langley Levels im Winter, dann hat man gute Chancen, auf Schwarzkehlchen, Spießente, Wasserralle und Schellente zu treffen, ebenso wie auf einige seltenere Gäste, etwa Zwergsäger, Rohrdommel, Schwarzkopfmöwe und, das kann ich persönlich bezeugen, Steppenmöwe.

Die vielleicht urbanste Umgebung, durch die ich gekommen bin, war der Hampden Park. Aufgrund des warmen Wetters war er bei meinem Besuch gerammelt voll. Die Tennis- und Sportplätze ziehen massenweise Leute an, ebenso wie der große See, wo auf einer kleinen bewaldeten Insel übrigens Reiher nisten. Mir kam es so vor, als wäre die halbe Silbermöwen-Population von Eastbourne ebenfalls zu Gast, sicher um sich an dem vielen Brot gütlich zu tun, das eigentlich für die hiesigen Stockenten und Kanadagänse bestimmt war. Der Park umfasst außerdem ein großes Waldstück, in dem man überraschend schön flanieren kann. Dort entdeckte ich den ersten Aurorafalter des Jahres und hörte Kleiber, Zilpzalpe, Mönchsgrasmücken, Amseln und Buchfinken, die sich die Seele aus dem Leib trällerten. Die Gemeindevertretung hatte kürzlich eine Spende der National Lottery erhalten und trieb damit die Renaturierung des Parks voran, etwa indem man den Hauptsee teilweise verlanden ließ, um neue Uferlinien zu schaffen und das Wachstum der Wasserpflanzen anzuregen.

Der Hampden Park mag auf den ersten Blick nicht die erste Wahl für Vogelliebhaber sein, aber das liegt vor allem daran, dass East-

bournes Umland gleich mehrere vielversprechende Beobachtungs-
punkte zu bieten hat, allen voran Dungeness im Osten und Pagham
Harbour im Westen. Mir schien der Park dennoch lohnenswert. Die
örtlichen Vogelfreunde schenken ihm zwar wenig Beachtung, aber
Sommergoldhähnchen scheinen zum Beispiel häufige Wintergäste
zu sein. Durchreisende Vogelfans können mit einem Abstecher hierher kaum falsch liegen, vor allem früh am Morgen, bevor die Meute
einfällt.

Es kann natürlich sein, dass du die Region mit der Familie be-
suchst und deshalb gezwungen bist, mit einem Eis in der einen und
einem schreienden Kind an der anderen Hand ohne Aussicht auf eine
Runde Birdwatching im Liegestuhl zu hocken. Aber keine Sorge,
auch vom Strand aus kann man hier so einiges entdecken. Bei den
vielen hervorragenden Beobachtungsfleckchen rund um Eastbourne
fliegt sicher mal was Interessantes vorbei. Denn Glück kann man
schließlich immer haben, egal wo man gerade ist.

#

GIGANTISCHE STARENSCHWÄRME

Meine Vogelodyssee durch die Städte Großbritanniens und Europas ist ein unglaublicher Lernprozess. Ich habe zahlreiche interessante Arten gesehen, mit denen ich nie im Leben gerechnet hätte, und einige bewanderte und leidenschaftliche Stadt-Ornis kennengelernt. Was mich allerdings immer noch umhaut, ist die schiere Anzahl teils berühmter Städte, die anscheinend noch komplett unerforscht sind.

Brighton ist eine davon (beziehungsweise Brighton and Hove, um mal den offiziellen Namen zu bemühen). Das im Südosten gelegene Ballungsgebiet, das erst kürzlich Stadtrechte erlangte, befindet sich zwischen ein paar interessanten Fleckchen wie zum Beispiel dem nicht allzu weit entfernten Pagham Harbour in westlicher Richtung und Seaford, Cuckmere Haven und natürlich Beachy Head im Osten. Ich kann also prinzipiell nachvollziehen, wieso Vogelfreunde Brighton eher stiefmütterlich behandeln.

In der Vergangenheit verband ich Brighton weniger mit Vögeln als mit einer gewissen Romantik, die dem Ort innewohnt. Ja, ich hatte einmal eine Angebetete hier (die meine Hingabe jedoch nicht erwiderte, seufz), und ich hatte „*Quadrophenia*" gesehen und geliebt und sogar mit dem Gedanken gespielt, einen Sommer hier am Strand rumzugammeln. Daraus wurden allerdings lediglich mehrere Tagesausflüge. Zum ersten Mal richtete ich in Brighton mein Fernglas Anfang der Neunziger auf einen Vogel, als ich wegen einer Konferenz in der Stadt war. Ich weiß noch, wie ich an einem stürmischen grauen Morgen kurz vor Frühlingsbeginn aus meinem Strandhotel trat, um vor dem Frühstück ein bisschen Ausschau zu halten. Praktisch sofort entdeckte ich eine erwachsene Schwarzkopfmöwe, die in Begleitung der allgegenwärtigen Lachmöwe über die aufgewühlte Meeresoberfläche segelte. Später fuhr ich nach Seaford, wo ich in Küstennähe einige Gryllteisten, einen Hausrotschwanz und mehrere verfrühte Steinschmätzer zu sehen bekam.

Diesmal – es war ein kalter Wintermorgen – trat ich meine Entdeckungsreise ohne großartigen Plan an. Ich würde einfach ein bisschen herumspazieren und sehen, was sich so fände. Ich glaube fest daran, dass jeder Vogel jederzeit überall auftauchen kann, also baute ich mich erst mal an der Promenade auf und suchte den Ozean nach Meerenten und Möwen ab. Dabei wurde ich mehrfach von Passanten gefragt, ob ich so ein Vogelfreak sei, der Ausschau nach einer seltenen Art hielte. Meine kleine Meeresschicht brachte mir ein paar Basstölpel, ein Floß mit zweiundzwanzig dahintreibenden Haubentauchern und zahlreiche gewöhnliche Möwen ein. Meines Erachtens lohnt es sich immer und praktisch überall, einen Blick auf das Meer zu werfen, während man seine Zuckerwatte verspeist, da viele Vögel auf dem Weg zu zweifellos ruhigeren Ufern an Brighton vorbeiziehen.

Auch der Jachthafen Brighton Marina gab einen spannenden, wenn auch widersprüchlichen Beobachtungsposten ab. Er war voller sauber vertäuter Boote, von kleinen, schlichten Fischerbooten bis hin zu Luxusyachten, die mit ihren glänzenden Armaturenbrettern an schwimmende Bentleys erinnerten, war alles dabei. Der Hafen wird von einer bollwerkartigen, begehbaren Ufermauer umringt, von der aus man den womöglich stadtweit besten Blick aufs Meer hat. Ich beobachtete, wie ein paar Strandpieper die Krabbenkäfige entlang der Fischerboote erkundeten, dazu ein paar Haussperlinge und zahlreiche Stare, Brightons berühmtester Vogel – aber mehr zu den Staren später. Der Hafen gilt außerdem als guter Ort für überwinternde Meerstrandläufer und Hausrotschwänze. Ein rascher Blick in Richtung der massiven Betonblöcke, die großzügig an der östlichen Ecke aufgeschüttet worden waren, wurde von jeweils einem Paar dieser faszinierenden Arten belohnt. Ich freute mich besonders über die Meerstrandläufer, da ich seit Jahren schon keinen mehr gesehen hatte.

STAR

Ich habe zwar behauptet, ich hätte keinen Plan gehabt, aber in Wirklichkeit organisierte ich meinen ganzen Tag um die Stare herum, die sich auf dem Brighton Palace Pier zur Nacht niederlassen. Bis dahin war es noch eine gute Stunde, also ging ich weiter die Küste entlang in Richtung Saltdean am Stadtrand von Brighton. Die hübsche Strandpromenade endete mit dem Ausblick auf ein paar beeindruckende Klippen, auf denen die Eissturmvögel zu Hause waren. An der felsigen Küste entdeckte ich verschiedene Möwen, darunter eine ansehnliche Schwarzkopfmöwe im Winterkleid sowie drei Seidenreiher.

Schließlich war es später Nachmittag und ich gesellte mich zu den Zuschauern am Pier, die auf das große Star-Finale warteten. Innerhalb weniger Minuten wurde der Himmel von mindestens tausend der großen Vögel verdunkelt, die vom Meer hereinkamen. Zunächst flogen noch kleinere Satellitengruppen oberhalb des Hauptschwarms, wurden dann jedoch aufgesaugt wie von einem Traktorstrahl.

Ich habe die abendliche Star-Ankunft schon unzählige Male beobachtet, aber ich würde es jederzeit wieder tun – es ist einfach so hypnotisch, beruhigend, demütigend und friedvoll. Ringsum standen ganz normale Leute mit offenen Mündern. Sie lächelten, waren ganz begeistert davon, wie der Schwarm schimmernd durch die Lüfte glitt und dabei lebendige Formen bildete. Es war, als würden sie ein Feuerwerk erleben.

Ich ging auf den Pier hinaus, während der Schwarm, der inzwischen auf mindestens dreißigtausend Exemplare angewachsen war, an mir vorbeirauschte und wieder hinaus aufs Meer zog. Jedes Mal, wenn die Vögel näherkamen, blitzten die Handykameras auf. Wo sonst kann man ein derartiges Naturwunder in einer städtischen Umgebung erleben?

Die Nacht brach über meinen Tagesausflug herein, und mit dem Klang der zwitschernden Stare in den Ohren machte ich mich wieder auf den Heimweg.

#

CROYDON, SURREY

TÊTE-À-TÊTE MIT SUMPFMEISEN

Auf meiner Suche nach Stadtvögeln hat es mich schon an ein paar ziemlich seltsame Orte verschlagen. Ich bin auf der Suche nach Steinschmätzern durch heruntergekommene Viertel gestreift und habe mit einer Tasse Tee in der Hand von den höchsten Balkonen der Innenstädte Zugvögel beobachtet. Ich habe dieses Hobby sogar schon vom Bett aus betrieben, mit Blick über die Gärten der Vorstadt. Doch nichts schien mir bisher so abwegig wie der Gedanke an Birdwatching in Croydon.

Falls du jetzt glaubst, dass ich mit der Vogelbeobachtung endlich an eine Grenze gestoßen bin, möchte ich anmerken, dass der Grund für meine Zweifel keineswegs befürchteter Vogelmangel war, sondern der unglaublich schlechte Ruf dieses Londoner Außenbezirks. Ich musste meine eigenen, tief verwurzelten Vorurteile gegen Croydon bezwingen. War dieser Ort nicht einfach nur ein Haufen Wolken-

kratzer, die aus einer trostlosen, regennassen Betonwüste emporrag-
ten, bewohnt von Proleten, die ihre Zeit am liebsten in ebenso künst-
lich-hässlichen Einkaufszentren totschlugen? Und gehörte Croydon
nun eigentlich noch zu London oder war es eine eigenständige Gemeinde in Surrey? Meine Verwirrung war groß. Selbst eine Internet-
recherche führte mich letztlich bloß auf die Website eines in Croydon
lebenden Vogelliebhabers, der über die örtliche Vogelsituation her-
zog. Wie viel entmutigender konnte es noch werden?

Doch heute weiß ich es besser. Croydon unterscheidet sich nicht
von anderen Städten. Es gibt schöne und weniger schöne Ecken. Und
auch die Menschen hier sind wie alle anderen, die ich auf meinen
Reisen treffe – stinknormale Leute eben. Croydon gibt es schon lange, und früher gehörte es tatsächlich mal zu Surrey, bis dann Mitte
der Sechziger besagte Wolkenkratzer aus dem Boden schossen und
alles an London überging. Der Name Croydon geht auf die Angel-
sachsen zurück und bedeutet vermutlich „gewundenes Tal" oder
„Safrantal" – und der Name wäre doch auch viel netter, oder? Vor
einigen Jahren haben Take That eines ihrer Musikvideos hier gedreht,
und Kate Moss hat an diesem Ort ihre Babyschühchen gegen Stilettos
getauscht. Außerdem wohnt einer meiner engsten Freunde in der
Gegend, und jede Menge Vögel gibt es auch.

Um das zu beweisen, schlenderte ich nach meiner Ankunft im
wunderschönen Safrantal von der East Croydon Station zur nächsten
Grünfläche, dem Park Hill. Nachdem ich mich auf einer Bank in der
kleinen, städtischen Anlage niedergelassen hatte, entdeckte ich rasch
ein Wintergoldhähnchen, einen Buntspecht und einen Kleiber. Später
erfuhr ich, dass sich in letzter Zeit auch ein oder zwei Sommergoldhähnchen hier getummelt hatten. Ich war positiv überrascht vom Vogelreichtum dieses kleinen Parks in Sichtweite der Londoner Skyline.

Noch ganz berauscht von diesem Naturerlebnis wurde ich beim
Gang durch Croydons Zentrum allerdings unsanft auf den Boden

der Tatsachen zurückgeholt. Zunächst gab es – bis auf die unvermeidlichen Stadttauben und einigen Möwen weit oben am Himmel – nichts zu entdecken. Doch ich hatte gehört, dass man mit etwas Geduld das ortsansässige Wanderfalken-Pärchen sehen konnte, das bisweilen durch die Häuserschluchten jagte. Außerdem lebten vorigen Sommer wohl zwei Gebirgsstelzen-Paare und ein Hausrotschwanz im Revier, und auch eine beachtliche Zahl Trauerbachstelzen hat hier ihren Winterwohnsitz.

SUMPFMEISE

Am folgenden Morgen wanderte ich in aller Frühe durch das Naturschutzgebiet Selsdon Wood. Die vorstädtische Waldfläche mit angrenzenden Wiesen zog mich magisch an, erhoffte ich mir dort doch ein kleines Tête-à-Tête mit Sumpfmeisen. Selsdon Wood war angeblich einer der vielversprechendsten Orte Surreys für die Sichtung dieser äußerst seltenen Art. Diesmal hatte ich allerdings kein Glück, dafür hörte ich das Rufen und Trommeln eines Kleinspechts, auch wenn ich ihn nicht zu sehen bekam. In letzter Zeit begegnet mir diese Spechtart kaum noch. Schon bald konnte ich meine Liste zudem um viele der häufigeren Waldvögel ergänzen, darunter mehrere Buntspechte und Waldbaumläufer. Alles in allem wurde das Gebiet in jüngerer Zeit wenig beachtet und könnte regelmäßigere vogelkundliche Besuche durchaus vertragen.

Mein Dasein als Vorstadt-Orni machte mir so langsam Spaß, und deshalb fuhr ich noch die kurze Strecke nach Riddlesdown, einer Gegend mit viel Grasland, wo mehrere Feldlerchen-, Wiesenpieper– und Goldammer-Paare zu Hause sind. Das Gelände ist zudem einer der wenigen Orte Croydons, wo alle drei Arten auch nisten. Wie ich so über das sanfte Tal hinwegblickte, schien es mir recht wahrscheinlich, auch den einen oder anderen kreisenden Greifvogel zu sichten. Und so überraschte es mich nicht, als ich am klaren, blauen Himmel über mir einen Wanderfalken dahinsegeln sah.

Der letzte Teil meiner Stippvisite bei Croydons Vogelwelt war ein erneuter Abstecher ins städtische Epizentrum, den South Norwood Country Park. Obwohl ich mich mitten in einem Ballungsraum befand und der Park stets gut besucht ist, wirkte die Mischung aus Buschland und Feuchtwiesen sehr anziehend auf mich. Mit über 170 Arten, die hier bereits beobachtet wurden, darunter Waldohreule, Raubwürger und Berghänfling, ist der Park eindeutig Croydons Hotspot. Als ich gerade einer männlichen Braunkopfammer beim Abstecken ihres Reviers zusah, sprach mich ein örtlicher Vogelfreund an und erzählte von einer Zwergschnepfe in den Feuchtgebieten am See. Doch ich hatte kein Glück und musste mich stattdessen mit einigen Löffelenten begnügen, die dort zusammen mit mehreren Kanadagänsen eine ruhige Kugel schoben. Ich verließ den Landschaftspark mit dem Gefühl, ein lohnendes Revier entdeckt zu haben.

Was auch immer die Leute also sagen, und egal was du bisher vom Safrantal gehalten hast, die Gegend ist definitiv einen oder auch mehrere Besuche wert. Ob man den Ort nun als Teil Londons oder Surreys ansieht, mit seinen über 150 Parks und Freiflächen, von denen die meisten bisher nur wenig Beachtung unter Urban Birdern gefunden haben, wartet hier ein großer Vogelreichtum auf all jene, die sich darauf einlassen.

STAINES, SURREY

LEGENDÄRES ORNI-ERBE

Sacha Baron Cohen muss sich einiges vorwerfen lassen. Als Borat beleidigte er die kasachische Regierung bekanntermaßen aufs Höchste, doch auf internationaler Ebene wahrscheinlich weniger bekannt ist die Angst, die die Mitglieder von „Staines Massive" verbreiteten. Mit der Absicht, den vermeintlich von Ali G. beschädigten Ruf der Stadt zu retten, wurde sie in Staines-upon-Thames umbenannt. Ob sich die stolzen Leute von Staines wohl jemals vollständig von dieser peinlichen Episode erholen werden?

Als ich kürzlich an einem eiskalten, trüben Dezembertag nach Staines zurückkehrte, wurde ich von Erinnerungen überflutet – ich war achtzehn, wohnte in Wembley, rief aufgeregt meinen Kumpel Alan an, der um die Ecke wohnte, und fuhr mit ihm in seiner neu erstandenen Klapperkiste ins Staines Reservoir. Dank unserer gut getimten Besuche sahen wir dort eine Menge toller Vögel, darunter unsere ersten Trauerseeschwalben-Trupps, eine Knäkente im Schlichtkleid und eine Eismöwe im ersten Jahr. Das ist mittlerweile über zwanzig Jahre her, und damit war mein Besuch in Begleitung des Colne-Valley-Veteranen Pete Naylor längst überfällig. Eigentlich war ich das letzte Mal im Frühjahr 2009 dort gewesen, um einen Blick auf eine traumhafte Weißflügelseeschwalbe zu erhaschen, aber das zählte nicht so richtig, weil ich dafür gerade mal zwanzig Minuten am äußersten Rand des Fahrdamms gestanden hatte und dann zu einem Meeting zurück nach London rasen musste.

Staines Reservoir ist der wahrscheinlich berühmteste Beobachtungsort in der Gegend, und die Sichtungsliste ist fast schon länger, als die Polizei erlaubt. Der Stausee, angelegt im Jahr 1901, ist der älteste der Gegend, und im Laufe der Jahre hat sich schon ein Großteil der Londoner Orni-Szene hier ausgetobt. Im Grunde besteht das Reservoir aus zwei Seen (Nord- und Südbecken), die südwestlich des Flughafens Heathrow liegen und sich die meiste Zeit im Schatten lautstark landender Jumbojets befinden. Ein öffentlich zugänglicher, zentraler Fahrdamm trennt die beiden Becken, und der Ort wurde wegen der hohen Zahl überwinternder Tauchenten zu einem Ort von besonderem wissenschaftlichen Interesse (SSSI) erklärt. Als in den Zeiten vor Orni-Info-Plattformen noch alles übers Hörensagen lief, war der Fahrdamm ein Spitzentreffpunkt, um mit anderen Vogelfreunden zu fachsimpeln und herauszufinden, welche Raritäten gerade vor Ort waren. Im Winter war man schutzlos geradezu arktischen Winden ausgeliefert, im Sommer ständig von einer Mückenwolke umschwirrt. Ich wünschte mir stets, ich hätte eine Leibgarde aus Grauschnäppern, die den Viechern den Garaus machen würden. Jedenfalls wurden hier eine Menge seltener Sichtungen verzeichnet, darunter zahlreiche Watvögel, die immer dann aufkreuzen, wenn eines der Becken aus Wartungsgründen geleert wird.

SAMTENTE

Schönheiten wie Grasläufer, Rotflügel-Brachschwalbe und Wilson-Wassertreter ließen sich schon hier blicken, interessante Seeschwalben und Möwen gibt es jederzeit zu sehen. Am richtigen Tag ist das Reservoir ein echt aufregender Ort, da man die ziehenden Watvögel bei ihrer Ankunft beobachten kann.

Die Gegend um Staines gehört zu Spelthorne, und wenn man die Gemeinde aus der Vogelperspektive betrachten würde, sähe man einen Flickenteppich aus Stauseen, gefluteten Feldern und anderen Uferzonen, darunter auch die der Themse. Wegen der unmittelbaren Nähe zum Flughafen sind dem Vogelfreund nicht alle Bereiche frei zugänglich. Seit dem 11. September herrschen strengste Sicherheitsvorkehrungen, sodass auch der Zutritt zu Orten, an die ich mich früher geschlichen habe – zum Beispiel dem ans Staines Reservoir grenzenden King-George-VI-Reservoir –, dem Freizeit-Orni strikt verboten ist.

Man muss sich bei Thames Water eine Sondergenehmigung besorgen. Mein Führer Pete war im Besitz einer ebensolchen, und nach einem strammen Spaziergang am Ufer hinauf wurden wir mit einem kurzen Vorabblick auf mehrere Gruppen von Wasservögeln belohnt, darunter Reiherenten und ein einsames Samtenten-Weibchen. Das war das erste Mal, dass ich diese Meeresente im Stadtgebiet von London sah. Nebenan in westlicher Richtung, begrenzt von der viel befahrenen M25 und zerteilt vom Colne, liegt der SSSI Staines Moor, der sich kürzlich als vorübergehender Rastplatz eines viel bewunderten Braunwürgers auf Abwegen einen Namen machte. Mit seinen über fünfhundert Hektar ist es mit das größte Wiesengebiet in England, und dort finden sich auch die ältesten bekannten Ameisenhaufen der Gelben Wiesenameise Großbritanniens. Das Gelände ist übersät von diesen seltsamen Strukturen, von denen einige über zweihundert Jahre alt sind. Von Pete erfuhr ich, dass die üblichen Kleinvögel dort brüten, während sich im Winter Drosseln, Bekassinen, Zwergschnepfen und hin und wieder auch eine Schleiereule dort und im benachbarten Stanwell Moor einfinden.

In der Nähe gibt es noch zahlreiche andere Orte, die weniger stark von Vogelfreunden frequentiert werden – hauptsächlich Schottergruben, darunter etwa Hithermoor Lake in der nordöstlichen Ecke von Stanwell Moor, wo die Chancen auf überwinternde Enten und Wasserrallen angeblich recht gut stehen. Just jenseits der Bezirksgrenze auf der Westseite der M25 liegen die Wraysbury Gravel Pits. Früher war das im Winter ein toller Ort für Zwergsäger. Pete bestätigte mir, das sei immer noch der Fall, doch bei Weitem nicht mehr in der Zahl wie vor zwanzig Jahren.

Habe ich dich schon davon überzeugt, dass Staines ein tolles Beobachtungsgebiet ist? Es gab doch gar keinen Grund, den Namen der Stadt zu ändern. Das ornithologische Erbe von Staines ist jedenfalls legendär, daran lässt sich nicht rütteln.

\#

BRISTOL, AVON

TRAUMHAFTE KULISSE
IN MEERESNÄHE

Bristol ist ein Magnet für alle, die sich beruflich mit dem Naturfilm beschäftigen, ob vor oder hinter der Kamera. Die meisten zieht es zur Natural History Unit (NHU), der naturkundlichen Abteilung der BBC, wo sich die Crème de la Crème der Naturfilmer die Klinke in die Hand gibt. Der Anwesenheit der NHU verdankt Bristol auch einen seiner Spitznamen: Green Hollywood. Durch die ungewöhnlich hohe Anzahl von Naturexperten vor Ort ist die hiesige Stadtnatur die vielleicht am besten untersuchte Großbritanniens, wenn nicht gar der Welt. Wusstest du zum Beispiel, dass Bristol bis zu einem Ausbruch der Räude im Jahr 1996 die weltweit größte städtische Rotfuchspopulation hatte und aktuell hier mehr Dachse leben als in jeder anderen Stadt des Vereinigten Königreichs?

Ganz schön beeindruckend, aber was ist mit den Vögeln? Es ist allgemein bekannt, dass man in Bristol wunderbar Wanderfalken beobachten kann, die seit 1990 wieder in der Stadt brüten. Ich persönlich kenne Bristol durch meine regelmäßigen Besuche bei der NHU ganz gut, aber bis vor Kurzem war mein Wissen über die örtliche Vogelwelt noch ziemlich dürftig. Deshalb ist es an der Zeit, den hiesigen Naturkundler und Fotografen Sam Hobson vorzustellen. Früher hat er regelmäßig vom Londoner Tower 42 aus Vögel beobachtet, lebt aber mittlerweile in Bristol und erkundet die Flora und Fauna am Brandon Hill, offenbar eine der ältesten Parkanlagen Großbritanniens, gleich neben der Innenstadt. Sams Einladung, mir sein Revier und die urbanen Naturschätze seiner Wahlheimat zu zeigen, war an sich schon verlockend genug, aber die Aussicht, bei der Gründung der Cabot Tower Bird Study Group dabei zu sein, machte das Unternehmen wirklich zu einem absoluten Muss.

Der Cabot Tower krönt den Brandon Hill und wurde zum Gedenken an den italienischen Seefahrer und Entdecker Giovanni Caboto errichtet, der nach landläufiger Meinung im Jahr 1497 als erster Europäer die Neue Welt erblickte. An einem wolkenlosen Septembermorgen führte Sam mich und einige andere Vogelfans im verspäteten und kurzen Altweibersommer noch vor der Dämmerung die Wendeltreppe im Turm hinauf, auf dessen Spitze uns ein herrlicher Tagesanbruch und ein tolles Panorama der schlummernden Stadt erwarteten. Mit seinen über dreißig Metern ist der Turm die höchste Erhebung im weiteren Umkreis, und wir hatten einen unverstellten Ausblick auf die Stadt und die malerische Avon-Schlucht.

Als die blutrote Sonne langsam hinter dem Horizont hervorbrach, begannen Wiesenpieper, Buchfinken und Erlenzeisige wie in Wellen an uns vorbeizujagen, bisweilen so nah, dass man glaubte, sie berühren zu können. In den folgenden Stunden flogen immer wieder Grüppchen von Bachstelzen vorüber, und unter uns im Laubwerk der Parkbäume zogen Zilpzalpe, Grünfinken und ein einzelnes Wintergoldhähnchen unsere Aufmerksamkeit auf sich. Wir sahen ein Paar

Wanderfalken in der Ferne auf einem Kirchturm sitzen und beobachteten eine recht große Zahl von Eichelhähern. Auch kleine Kolkraben-Trupps fesselten unser Interesse, wie sie durch die Luft taumelten und ausgelassen über den Morgenhimmel zogen. An den Anblick dieser großen Rabenvögel habe ich mich in den Städten Großbritanniens noch immer nicht so recht gewöhnt. In der Woche zuvor hatte Sam eine ganze Gruppe von insgesamt einundzwanzig Vögeln über die Stadt gleiten sehen. Sicher ein unglaublicher Anblick.

Wie schon erwähnt, steht der Cabot Tower im Brandon Park, einem schönen, baumreichen Areal, das auch ein kleines Schutzgebiet Avon Wildlife Trust umfasst. Diese grüne Oase ist bei Zugvögeln offenkundig sehr beliebt. Man

KOLKRABE

kann hier mit hoher Wahrscheinlichkeit seltene Zeitgenossen wie den Waldlaubsänger, den Gelbbrauen-Laubsänger und seit einiger Zeit auch den Gartenrotschwanz entdecken. Sam hat hier sogar schon einmal einen Eisvogel gesichtet, weit entfernt vom nächsten Gewässer. Unter den üblicheren Arten befinden sich Standvögel wie Waldbaumläufer, Kleiber und im Sommer eine Reihe häufigerer Laubsänger und Grasmücken wie etwa Gartengrasmücken.

Ich kam in den zweifelhaften Genuss, enge Bekanntschaft mit einem Grauhörnchen zu schließen, das mir ziemlich vorwitzig das Bein hinaufkletterte, während ich gerade einen Buntspecht beobachtete. Sams Beschwichtigung, dass es sicher nur nach Nüssen suche, konnte mich nicht recht überzeugen.

Ich fühlte mich sehr zu diesem Fleckchen hingezogen, da ich hier großes Potenzial für die Vogelbeobachtung in der Stadt sah. Trotzdem konnte Sam mich überreden, noch einige andere Ecken kennenzulernen. Bristol Downs, ein Park mit viel offenem Gelände im Norden der Stadt, schien ebenfalls eine vielversprechende Gegend zu sein.

In den Dreißigerjahren gab es hier nistende Kernbeißer und Zaunammern, und heutzutage trifft man verlässlich auf Klappergrasmücken, Stare, Gimpel und in den Wintermonaten auf Rotdrosseln. Wir beobachteten einen Mäusebussard, der von einem Sperber gepiesackt

wurde, aber viel mehr bekamen wir nicht zu Gesicht, während wir in der irrsinnig heißen Herbstsonne brieten. Am Rande des Gebiets lag die Avon-Schlucht mit ihrer reichen und einzigartigen Flora, etwa dem Kugelköpfigen Lauch, der bei uns auf der Insel ausschließlich in Bristol vorkommt, und dem seltenen Rosengewächs namens Bristol Whitebeam, einer Mehlbeere. Auch Wanderfalken waren zu entdecken.

WANDERFALKE

Nach dem Mittagessen stieß der sympathische Radiosprecher Ed Drewitt zu uns, der uns für eine Bootsfahrt auf dem Avon durch die Innenstadt angemeldet hatte. Aufgrund des herrlichen Wetters war das Ausflugsboot brechend voll und für uns blieben nur Stehplätze. Ed zeigte uns voll Begeisterung die Orte, die für auswärtige Vogelkundler von Interesse sein könnten. Der Castle Park im Herzen der Stadt war sein heißester Tipp, da man dort jederzeit auf Wanderfalken hoffen kann. Wie aufs Stichwort entdeckte ich hoch über uns ein Männchen und ein Weibchen, die gemeinsam eine Stadttaube angriffen. Es war ein so faszinierendes Schauspiel, dass sogar einige unserer Mitpassagiere das archaische Spektakel bewunderten.

Mir hat es unglaublichen Spaß gemacht, diese Seite von Bristol kennenzulernen, und der viele Sonnenschein war natürlich auch nicht schlecht.

\#

STÄDTISCHES SHANGRI-LA

Fällt dir eine Stadt in Großbritannien ein, in der es im Laufe eines Jahres Säbelschnäbler und Ringelgans-Schwärme zu entdecken, die Rufe von Heidelerche und Ziegenmelker zu hören und Habicht, Provencegrasmücke, Wanderfalke und Zaunammer zu beobachten gibt? Um ehrlich zu sein, habe ich bis vor kurzem an der Existenz eines solchen städtischen Shangri-La im Vereinigten Königreich gezweifelt. Aber damit lag ich falsch, diese Stadt existiert nämlich wirklich, und zwar unter dem Namen Exeter, der provinziellen Hauptstadt Devons.

Als ich Exeter erreichte, hielt ich nicht an, sondern fuhr stattdessen geradewegs weiter nach Dawlish Warren, einem wahrhaften Paradies für Küstenvögelfreunde an der Mündung des Exe, knapp elf Kilometer südwestlich der Hauptstadt. Das Fleckchen liegt zwischen einem stark frequentierten Wohnwagenparkplatz und einem Golfplatz und ist im ganzen Land als winterlicher Watvögel-Magnet bekannt, deren Schwarmstärke dort ihresgleichen sucht. Außerdem ist es für seltene Sichtungen berühmt. Wusstest du zum Beispiel, dass hier im Jahr 1859 die einzige Fischmöwe Großbritanniens gesehen wurde? Nachdem ich dort respektvoll meinen Hut gelüftet hatte, kehrte ich in mein Hotel in Exeter zurück und träumte von weiteren Erstsichtungen.

Am nächsten Morgen schlenderte ich durchs Zentrum, um mich im Südwest-Regional-Büro der RSPB mit Tony Whitehead, dem Öffentlichkeitsreferenten, sowie Claire Thomas vom Stadtrat Exeter zu treffen. Nach einem Tässchen Tee zogen wir unter einem sich verdüsternden Himmelszelt in die Stadt. Auf dem Vorplatz der Kathedrale St. Peter brachte uns ein durchziehender Fitis, der sich irgendwo im Gebüsch versteckte, ein Ständchen. Gerade als wir den örtlichen Wanderfalken entdeckten, der von einem Sims der Kirche St. Michael zu uns herabschrie, öffneten sich die Himmelsschleusen. Wir waren nicht die einzigen, die eine kalte Dusche abbekamen, während wir zu dem wunderschönen Falken hinaufschauten. Bevor wir angekommen waren, hatten sich schon mehrere Leute hier zur Beobachtung aufgebaut, und als sie das RSPB-Logo auf Tonys Jacke entdeckten, überschütteten sie ihn mit Fragen.

Während er sich der Inquisition unterzog, ging ich die Straße hinab und betrat die gepflegte Anlage eines Seniorenheims. Das Gebäude stand auf einer kleinen Anhöhe. Weiter unten entdeckte ich einen halbversteckten offenen, baumbestandenen Platz, offenbar ein Friedhof. Claire bestätigte mir, dass es sich dabei um den St. Bartholomew-Friedhof handelte, der inzwischen eine Parkanlage ist. Teilweise ist auch noch geweihte Erde dabei, aber die letzte Beisetzung fand in den Vierzigerjahren des letzten Jahrhunderts statt. Ich habe ja schon erwähnt, dass Friedhöfe eine gewisse Anziehungskraft auf mich ausüben, und ich versuche, in jeder Stadt mindestens einen zu besuchen.

Die ausgewachsenen Bäume auf älteren Friedhöfen bieten der Tierwelt ein wunderbares Zuhause, und der Rhythmus des Lebens ist hier auch immer so schön entschleunigt, wenn du mir diesen Kommentar verzeihst. Allgemeine Zeitknappheit raubte mir jedoch die Chance, dieses womöglich noch jungfräuliche Gebiet abzusuchen. Der Säbelschnäbler-Express würde nicht auf mich warten.

Genauer gesagt, die Säbelschnäbler-Linie. Nachdem wir uns von Claire verabschiedet hatten, stiegen Tony und ich in den Zug nach Topsham an der Mündung des Exe, knappe fünf Kilometer südöstlich vom Zentrum Exeters. Die Endhaltestelle ist Exmouth, etwa elf Kilometer von Exeter, sodass es haufenweise Wanderwege und Schutzgebiete zu erkunden gibt. Verglichen mit dem Milan-Bus in Gateshead, der über und über mit Rotmilan-Abzeichen bedeckt ist und tonnenweise Milan-Broschüren und Poster feilbietet, war die Säbelschnäbler-Linie eine herbe Enttäuschung – kein einziger Säbelschnäbler in Sicht. Es war jedenfalls Tonys Idee, etwas für die Umwelt zu tun und

SÄBELSCHNÄBLER

unsere kleine Rundreise mit den öffentlichen Verkehrsmitteln zu machen. Er wollte sich die Vögel am Bowling Green Marsh Reserve der RSPB anschauen, die im Osten von der Mündung des Clyst und im Norden von der Säbelschnäbler-Linie begrenzt wurde, und dann wieder zum Bahnhof zurückkehren.

Nach einem kurzen Spaziergang vom Bahnhof Topsham erreichten wir einen Verschlag, spähten über das Sumpfgebiet und beobachteten einen Fischadler, der sich seit ein paar Tagen hier aufhielt. Der Himmel war zwar bedeckt, doch das hier war offensichtlich ein lohnendes Fleckchen. Wir bekamen Pfuhlschnepfen vor die Ferngläser, meine ersten heimkehrenden Schwalben und eine wunderschöne Zwergmöwe im Winterkleid. Mein persönlicher Höhepunkt war jedoch die einsame Bachstelze, die einen Kanal hinaufstelzte. Ihr schwarzer Brustfleck zeichnete sich deutlich vor ihrem blassgrauen Rücken ab. Von Tony erfuhr ich, dass sich hier im Winter die größten Spektakel abspielen – riesige Schwärme überwinternder Wat- und Wasservögel lassen sich dann nieder, darunter hunderte Säbelschnäbler.

Wir verließen den Unterstand, und Tony zeigte mir den kleinen Teich am Straßenrand, wo sich der berühmte Braune Sichler von Bowling Green seinen Bewunderern präsentierte. Ein Stück weiter die Straße hinab erreichten wir eine Aussichtsplattform, von der aus man einen wunderbaren Blick auf den Clyst hatte, der in die Exe-Mündung floss. Wind und Regen kündigten einen Sturm an, und nur wenige Brachvögel und ein paar hartnäckige Seidenreiher ließen sich blicken. Als wir gerade gehen wollten, zog allerdings noch ein Schwarm von etwa hundertzwanzig Uferschnepfen und eine einsame Pfuhlschnepfe vorbei. Auf dem Weg zurück nach Topsham schwärmte Tony von den Ringelgänsen, Gänsesägern und Säbelschnäblern, die man im Winter auf dem Exe sehen kann.

Exeter öffnete mir die Augen. In einer beschaulichen kleinen Teestube in Topsham kam ich über einem köstlichen Scone zu dem Schluss, dass ich kaum einmal an der Oberfläche gekratzt hatte. Ich beschloss, öfter nach Exeter zu kommen und in Teestuben meinen Gedanken nachzuhängen.

#

SONNTAG IM DAUERREGEN

Letztens kam mir der Gedanke, meine Städtereisen seien durchaus mit dem Jurorendasein bei „*The X Factor*" vergleichbar. Jede Stadt ist eine Kandidatin, die danach beurteilt wird, ob sie städtische Vögel und Vogelfans anlockt. Aber anders als in der Show ist in diesem Wettbewerb jeder Kandidat ein Sieger. Mein Ziel ist, so viele positive Seiten zu finden wie möglich, und bisher waren sämtliche Städte weit vom Scheitern entfernt. Ich habe bereits Dutzende Städte besucht, dazu ein paar weniger urbane Örtchen, und bislang bin ich noch überall auf Talent gestoßen. Aber wie soll man eine Stadt beurteilen, wenn es den ganzen Tag wie aus Kübeln gießt und die Vögel sich schlauerweise verkrochen haben? Mit diesem Dilemma war ich bei meinem letzten Ausflug nach Plymouth konfrontiert. Nach dem trockensten Frühling seit Menschengedenken war der Himmel förmlich aufgerissen und entleerte auch noch den letzten Regentropfen über mir.

Meine Begleiterin Sara McMahon, Expertin in Sachen Südwesten und Vogelbeobachterin der Extraklasse, wollte früh am Morgen loslegen. Unser Plan bestand darin, zunächst die Mottenfalle in ihrem Garten zu begutachten und anschließend die besten Fleckchen in Plymouth zu inspizieren. Am Vorabend hatte ich der gegenteiligen Vorhersage zum Trotz störrisch darauf beharrt, wir würden im Trockenen aufwachen und am Nachmittag auch noch die Sonne zu Gesicht bekommen. Das durfte ich dann jedoch zurücknehmen, als wir im strömenden Regen durch die verlassenen Straßen fuhren. Wir schlängelten uns von Osten nach Westen durch die Stadt und stürzten uns ins feucht-fröhliche Abenteuer, indem wir durch die Scheibenwischer hinaus auf den Hooe Lake spähten. Der „See" ist eigentlich ein Meeresarm der Plymouth Sound und in zwei separate Seen geteilt: einen Gezeiten- und einen Süßwassersee. Die Vögel machten sich zwar rar, doch aus zuverlässiger Quelle erfuhr ich, dass die Chancen auf Zwergmöwen hier im Grunde zu jeder Jahreszeit gut stehen; dazu ließen sich überwinternde Enten wie zum Beispiel Brandgänse sowie Lappentaucher und Watvögel blicken. Der nahegelegene Mount Batten hätte bei schönerem Wetter zu einem Spaziergang eingeladen. Zudem ragte eine ummauerte Promenade in die Bucht, die sich bei örtlichen Vogelfreunden größter Beliebtheit erfreut. Je nachdem, aus welcher Richtung der Wind bläst, ist das Wasser auf der einen Seite ruhig, auf der anderen aufgewühlt. Sara informierte mich, dass Sichtungen von Seeschwalben, allen drei Seetaucherarten, Basstölpel und Eissturmvogel zu den entsprechenden Jahreszeiten praktisch garantiert waren. Weiter südlich in Hooe hatten in den letzten paar Wintern regelmäßig Meerstrandläufer, Hausrotschwänze und, was so gar nicht ins Bild passte, Bonapartemöwen vorbeigeschaut; zwei Mal ließ sich sogar eine Rosenmöwe blicken.

ZWERGSEESCHWALBE

Nach etwa vier Stunden beschlossen wir, uns bei Sara mit Tee und Keksen aufzuwärmen. Ich wagte mich auf unerforschtes Terrain, indem ich mich für ein Nickerchen hinlegte. Was sollte ich auch sonst mit diesem verregneten Sonntag anfangen? Als ich zwei Stunden später wieder aufwachte, hatte der Regen deutlich nachgelassen. Kaum waren wir vor der Tür, regnete es schon wieder drauflos. Sara und ich ließen uns davon nicht stören und schauten kurz in Plymouth Woods vorbei, das vom National Trust verwaltet wird und einem tropischen Regenwald ähnelte – sogar ein reißender Fluss strömte hindurch. Neben den üblichen Waldverdächtigen gibt es dort auch brütende Ziegenmelker.

Als wir auf dem Friedhof von Ford Park ankamen, konnten wir dank einer Wolkenlücke kurz aussteigen. Die vierzehn äußerst gepflegten und wunderbar bewaldeten Hektar befinden sich nahe des Stadtzentrums, und die örtliche Fauna fühlt sich dort offenbar pudelwohl. Mönchsgrasmücken und Buchfinken sangen, Mauersegler kreisten über uns, und ein paar Kolkraben hüpften in Begleitung von Rabenkrähen und Elstern zwischen den Grabsteinen herum. Wenige Tage zuvor hatte Sara hier einen singenden Gartenrotschwanz entdeckt, der sich allerdings diesmal nicht blicken ließ. Der Friedhof mit seinen zahlreichen geschützten Gebüschen wirkte auf mich ideal für Zugvögel, und in der Vergangenheit hatten sich auch tatsächlich Wendehälse hier aufgehalten. Im Winter darf man mit Hausrotschwänzen, Bergfinken, Erlenzeisigen und Drosseln rechnen. Kernbeißer haben sich in den letzten Jahren ebenfalls öfter gezeigt.

Bei erneutem Nieselregen verließen wir den Friedhof, und auf dem Weg entlang des Plym zurück ins Zentrum schüttete es wieder los. In der Ferne bemerkte ich die unverkennbaren Umrisse einer Seeschwalbe über dem Fluss. Sie war deutlich kleiner und zierlicher als die Lachmöwen, die in der Nähe umherflogen. Ich machte Sara auf die Sichtung aufmerksam und stellte die gewagte These auf, bei der mysteriösen Seeschwalbe handele es sich um eine Zwergseeschwalbe. Sie war überrascht, da jegliche Seeschwalben-Art im Juni am Plym eine Seltenheit ist, und drehte auf der Stelle um. Nach etwa zwanzig Minuten Ausguck im strömenden Regen entdeckten wir meinen Vogel endlich, und es war tatsächlich eine Zwergseeschwalbe. Wir waren zwar durchnässt, aber aufgekratzt wie zwei kleine Kinder. Im Sommer ist diese anmutige Art besonders selten, da die nächste Brutkolonie in Dorset bestimmt fast zweihundert Kilometer entfernt ist.

Obwohl es komplett verregnet war, hatte ich einen tollen Tag in Plymouth. Die Stadt mit ihrer beeindruckenden Historie an Sichtungen eignet sich ganz offensichtlich bestens zum Urban Birding, und sie hat ganz bestimmt den X-Faktor. Am nächsten Tag in London erhielt ich natürlich einen Anruf von Sara: „Wo bist du? Hier herrscht strahlender Sonnenschein!"

#

ALDERNEY, KANALINSELN

PROVENCEGRASMÜCKEN UND PAPAGEITAUCHER

Stell dir folgendes Bild vor: Die Sonne brennt vom Himmel, die Zeit steht still, und ich liege völlig entspannt mitten auf einer Wiese auf der wunderschönen Insel Alderney. Ich schaue am azurblauen Himmel meinem zweiten Wespenbussard der Woche zu, der vom weniger als zwölf Kilometer entfernten, mit bloßem Auge sichtbaren Frankreich übers Meer zu mir herübersegelt. Du fragst dich jetzt wahrscheinlich, wieso ich hier im Gras auf Alderney herumlümmele, anstatt wie sonst in irgendeiner Innenstadt auf der Pirsch zu sein. Tja, der Alderney Wildlife Trust und die Touristeninformation der Insel hatten mich eingeladen, mir einmal die Vogelwelt auf der nördlichsten Kanalinsel anzusehen.

Und warum schreibe ich überhaupt eine Kolumne über eine Kanalinsel, auf die sich bis dato kaum je ein Urban Birder verirrt hat und die die Mehrheit der Leute eh für einen Teil der Orkney-Inseln hält? Um ehrlich zu sein, hatte ich lediglich an der Wildlife-Woche unter der Leitung des Alderney Wildlife Trust teilnehmen wollen, im Zuge derer ich mehrere Wanderungen (unter anderem durch die Straßen von St. Anne, der größten Stadt der Insel) führen und einen Vortrag über Urban Birding halten sollte. Zudem ist Alderney nicht besonders groß, misst an der breitesten Stelle gerade mal etwas mehr als fünf Kilometer, und in ein paar Stunden hat man die Insel leicht umrundet. Trotzdem weckte sie mit ihrem etwas verschlafenen, freundlichen Fünfzigerjahre-Charme mein Interesse. Die Leute lassen ihre Türen hier noch offen.

Ich bemerkte schnell, dass Alderney eine Insel der Gegensätze ist. So wird ihre Schönheit beispielsweise von den Überresten der Nazi-Besatzung in Form diverser Festungen und Bunker entlang der Küste eingerahmt. Die meisten davon wurden umgebaut oder von der Natur zurückerobert – mittlerweile brüten dort Wiesenpieper, Heckenbraunellen, Zaunkönige und Schwalben. Ich übernachtete in einem wunderschönen uralten Haus am Longis Bay an der nordöstlichen Küste, wo mir zwei ältere Katzen Gesellschaft leisteten. Die eine, taub und struppig, hatte angeblich schon seit mehreren Jahren das Haus nicht mehr verlassen und verbrachte ihre Tage ausgestreckt auf der Sofalehne. Eines Nachmittags wurde ich unsanft aus einem Schläfchen auf der Couch geweckt, als eben diese Mieze über mich hinweg zu ihrem Stammplatz spazierte und mir dabei die Krallen ins Gesicht grub. Ich schimpfte und fluchte, stieß aber natürlich auf taube Ohren.

Alderney verfügt bei einer Bevölkerungszahl von etwa 1200 Menschen nur über genau zwei Ornis: Mark Atkinson, der Buch über die vor Ort gesichteten Vögel führt, und Alastair Riley, Vogelfreund und hochtalentierter Künstler, die mich im Feld anleiteten. Im Verlauf meiner Woche dort suchte ich mir ein vielversprechendes Fleckchen zwischen dem Strand und dem nahegelegenen, ginsterüberwucher-

ten Longis-Naturreservat. Im Sumpfgebiet Longis Pond entdeckte ich das einzige brütende Zwergtaucher-Paar und sah den allgegenwärtigen Wiesenpiepern zu, wie sie zwitschernd steil nach oben in den Himmel stießen, während die herrlichen Amseln tief über das Land hinwegflogen wie Ringdrosseln. Außerdem spürte ich eine Provencegrasmücke im Ginster am „Odeon"
auf, einem beeindruckenden Turm, der von den Deutschen gebaut wurde und von einem Hügel aus das Reservat überblickt.

Von den Provencegrasmücken waren nach einem unheimlich strengen Winter nur noch etwa fünf Paare übrig. Von den Schwarzkehlchen, die früher auf der Insel gelebt hatten, gab es nach den schlim-

PROVENCEGRASMÜCKE

men Frösten gar keine mehr, und von dem winzig kleinen Zistensänger hatten die beiden Alderney-Birder auch keine Spur mehr entdeckt. In der Nähe meiner Unterkunft entdeckte ich jedoch einen einzelnen brütenden Girlitz. Insgesamt machte die Nähe der Insel zu Frankreich meinen Aufenthalt dort so besonders. Am anderen Ufer nisteten jede Menge Wespenbussarde, Wiesenweihen und Rohrweihen, und sie machten fast täglich einen Ausflug zu uns herüber. So erklären sich die vier Wespenbussarde, die ich während meiner Zeit dort beobachten konnte, inklusive des einen, der nach dem Anflug über das Meer etwa zwanzig Minuten kreiste, und sich danach wieder auf den Weg zurück nach Frankreich machte.

Bei meinen Erkundungsspaziergängen über die Insel stellte ich überrascht fest, dass es fast keine Blaumeisen und nur wenige Dohlen gab, die sich im Süden angesiedelt hatten. Mäusebussarde sah ich viele. Und auch die sonst eher seltenen Schmetterlinge, die Wegerich-Scheckenfalter, kamen mir mehrfach unter. Für Vogelbeobachter ist außerdem der Flughafen im Südwesten ein Muss. Die Klippen bei Les Etacs und Ortac Rock waren voller nistender Basstölpel und boten einen beeindruckenden Anblick. Um meiner maritimen Umgebung Rechnung zu tragen, machte ich auch eine Bootstour um die Burhou-Insel westlich von Alderney. Ich sah viele der etwa zweihundert dort lebenden Papageitaucher-Paare (die auch der Puffin Cam des Wildlife Trust immer wieder vor die Linse kommen), und fand heraus, dass das Inselchen außerdem eine recht umfangreiche Sturmschwalben-Kolonie beherbergt.

Natürlich darf man auch potentielle Zugvögel nicht vergessen, und die Liste, die die Insel vorzuweisen hat, kann sich durchaus sehen lassen – es finden sich sogar solche Orni-Leckerbissen wie Tannenhäher und Wüstengimpel darauf. Aber die zwei einsamen Vogelfreunde vor Ort haben alle Hände voll zu tun und können jede Hilfe gebrauchen.

Das ländliche Leben hat mir zur Abwechslung zwar mal ganz gut getan, aber den Städtefans unter euch kann ich versichern, dass in Bezug auf die Auswahl meiner Beobachtungsgebiete hier alles bald wieder seinen gewohnten Gang geht.

PAPAGEITAUCHER

Reykjavík

Helsinki

Amsterdam
Wuppertal   Berlin
Brüssel Wetzlar   Krakau
Frankfurt Prag
Paris Stuttgart   Bratislava
Wien Budapest
Zürich

Belgrad

Azoren

Lissabon Cáceres
Alentejo ★ Mérida Valencia

EUROPA

#

REYKJAVÍK, ISLAND

VOGEL-FINDER AUF DER VULKANINSEL

Wenn man in Island nach Vögeln Ausschau halten will, muss man
erst mal eine Runde gegen den Strom schwimmen. Auf der nationa-
len Liste stehen lediglich dreihundertsiebzig Arten, und fast alle regelmäßigen Besucher tauchen entweder in der Hauptstadt Reykjavík
auf oder lassen sich nur sehr selten blicken. Isländische Ornithologen
betrachten sich nicht als Vogelbeobachter. Sie nennen sich „Finder".
Sie beobachten nicht nur genauestens, was sich ihnen von selbst alles
so zeigt, sondern machen sich auch aktiv auf die Suche nach ungewöhnlichen Besuchern. Mir gefällt der Begriff „Finder", denn das ist
genau mein Ding – neue Orte und neue Vögel finden. Wenn man in
Island lebt, kann man recht schnell die gewöhnlichen Vögel abarbei-
ten. Danach mausert man sich zu einem Finder.

Ich meine das nicht negativ. Trotz der relativ übersichtlichen Liste ist Islands Vogelwelt umwerfend, und das Gleiche gilt für Reykja-

vík. Wo kann man sonst in einer städtischen Umgebung Odinshühnchen beobachten und das schaurig klagende Jammern von Eistau-
chern hören, das im Übrigen in zahlreichen Horrorstreifen der Ham-
mer Films sowie von hippen House-Produzenten verwendet wird?

Mein Führer in Reykjavík war Hrafn Svavarsson, der James Cor-
den zum Verwechseln ähnlich sah. Sein Vorname war genauso
schwierig auszusprechen, wie er aussieht. Aus einem isländischen
Mund klang er wie eine Mischung aus dem Krächzen eines Raben
und einem Räuspern. Auf Altnordisch bedeutet der Name tatsächlich „Rabe", deswegen taufte ich Hrafn kurzerhand um. Obwohl es
Hochsommer war im Land der Mitternachtssonne, fröstelte es mich
ein bisschen, als ich um ein Uhr morgens bei hellem Tageslicht am
Ufer des Elliöavatn-Sees stand. Hrafn zeigte mir stolz ein nistendes
Eistaucher-Paar, während in der Nähe Rotdrosseln zwitscherten. Der
große See beherbergte zahlreiche Odinshühnchen, Bergenten, Reiherenten und Krickenten, und auf einem nahegelegenen Felsen stand
ein Alpenschneehuhn-Männchen im
Sommerkleid. Diese Art sollte mir in
den folgenden Tagen noch öfter begegnen. Angeblich eignet sich der See bestens, um vagabundierende Graureiher
und hin und wieder mal eine Schwalbe
vors Fernglas zu bekommen – Vögel, die

EISTAUCHER

wir in Großbritannien als selbstverständlich betrachten. Ich schaute
ständig nach oben und erwartete umherschwebende Mauersegler
oder kreisende Schwalben, doch der Himmel blieb leer bis auf die
allgegenwärtigen wummernden Bekassinen.

Bakkatjorn, ein kleiner See auf der Halbinsel Seltjarnarnes westlich des Stadtzentrums, wirkte besonders reizvoll auf mich. Hrafn
bestätigte meinen Verdacht: Das hier sei ein echter urbaner Hotspot,
an dem sich im Herbst die Finder versammeln. Trotz der städtischen

Umgebung wimmelte es regelrecht von nistenden Küstenseeschwalben, und auf der anderen Seite des Sees standen mehrere Dutzend Eismöwen zwischen den vertrauteren großen Möwenarten. Der westlich des Sees gelegene Golfplatz beherbergt im Winter eine ordentliche Zahl Ringelgänse. Der See selbst lockt Mittelsäger und zahlreiche jodelnde Eisenten an. Doch die eigentliche Anziehungskraft für Vogelfans geht von den potenziellen Vagabunden beiderseits des Atlantiks aus. Die Liste ist lang und abwechslungsreich, Schönheiten wie Bonapartemöwe, Nordamerikanische Pfeifente und die von nicht ganz so weit her angereisten Flussseeschwalbe und Falkenraubmöwe finden sich darauf.

KÜSTENSEESCHWALBE

Für Geschäftsreisende oder JunggesellInnenabschiede mit wenig Zeit zum Vogelbeobachten empfehle ich Tjörnin mitten in der Stadt. An den See grenzen zwar auch kleinere gepflegte Parkanlagen, ansonsten ist er jedoch von relativ unberührtem Sumpfgebiet umgeben – ein Schnappschuss jenes Lebensraums, mit dem der Rest des Landes reich gesegnet ist. Küstenseeschwalben sind überall, Bekassinen brüten hier und früher auch Wasserrallen, bevor der in den Sechzigern von skrupellosen Missetätern ausgewilderte Nerz ihnen den Garaus machte. Ansonsten tummeln sich hier die für Reykjavík typischen Entenarten, darunter auch eine gute Zahl Graugänse. Im Winter ist es hier besonders schön, da dann mitunter Eisenten auf gelegentlich vorbeischauende Spießenten treffen. Auch seltene Arten zeigen sich hier; so sollen etwa hin und wieder ein grönländischer Gerfalke sowie Ringschnabelenten auftauchen.

Der Friedhof Fossvogskirkjugardur nahe der Küste im Süden der Stadt enttäuschte meine Erwartungen nicht. Dort entdeckte ich viele Sperlingsvögel, die sich an den anderen Orten nicht so leicht hätten finden lassen. Der ergraut wirkende isländische Birkenzeisig kommt dort ebenfalls häufig vor. Die Exemplare sahen weißlich aus, aber nicht weiß genug, um als Polar-Birkenzeisig durchzugehen. Rotdrosseln waren die Standard-Singvögel, wohingegen Hrafn sich unglaublich freute, als wir den Gesang einer Amsel hörten. Mir wäre das beinahe entgangen, da ich so sehr an sie gewöhnt bin, doch hier gelten sie als seltene, geschätzte Inselbewohner. Die Finder haben hier jedenfalls ganze Arbeit geleistet und im Laufe der Jahre verirrte Zugvögel wie Zilpzalpe, Fitisse, Bergfinken und Grünfinken gesichtet. Für Island sind das außergewöhnliche Vögel.

Reykjavík ist derzeit zwar teuer, dafür gibt es keine Stechmücken. Die Bewohner sind warmherzig und haben einen wunderbar trockenen Humor und man hat gute Chancen, solche Arten in großer Zahl zu sehen, die man in Großbritannien nur selten sichtet. Meine prägendste Erinnerung an die Stadt sind die unglaublich zahlreichen Küstenseeschwalben, die sich praktisch überall fanden. Eine faszinierende Art. In Zukunft dürfte ich mich mit ihrer Bestimmung nicht mehr allzu schwer tun.

HELSINKI, FINNLAND

AUF SCHLAFENTZUG IM NORDISCHEN SOMMER

Bevor ich nach Helsinki aufbrach, wurde ich gewarnt, mich nicht vom ewigen Licht des finnischen Hochsommers täuschen zu lassen. Ich kenne mich, alter Trottel der ich bin. Wenn es irgendwo hell ist, dann gibt es auch Vögel zu entdecken. Zumindest rede ich mir das gerne ein, und die Vorstellung ist tief in meiner Psyche verwurzelt.

Sie stammt noch aus meiner Zeit als superneugieriges Kind, als ich alles über Vögel lernen wollte, was es nur zu lernen gab. Ich hatte immer das Gefühl, ich würde etwas verpassen, wenn ich nicht bei Sonnenaufgang in meinem heimatlichen Revier stand. Mein Wahnsinn hatte jedoch Methode. „Der frühe Vogel fängt den Wurm", da ist was dran, besonders im Stadtgebiet. Wenn ich manchmal nicht in aller Herrgottsfrühe draußen gewesen wäre, hätte ich weder die Sumpfohreule entdeckt, noch die Bekassine aufgescheucht, die sich auf einer innerstädtischen Wiese vergnügte.

Deswegen bin ich wohl der Erste, der sich vom ewigen nördlichen Sommerlicht bezirzen lassen würde, und die warnenden Worte waren durchaus angebracht gewesen. Eine Woche in Helsinki und weiter nördlich in den Taigawäldern um Kuhmo, nahe der russischen Grenze stellte mich auf eine harte Probe. Ich kam mir vor wie Al Pacino in *„Insomnia – Schlaflos"*, wo er in Alaska wegen eines Verbrechens ermittelt und sich irgendwann nach einer Runde Dunkelheit sehnt.

Aber zurück zum eigentlichen Grund meiner Finnlandreise: Ich wollte die Vogelwelt in Helsinki erkunden, einer kleinen, aber ziemlich coolen Stadt. Gänzlich unbekannt war sie mir nicht, hatte ich doch einmal auf einer Geschäftsreise im Sommer einen kurzen Zwischenstopp hier eingelegt. Damals hatte ich allerdings kaum Gelegenheit zum Beobachten. In ein paar Stunden in einem kleinen Park in der Nähe meines Hotels fand ich zahlreiche Wacholderdrosseln, ein paar umherstreichende Amseln, Zilpzalpe, Kohlmeisen und Blaumeisen, einige Fitisse und einen zuvorkommenden Trauerschnäpper. Außerdem hatte ich das große Glück, das Sommerhaus meiner Gastgeber auf einer der Hunderten von Inseln besuchen zu dürfen, die achtzig Kilometer vor der Stadt den Archipel von Helsinki bilden. Bestimmt hatte der Rückzugsort einen Namen, jedenfalls sah er all den anderen Inseln ringsum zum Verwechseln ähnlich. Auf dem Weg dorthin im Motorboot sah ich zwei beeindruckende Fischadler in ihrem Nest. Ich lernte nicht nur, wie man Forellen in einer rostigen Kiste räuchert, Blaubeeren-Pie aus frisch gepflückten Beeren backt und was es mit dem nackten Axtwurf auf sich hat (ein örtlicher Zeitvertreib), sondern scheuchte auf einem Spaziergang außerdem einen Habicht auf.

FISCHADLER

Diesmal, in einer Gluthitze, die besser nach Südspanien gepasst hätte, fielen mir auf dem Weg vom Flughafen zu meinem am Wasser gelegenen Hotel sofort drei Dinge auf. Erstens: Alles war voller Sturmmöwen. Sie spazierten durch die Straßen, saßen unter Bäumen im Park und am Wasser. Sie waren hier die Standardmöwen. Bislang hatte ich diese Art immer als sanftmütige, friedliebende Zeitgenossen betrachtet, die am liebsten auf Fußballplätzen herumhängen und auf der Stelle treten, um Würmer an die Oberfläche zu locken. Diese Illusion wurde jedoch gründlich zerstört, als ich beobachtete, wie eine Gruppe gnadenlos Jagd auf einen Artgenossen machte, der einem glücklosen Tourist gerade das Eis aus der Hand gestohlen hatte. Das hatten sie garantiert von den Silbermöwen in Brighton gelernt.

Dann fiel mir noch die außergewöhnliche Anzahl von Weißwangengänse in der Stadt auf – sie waren so zahlreich wie Kanadagänse in London. Mein Fremdenführer, Hannu Tammelin von BirdLife International Finland, erklärte mir, dass ein Teil der Population aus entflohenen Vögeln bestand, jedoch auch einige wahrhaft wildlebende Exemplare darunter waren. Ich war ganz verliebt.

WEISSWANGENGANS

Sie sahen niedlich aus, waren allerdings trotz ihrer leicht zahmen Art misstrauisch und ließen einen nicht so nahe heran wie ihre größeren kanadischen Verwandten. Die Einheimischen waren aber bei Weitem nicht so begeistert wie ich, bei vielen galten sie als Landplage. Doch der am weitesten verbreitete Vogel war die Wacholderdrossel, meiner Erfahrung nach die häufigste Drossel in vielen nordeuropäischen Städten. Sie war noch reichlicher vorhanden als Amseln in vergleichbaren Lebensräumen in Großbritannien.

Doch Helsinki hat noch mehr zu bieten als diese drei schnell entdeckten Arten. Das musste allerdings bis drei Uhr morgens warten, da ich erst noch einen Artikel für das „BBC Wildlife Magazine" beenden musste, der schon seit einer Woche fällig war. Mir blieben zwölf Stunden, ich hatte also genug Zeit – dachte ich zumindest. Es war Viertel nach drei, als ich endlich auf „Senden" klickte. Ich war fertig mit der Welt und brauchte dringend eine Mütze Schlaf. Hannu wartete jedoch seit einer Viertelstunde an der Rezeption, und was noch schlimmer war: Draußen war es hell. An Schlaf wäre also ohnehin nicht zu denken gewesen.

Als ich ermattet aus dem Aufzug schlurfte, wurde ich von einem nervösen Hannu begrüßt. Er war im mittleren Alter und wirkte etwas schüchtern. Auf dem Weg nach draußen legte er mir seine geplante Route dar. Zuerst würden wir am nahegelegenen Torni-Hotel vorbeischauen, und zwar nicht zum Frühstück, sondern um einem städtischen Uhu aufzulauern, der angeblich auf einem nahen Dach nistete. Er führte mich zu einem recht teuer aussehenden schwarzen Mercedes. Der Wagen wollte nicht so recht zu dem bescheidenen Mann passen, der da neben mir stand. Da entdeckte ich hinter dem Steuer einen Chauffeur. Hannu bemerkte meine Verwirrung und erklärte, das Auto sei uns für einen Tag von der Tourismusbehörde zur Verfügung gestellt worden, da er selbst keinen Führerschein hatte.

Unsere frühmorgendliche Observierung war ein Griff ins Klo. Ich kehrte am nächsten Abend um elf noch einmal zurück, dieses Mal schlich ich mich aber wie ein anständiger Detektiv ins Hotel und versteckte mich auf der Dachterrasse, von der aus ich einen tollen Ausblick über die Dächer und die ganze Stadt hatte. Mit Sicherheit ein lächerlicher Anblick, wie ich da mit Wodka-O in der einen und Fernglas in der anderen Hand an der Glasscheibe klebte und von ein paar besoffenen Finnen belagert wurde. Entsprechend gab ich meine Position rasch wieder auf.

Unser Fahrer brachte uns an einen erfolgreicheren Ort, einen großen, stillen, röhrichtreichen See im Westen der Stadt namens Iso Huopalahti. Mir kam es vor wie später Vormittag, dabei war es gerade mal fünf Uhr morgens. Während wir am Ufer entlanggingen, lauschte ich Schlagschwirlen, erhaschte einen Blick auf Buschrohrsänger im Ufergestrüpp und beobachtete Sprosser, die wie Rotkehlchen ohne rote Brust auf dem Weg vor uns nach Futter suchten. Die Buschrohrsänger waren umherhuschende Schemen im Gebüsch, aber Hannu war hundertprozentig von ihrer Identität überzeugt. Offensichtlich kannte er sich bestens mit den örtlichen Vögeln aus. Ich war weniger überzeugt, da ich bislang noch keine Erfahrung mit diesem *Acrocephalus* hatte und meine Sichtungen beileibe nicht eindeutig waren. Wenn ich eine Art nicht selbst bestimmen kann, schafft sie es nicht auf die Liste, egal welcher Experte neben mir steht. Ich muss mich mit eigenen Augen davon überzeugen.

Weiter westlich, am Suomenoja, einem See im Schatten einer riesigen Fabrik, erfreuten Hannu und ich uns am Anblick von knapp viertausend Lachmöwen mit ihren gerade erst flügge gewordenen Jungtieren. Die Altvögel flogen entweder umher oder saßen auf den Telegrafenkabeln, die den Blick durchkreuzten. Klar, man sieht diese Art in Großbritannien häufig, aber ich finde es immer noch faszinierend, sie in einer so großen Ansammlung zu sehen. Auf dem See schwammen zwischen ein paar Möwen mehrere Stockenten und einige wunderschöne Ohrentaucher. Am schlammigen Ufer standen Bruchwasserläufer auf dem Durchzug. Das angrenzende Brachland wurde von den allgegenwärtigen Wacholderdrosseln bevölkert, dazu ein hübsches Steinschmätzer-Männchen und ein, zwei Schwarzkehlchen.

Vanhankaupunginlahti (sag das mal nach ein paar Drinks) war der nächste Punkt auf der Liste. Dieser große See wird von reichlich Röhricht gesäumt und beherbergt Rohrweihen und mehrere Rohrsänger-Arten. Neben zwitschernden Karmingimpel-Männchen, deren rotes Gefieder aus dem strohfarbenen Röhricht hervorstach, hüpften außerdem zahllose Rohrammern umher. Auch Rotdrosseln und Wacholderdrosseln ließen sich blicken, und ein entfernter Turmfalke würzte das Ganze mit einer Prise Greifvogel.

ZITRONENSTELZE

Unser Opfer jedoch wohnte in den Wiesen östlich eines weiteren großen Sees. Wir kletterten dort auf einen Hochsitz und beobachteten schon bald einige Raubseeschwalben am See, zu denen sich noch mehr Bruchwasserläufer sowie ein paar Kampfläufer-Männchen gesellt hatten, die praktisch noch ihr gesamtes Sommergefieder trugen. In unserer erhöh-   ten Position waren wir außerdem auf Augenhöhe mit einer Hohltaube, die in einem toten Baum saß. Und dann entdeckte Hannu, wonach wir suchten. Auf einer entfernten Wiese tummelte sich ein Familientrupp Zitronenstelzen. Begeistert beobachtete ich, wie die Altvögel sich um die beiden Küken kümmerten. Einzig ein Gelbspötter lenkte mich kurz ab, als er auf einmal direkt hinter uns drauflos sang. Die Stelzen-Sichtung war wirklich außergewöhnlich, befanden sie sich doch weit westlich ihres normalen Brutgebiets.

Das Tolle an Finnland ist die Naturverbundenheit der Menschen, und das geht schon in Helsinki los. Im Archipel gibt es reichlich Inseln zu entdecken. Manche, so wie Seurasaari, sind bewaldet und eigenen sich trotz Touristenbefall angeblich gut für Schwarzspechte. Auf einer frühmorgendlichen Radtour sah ich die üblichen Helsinki-Verdächtigen, dazu zahlreiche neugierige Eichhörnchen. Sie rannten vor mir weg, blieben stehen und schauten dann zurück, wie um mich näher in Augenschein zu nehmen. Außerdem hatte ich das Glück, eine jugendliche Waldohreule auf der Jagd zu entdecken, die sich nach einer Weile auf einem niedrig hängenden Ast in meiner Nähe niederließ.

Meine Lieblingsinsel war mit Abstand Harakka. Das städtische Naturschutzgebiet, dessen Name „Elster" bedeutet, ist von der Stadt aus innerhalb weniger Minuten mit der Fähre erreichbar und reich an Flora und Fauna. Bis 1989 noch eine Militäranlage, bietet es heute jedoch zahlreiche Besucherzentren, die von freundlichen Mitarbeitern betreut werden. Eine große Sturmmöwen-Population brütet hier, darunter auch ein paar Heringsmöwen – beziehungsweise die *fuscus*-Unterart, die Baltische Heringsmöwe, wenn man es genau nimmt. Auch Steinschmätzer müssen hier brüten, da ich zahlreiche Jungvögel entdeckte, außerdem hörte ich massenweise Fitisse und Klappergrasmücken. An der Küste von Harakka fanden sich viele Flussseeschwalben, Kormorane und Eiderenten. Die Insel hat Potenzial als Zugvogelstopp, da eine Seite Richtung Ostsee liegt. Wenn ich in Helsinki wohnen würde, wäre das hier ein guter Kandidat für ein heimatliches Revier.

Meine Zeit in der Stadt war um, da ich weiter nördlich noch Bären und Vielfraße beobachten wollte. Helsinki ist eine tolle Stadt und hat kulturell einiges zu bieten. Für mich als Urban Birder war der Ruf der Wildnis natürlich stärker, und dank des anhaltenden Tageslichts litt ich unter ständigem Schlafentzug. Mein Rat an alle Helsinkibesucher: Geht nicht zu spät ins Bett.

#

DIE AZOREN

EIN FLOTTER DREIER MIT STRANDLÄUFERN

Ab und an muss selbst ein Stadtvogelbeobachter wie ich mal raus aus der Großstadt, um in größtmöglicher Entfernung zur nächsten Straßenlaterne ein wenig durchzuatmen. Genau das tat ich eines schönen Oktobers, indem ich kurz entschlossen gemeinsam mit Stuart Winter von der Zeitschrift „Bird Watching" und meinem Fotografen Russell Spencer eine Reise auf die Azoren machte. Die Azoren liegen mitten im Nordatlantik am äußersten Westrand der paläarktischen Region. Im Herbst sind sie der Traum- und Herzensort vieler europäischer Vogelfans. Wie du vielleicht weißt, ist der Archipel ein Hotspot für gefiederte Irrgäste aus Amerika. Während der Vogelzugsaison kann man hier an jedem beliebigen Tag verschiedenste Arten sichten, die normalerweise auf dem amerikanischen Kontinent zu Hause sind. Entsprechend wirkt die Inselgruppe auf Ornis sehr anziehend, denn hier treffen sie auf Vögel, die auf dem europäischen Festland äußerst selten sind.

Wir landeten auf der Hauptinsel São Miguel und wurden von unserem Führer Gerby Michielsen empfangen, einem aufgedrehten Niederländer, der sich etwa ein Jahrzehnt zuvor auf den Inseln niedergelassen hatte. Der Gerbster, wie wir ihn bald liebevoll nannten, machte sich sogleich daran, uns einige der besten Beobachtungsgebiete der Hauptstadt Ponta Delgada zu zeigen. Schon bald konnten wir Bindentaucher und eine Blauflügelente auf unserer Liste vermerken. Außerdem schlossen wir Bekanntschaft mit den meisten Standvögeln der Azoren, von denen es nicht sonderlich viele gibt. Ich bemerkte, dass die Buchfinken hier dunkler sind als bei uns und mehr herumflattern, dass die Amseln irgendwie merkwürdig und leiser rufen, die Gebirgsstelzen jede stelzentaugliche Nische besetzen und es vor Kanarengirlitzen nur so wimmelt.

Auch wenn ich gegen den einen oder anderen seltenen Vogel nichts einzuwenden habe, war ich ja nicht bloß auf die Azoren gekommen, um heimatferne Vagabunden zu begaffen. Das wurde mir umso klarer, als wir Corvo besuchten, die kleinste und nördlichste Azoreninsel und gleichzeitig das ultimative Paradies für ornithologische Trophäensammler. An unserem Nachmittag auf Corvo sahen wir weitere Blauflügelenten, eine Ohrenscharbe und einen Weißbürzelstrandläufer, der uns wirklich unglaublich nahe kam. Für mich war der Gedanke, auf ausgetretenen Pfaden Raritäten nachzuspüren, ein echter Stimmungskiller. Ich kann verstehen, was einen an der Suche nach „komischen Vögeln" auf den Inseln vor der britischen oder kontinentaleuropäischen Küste reizt und mich auch bis zu einem gewissen Grad dafür begeistern, aber hier, mitten im Atlantik? Wäre es da nicht sinnvoller, einfach noch ein Stückchen weiter nach Westen zu reisen und

WEISSBÜRZEL-STRANDLÄUFER

die Vögel in ihrem natürlichen Lebensraum mit massenhaft Artgenossen im Land der unbegrenzten Möglichkeiten zu beobachten?

Unter grauem Himmel und bei aufgewühlter See verließen wir Corvo und hielten Kurs auf das nahe gelegene Flores. Während der Fahrt erfreuten wir uns an Hunderten Sepiasturmtauchern, die unser Schiff umkreisten und über die Wellen schossen, und am Hafen begrüßten uns die unvermeidlichen Weißkopfmöwen. Flores ist deutlich größer als Corvo, wirkt viel grüner und – das freute besonders mich – bleibt von Birdwatchern größtenteils verschont, da diese sich dem Gerbster zufolge auf schnellstem Wege nach Corvo begeben. Voller Begeisterung gaben wir uns dem Vogelfieber hin und stürzten sofort zu einem Fußballplatz, auf dem kürzlich ein Prärieläufer gesichtet worden war. Ehrlich gesagt hatte ich diesen recht knuffig anmutenden Verwandten des Großen Brachvogels schon immer mal sehen wollen, und nachdem wir das gemeldete Exemplar auch tatsächlich entdeckt hatten, vertiefte ich mich eine gefühlte Ewigkeit in sein Verhalten und sein etwas eigenartiges Aussehen.

In den folgenden vier Tagen trieben wir uns in mehreren interessanten Beobachtungsgebieten herum und machten ab und an kürzere Abstecher zu anderen vielversprechenden Orten. In einer gartenreichen Gegend fand Stuart einen Kletterwaldsänger und Russel entdeckte an der Küste einen Brauenwaldsänger. Aber der beste Fund ging mit einer Katzendrossel eindeutig an den Gerbster. Ich selbst stieß zufällig auf einen Schlammläufer, der sich leider zu schnell wieder aus dem Staub machte, als dass wir ihn näher hätten bestimmen können. Gemeinsam hatten wir dann noch ein leicht surreales Erlebnis: Ein Quartett Weißbürzelstrandläufer wurde vor unseren Nasen auf einen flotten Dreier dezimiert, indem einer der vier von einem prächtigen jungen Wanderfalken weggeschnappt wurde. Kurz hatten wir den Greifvogel für einen Baumfalken gehalten, der der kalten kanadischen Tundra entstammte.

Ich habe die Zeit auf Flores mit den Jungs wirklich genossen. Die Insel ist wunderschön und befriedigte mein Bedürfnis nach einem Ort, an dem ich meine eigenen Vögel finden und ein bisschen für mich haben konnte. Am Ende blieben wir unfreiwillig noch eine ganze Woche länger, da wir von einem mächtigen Tropensturm vor der Küste im Gefolge des Hurrikans Otto überrascht wurden und mehrere Flüge ausfielen. Ist doch super, denkst du jetzt vielleicht, aber wir mussten leider dringend nach Hause. Schlimmer noch: Eines Morgens weckte mich eine eingehende SMS und führte zu Tränen der Verzweiflung und Frustration. Ein Raubwürger war in meinen geliebten Wormwood Scrubs gesichtet worden, ein Vogel, dessen Auftauchen ich selbst vorausgesagt hatte – und ich saß Tausende Kilometer entfernt auf den Azoren fest. Andererseits: Ich hätte mich ohnehin nicht auf die Suche nach dem Tier machen können, da ich ei-

SEPIASTURMTAUCHER

gentlich einen Vortrag vor der Preston Bird Watching and Natural History Society hätte halten sollen. Und um dem Ganzen vollends die Krone aufzusetzen, erhaschten wir trotz der Extrawoche noch nicht einmal einen Blick auf den Azorengimpel, *den* Azorenvogel schlechthin. Dabei hatten wir bis zum Schluss, im letzten Tageslicht und bei strömendem Regen, noch nach ihm gesucht.

Die Azoren sind, was die Vogelbeobachtung betrifft, sicher nicht jedermanns Sache, aber dennoch faszinierend, und es gibt auf jeden Fall weit mehr zu entdecken als ein paar skurrile Ausnahmeerscheinungen. Ihr Potenzial ist kaum zu leugnen, die Chancen auf interessante Funde stehen definitiv gut. Wenn dir so etwas liegt, wirst du hier viel Spaß haben.

# #

ALENTEJO, PORTUGAL

RAUSCHENDES ERLEBNIS

Seit meinem ersten Besuch in Lissabon vor ein paar Jahren komme ich immer wieder nach Portugal. Was mich neben dem mediterranen Klima stets aufs Neue hierherlockt, ist die reiche Vogelwelt dieses verhältnismäßig kleinen Landes. Die meisten Birdwatcher stürzen sich ja schnurstracks auf die sagenumwobene Algarve, und manche Leute glauben anscheinend wirklich, dass Portugal und die Algarve ein und dasselbe sind. Denen ist offenbar nicht bewusst, dass zwischen Lissabon im Norden und der Algarve im Süden ein breiter Landstrich verläuft – die Region Alentejo, die neben einer unglaublichen Artenvielfalt auch tolles Essen, guten Wein und jede Menge Kultur zu bieten hat.

Als ich mich dort zum ersten Mal auf Erkundungstour begab, hatte ich keine Ahnung, welche Vogelarten mich erwarten würden. Wie so viele Vogelfans war ich der Überzeugung, dass Stelzenläufer, Purpurhuhn und Rosaflamingo nur an der Algarve vorkommen, aber da hatte ich mich getäuscht. Ich will ja nicht wie der Werbefritze des portugiesischen Tourismusverbands klingen, aber es ist höchste Zeit dir zu erklären, warum ich diesen Teil Portugals so mag.

Dazu ist ein kleiner Roadtrip notwendig. Unsere Reise beginnt im Südosten der Alentejo-Region, in Mértola, einer Kleinstadt im Naturpark Guadianatal nahe der spanischen Grenze und der Algarve. Um genau zu sein, habe ich nicht direkt in Mértola Vögel beobachtet, sondern an einem Ort im näheren Umkreis namens Mina de São Domingos. Dabei handelt es sich um ein stillgelegtes Bergwerk, das mit den alten Maschinen, die dort in einer gespenstischen, marsroten Landschaft vor sich hin rosten, einen sehr unheimlichen Eindruck macht. Trotz der Science-Fiction-Kulisse gibt es hier unzählige Vögel. Geier kann man zum Beispiel hervorragend beobachten, und sowohl Steinadler als auch Spanischem Kaiseradler begegnen, ebenso wie diversen Singvögeln, etwa Heckensänger, Mittelmeer-Steinschmätzer und Theklalerche. Außerdem zeigte

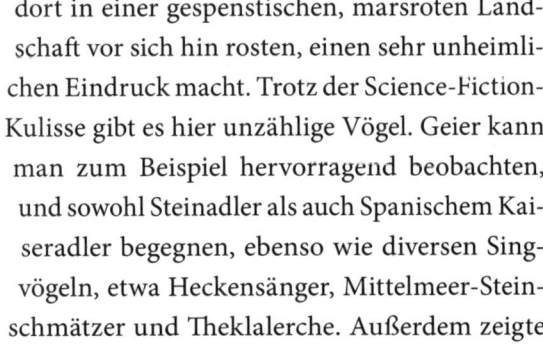

KALANDERLERCHE

mir mein Führer João Jara an der Innenwand eines verlassenen Gebäudes die gut verborgenen Nistplätze der Kaffernsegler. Diese Art nistet nur an wenigen Orten Portugals; im ganzen Land gibt es wohl kaum mehr als zwölf Reviere. Da es Herbst war, störten wir niemanden. Die Nestbesitzer hatten ihre Brut längst aufgezogen und die Mine verlassen.

Ein Stück weiter, etwa sechzig Kilometer Luftlinie, liegt Castro Verde. Dort erstreckt sich auf knapp achthundert Quadratkilometern eine ausgedehnte, steppenartige Hügellandschaft. Das Besondere Schutzgebiet beherbergt eine beträchtliche Zahl recht seltener Arten, nach denen sich viele Vogelfreunde die Finger lecken. Ich durfte mich an unzähligen Kalanderlerchen erfreuen, deren Trupps mich aus der Ferne an dicht an dicht fliegende Watvögel erinnerten.

Sie zeigten abwechselnd Rückengefieder und Bauchseite, und die dunkle Flügelunterseite ähnelte der des Waldwasserläufers und verstärkte den Eindruck von Wat- oder Küstenvögeln noch.

Wir sahen einige Sandflughühner und recht große Gruppen von Großtrappen am Horizont, und ich erfuhr, dass dieser Ort einer der besten in ganz Portugal für Spanische Kaiseradler ist – oder auch Iberischer Kaiseradler, wie die Portugiesen sie vermutlich lieber nennen.

Das letzte fantastische Beobachtungsziel unserer Tour war die Sado-Mündung bei Setúbal. Mit über zwanzigtausend Hektar ist das dortige Naturschutzgebiet namens Reserva Natural do Estuário do Sado wirklich gewaltig. Umgeben von Röhricht und Reisfeldern, schließt es an der Küste im Südwesten mit einer Sandbank ab. Obwohl das Areal im Nordwesten an einen Ballungsraum grenzt, ist es ein wahres Eldorado für Vogelfans. Hier leben Unmengen Weißstörche, die auf nahe gelegenen Kirchtürmen und Dächern nisten. Alcácer do Sal, ein malerischer Ort am südöstlichen Ende der Flussmündung, rühmt sich sogar mit dem Titel Storchenhauptstadt. In einem Café dort gönnte ich mir eine kleine Pause und kann bestätigen, dass die örtliche Population einen quietschfidelen Eindruck macht. Im Sommer gesellen sich auf den umliegenden Feldern bisweilen einige Schwarzstörche zu ihren weißen Kollegen. Außerdem gibt es Reiher in rauen Mengen, dazu massenhaft Sichler und Rosaflamingos. Auf und über den Feldern patrouillieren zahlreiche Rohrweihen, jagende Wanderfalken und rüttelnde Gleitaare, während am Fluss selbst Fischadler auf Fischfang gehen. Auch Watvögel sind in großer Zahl vertreten, und die Arten stimmen weitgehend mit denen in einem vergleichbaren britischen Habitat überein, allerdings mit dem schö-

KAFFERNSEGLER

205

nen Zusatz von Seeregenpfeifern, Stelzenläufern und mehr Säbelschnäblern, als man überhaupt fotografieren kann.

Der Alentejo ist sicherlich ein portugiesischer Geheimtipp, und obwohl die Region am westlichen Rand Europas liegt, ist sie von fast überall her in wenigen Stunden zu erreichen. Wer hier Vögel beobachtet, kann sich, um es mal ganz deutlich zu sagen, auf richtig schön fette Ergänzungen seiner persönlichen Artenliste freuen, und außerdem auf viele schöne Erinnerungen.

Ich persönlich werde wohl nie den Nachmittag vergessen, den ich ganz entspannt am Ufer des Lagoa de Melides bei Grândola im Süden der Sado-Mündung verbrachte. Ich hielt dort an der Lagune gerade Ausschau nach Schwarzhalstauchern, als ein umherstreifender Schwarm aus mindestens tausend Sichlern plötzlich knapp über meinem Kopf vorbeiflog, vermutlich auf dem Weg zur nächsten Futterstelle. Sie nahmen mich überhaupt nicht wahr und zogen so nah an mir vorüber, dass ich deutlich das Rauschen ihrer Flügel hören konnte. Es war ein überwältigender Moment, ein wirklich wundervolles Erlebnis.

#

AUF WOLKE 7
DURCHS PARADIES

Im späten Oktober vergnügte ich mich an der Tajo-Mündung nahe Lissabon. Mit ihrem Mosaik aus Lebensräumen, darunter Agrarflächen, Sumpfgebiete, Marschland, schlammige Kanäle, Seen, Salzpfannen und Korkeichenwälder auf fünfzehntausend Hektar ist die Gegend ein echtes Vogelparadies. Praktisch jeder Busch in diesem zusammengestückelten Nationalpark bog sich unter dem Gewicht faszinierender Vögel, und zwischen dem Überfluss an Haubenlerchen, Feldlerchen, Südlichen Raubwürgern und Haussperlingen fanden sich zahlreiche „Essex-Vögel". In Portugal sah ich mehr Essex-Vögel, als ich je in Essex zu Gesicht bekommen hatte.

Ein Essex-Vogel, das sollte ich vielleicht erklären, war früher mein Name für die Grauammer. Damals waren ihr Gesang und ihr eintöniger Anblick synonym mit meinen Ausflügen ins ländliche Essex. Nur dort konnte ich sie leicht entdecken. Seitdem hat sich ihr Schicksal in Großbritannien komplett gewendet, und ihr gewaltiger Niedergang wurde hinreichend dokumentiert. Deswegen freute ich mich über die Gelegenheit, mich wieder mit meinen alten Freunden vertraut zu machen.

Wie viele Menschen verbinde ich Portugal mit heißen Tagen an der Algarve, einer Runde Golf (nicht, dass ich Golf spielen würde) und natürlich der ergiebigen Vogelwelt. Ein spätherbstlicher Trip nach Lissabon war also durchaus reizvoll. Den Großteil des Vogelzugs hatte ich zwar verpasst, aber vielleicht würde ich auf den letzten Drücker ja doch noch Glück haben.

Ich war Gast der portugiesischen Touristenbehörde, und zusammen mit meinem Guide João Jara sollte ich mir unbedingt das versteckte Portugal zwischen Lissabon und der Algarve anschauen. Die Leute von der Behörde überschlugen sich außerdem vor Entschuldigungen für das voraussichtlich schlechte Wetter und der deshalb verminderten Wahrscheinlichkeit von Vogelsichtungen. Das hätten sie sich allerdings ruhig sparen können, da ich bereits auf Wolke Sieben schwebte.

Nach ein paar Tagen im faszinierenden Umland Lissabons landete ich in der Expo-Gegend nahe der Mündung und der atemberaubenden Vasco-da-Gama-Brücke, mit knapp über siebzehn Kilometern die längste Brücke Europas. Laut João eignet sich Lissabon selbst nicht gerade zur Vogelbeobachtung, und ihm fielen nur vier potenzielle Orte ein. Normalerweise hätte mich das nur noch darin bestärkt, ihn vom Gegenteil zu überzeugen. Aber in Anbetracht der Lage lohnte sich der Aufwand gar nicht, denn da wir uns direkt auf einem der wichtigsten Futterplätze für Watvögel in Europa befanden, war der nächste beeindruckende Vogel eh nie weit.

Wir besichtigen den „Jardim do Passeio dos Heróis do Mar" (Lisbon Gardens), einen langen, dünnen Stadtparkstreifen voller Röhricht, der ans Uferland der Mündung im Schatten der Vasco-da-

Gama-Brücke grenzt. Dort beobachteten wir unzählige Lachmöwen im Schlamm, während Jogger auf der Promenade an uns vorbeirannten. Die Möwen kamen ebenfalls ziemlich nahe und teilten sich den Ort mit Hunderten Säbelschnäblern, massenweise Rotschenkeln, Großen Brachvögeln und Uferschnepfen, und dazu kamen noch mehrere hundert Rosaflamingos. Wir zählten gerade nach, als ein älterer Herr mit Schiebermütze auf uns zukam, um seine zweifaltige Begeisterung für Flamingos und die Mannschaft von Sporting Lissabon mit uns zu teilen. Die Röhrichtstände, wenn auch spärlich gesät, beheimaten im Sommer eine Auswahl an Rohrsängern, darunter Drosselrohrsänger, und im Sommer Blaukehlchen und Provencegrasmücken in den Buschgebieten. Außerdem lassen sich hier vortrefflich durchziehende Zugvögel finden.

Lisbon Gardens war nur der Vorgeschmack auf das, was uns auf der anderen Seite der Brücke erwartete, wo der Eingang zu dem Beobachtungsgebiet des Tajo-Mündungsgebiets lag. Den Anblick, der uns dort begrüßte, werde ich so schnell nicht vergessen. Als ich einen Blick über das Wasser Richtung Lissabon warf, fiel mir in der Ferne eine schmale rosa Linie an der Küste auf. Mit Blick durch mein Teleskop stellte ich fest, dass es sich dabei nicht um Hitzeflimmern, sondern um scharenweise Rosaflamingos handelte. Knappe fünftausend überwintern am Tajo, zusammen mit mindestens fünfzehntausend Säbelschnäblern, Tausenden verschiedener Watvögel, massenweise Reiher und Silberreiher, dazu haufenweise Sichler und Weißstörche.

TRIEL

In jedem Feld versteckte sich eine neue Überraschung. In einem begegneten mir mindestens vierzig bestens getarnte Triele, während sich auf einem anderen etwa siebzig Zwergtrappen versteckten, die sich argwöhnisch vor uns zurückzogen. In ein paar Büschen zählte ich etwa dreißig Weidensperlinge in einem gemischten Schwarm, und in der anderen Richtung entdeckte ich ein paar Steinsperlinge, weitere Provencegrasmücken und singende Seidensänger, die für die Hintergrundmusik sorgten.

Anscheinend geht es in der Brutsaison an der Tajo-Mündung richtig ab, wenn die Zugvögel ankommen, darunter die typischen Mittelmeergenossen wie Bienenfresser, Häherkuckucke und Nachtigallen.

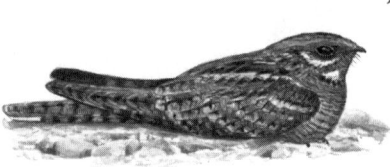

ZIEGENMELKER

João führte mich einen Weg hinab, an dem an warmen Sommerabenden Ziegenmelker und Rothals-Ziegenmelker Seite an Seite schnurren.

An jenem Tag entdeckte João und ich zwei portugiesische Seltenheiten: einen Teichwasserläufer und einen Wanderregenpfeifer in der Mauser. Selbst „außerhalb der Saison" gibt es zahlreiche Gelegenheiten, interessante Arten zu entdecken, und kein einziges Mal begegneten uns andere Vogelfreunde.

Du kannst es dir sicher schon denken: Wenn du Essex-Vögel magst und dich gerne abseits der Massen bewegst, dann darfst du dir die Tajo-Mündung nicht entgehen lassen.

#

MÉRIDA UND CÁCERES, SPANIEN

TAKE ME TO THE BRIDGE

Der *Godfather of Soul* James Brown machte die Phrase „*take me to the bridge*" berühmt. Höchstwahrscheinlich dachte er nicht an Vögel, als er die Zeile zum ersten Mal sang, doch mir ging sie an meinem ersten Abend im Hotel in Mérida, der Hauptstadt der Region Extremadura in Spanien, nicht mehr aus dem Kopf. Ich besprach mit meinem Guide Martin Kelsey am Telefon den Plan für den nächsten Tag. Er erzählte mir von einer wundervollen antiken Brücke nur zehn Minuten zu Fuß entfernt, von der man die atemberaubendsten Sichtungen erzielen könne. Selbstverständlich tat ich in der Nacht kein Auge zu.

Am Morgen fiel mir zunächst ein nistendes Weißstorch-Paar auf, das einen Haufen Zweige auf dem Dach meines Hotels aufgetürmt hatte. Bald darauf erreichten wir die Römerbrücke, die über den Río Guadiana im Herzen der Stadt führt und mit siebenhundertneunzig Metern Länge die älteste noch erhaltene römische Brücke der Welt ist. Von dort aus hatte man freie Sicht auf das Röhricht neben dem reißenden, bräunlichen Strom, und wir entdeckten ein Zwergdommel-Männchen, eine Beutelmeise, viele Zilpzalpe auf der Jagd nach Insekten und lautstarke Seidensänger.

Es war eigenartig, Anfang März schon Schwalben auf dem Zug sowie Mehl- und Uferschwalben zu sehen, wo sie doch in Großbritannien noch nicht angekommen waren. Büroangestellte auf dem Weg zur Arbeit schauten uns komisch an, als ich lautstark Vogelrufe nachahmte. Scharen von Kuhreihern, darunter auch ein paar Seidenreiher, standen auf Ästen, die durch heftige Regenfälle und Überflutungen im nahegelegenen Reiher-Schlafplatz angespült wurden und dort Inseln bildeten.

Ein einsamer Nachtreiher flog träge über mich hinweg, während ein paar Purpurhühner mit riesigen, skurrilen roten Schnäbeln und unglaublich langen Zehen schwerfällig durch das Schilf staksten. Martin erklärte mir, die Brücke sei der beste Ort in der ganzen Extremadura, um die überdimensionierten Teichhühner zu beobachten.

Danach folgte eine fünfundvierzigminütige Fahrt nach Cáceres, der Hauptstadt der gleichnamigen zweiten Provinz Extremaduras. Das Stadtzentrum ist von maurischer und mittelalterlicher Architektur geprägt, perfekt für nistende Rötelfalken und Weißstörche. Wir stellten uns auf die Vortreppe einer Kathedrale und beobachteten bald bis zu sechs Rötelfalken, die über den Ziegeldächern mit einer Anmut patrouillierten, die mir den Atem verschlug. Sie wendeten sich hin und her und schossen immer wieder mit eindrucksvoller Leichtigkeit herab. Ihr Kolonieverhalten, das hellere Gefieder mit weniger Streifen sowie die leicht mittig überstehende Schwanzspitze unterscheiden sie von den Turmfalken, die wir kennen und lieben.

Als diese hinreißenden Vögel außer Sicht waren, wurden wir von einigen Einfarbstaren unterhalten, die ihre einfachen, sanften, dem gewöhnlichen Star ähnlich klingenden Lieder sangen. Dohlen und Straßentauben wirbelten um die Dächer und natürlich sahen wir auch das graziöse Gleiten und die plumpe Landung einiger der etwa zweihundertfünfzig Weißstorch-Paare von Cáceres. Am Himmel war hin und wieder ein Rotmilan im Windschatten seiner zahlenmäßig überlegenen Schwarzmilan-Kollegen zusehen. Das nenne ich mal Urban Birding!

Der letzte Halt auf unserer Tour war die kleine Stadt Trujillo, fünfundvierzig Minuten von Cáceres entfernt. Hier besuchten wir eine Stierkampfarena in einer heruntergekommenen Gegend am Stadtrand. In der verlassenen Umgebung sprangen Haubenlerchen, Bachstelzen, Haussperlinge und Girlitze durchs Gras, während über uns Rauchschwalben und Mehlschwalben sowie gelegentlich auch ein paar Rötelschwalben umherflogen.

Wir waren jedoch wegen der Arena gekommen, auf deren donutförmigen Dach etwa dreißig Rötelfalken-Paare nisteten, und schauten dort den beeindruckenden Balzritualen zu. Die Weibchen flogen beispielsweise in die Ziegelspalten oder die speziell angebrachten Keramik-Nistkästen, während ihre Partner Schmiere zu stehen schienen. Das Tolle an diesen drei Städten ist ihr Status als Europäisches Vogelschutzgebiet. In der Extremadura finden sich etwa fünfzehn Prozent der gesamten europäischen Rötelfalken-Population, und zwei der größten Brutpaarvorkommen gibt es in Cáceres (etwa zweihundertfünfzig) und Trujillo (etwa hundertfünfundvierzig).

Ich konnte die Extremadura natürlich nicht verlassen, ohne die Wildnis erkundet zu haben, und so sackte ich unter Martins exzellenter Anleitung noch eine ganze Reihe weiterer Trophäen ein: Häherkuckuck, scharenweise Theklalerchen und Kalanderlerchen, Blaumerlen, ziehende Kraniche, Schwarzstörche, Spanische Kaiser-

RÖTELFALKE

adler, Steinadler und Schlangenadler, sowie Massen von Gänsegeiern, darunter auch einige wenige Mönchsgeier und Schmutzgeier. Die Liste war endlos.

An meinem letzten Morgen kehrte ich zur Römerbrücke zurück, wo alles begonnen hatte. Leider war der Wasserstand gestiegen, sodass die karge Vegetation, auf die ich noch vor achtundvierzig Stunden freie Sicht gehabt hatte, nun unter Wasser stand. Der Himmel war grau, Regen lag in der Luft. Ich tröstete mich mit einer Felsenschwalbe, die kunstvoll entlang der Brücke patrouillierte. Ich beobachtete jede ihrer Drehungen und Wendungen und fragte mich: Wenn James Brown ein Orni gewesen wäre, mit welcher Zeile hätte er wohl diesen Anblick beschrieben?

GÄNSEGEIER

\#

VALENCIA, SPANIEN

BANKRÄUBER UND JEDE MENGE WASSERVÖGEL

Du hast sicher auch schon einmal an einem kalten Wintertag eine Zeitung aufgeschlagen und eine dieser billigen, öden Werbeanzeigen einer x-beliebigen Fluggesellschaft entdeckt, die behauptet, innereuropäische Flüge für kleines Geld anzubieten? So erging es mir kürzlich. Ich ließ den Blick über die Liste der Reiseziele schweifen, und Valencia machte das Rennen. Ich wusste nicht besonders viel über diese Stadt, fand aber ihre Fußballmannschaft gut und war mir sicher, dass man dort auf viele der typischen mediterranen Vogelarten treffen konnte. Also buchte ich den Flug.

Sechs Tage und hundertachtzig Pfund später stieg ich in Valencia aus dem Flieger. Vor mir lag ein viertägiger Aufenthalt in Spaniens drittgrößter Metropole. Die Stadt liegt an der Ostküste, etwa dreihundert Kilometer südlich von Barcelona, und hat ein semiarides Klima, und tatsächlich brannte die Nachmittagssonne nur so auf mich nieder und hatte mit dem unterkühlten London, aus dem ich kam, erfreulich wenig zu tun. Ich bin kein großer Planer und hatte mir bloß vorgenommen, meinen Städtetrip so richtig auszukosten, indem ich gleich die Weiterreise nach Albufera de València antrat. Früher war diese knapp zehn Kilometer südlich gelegene Gegend eine der größten Marschflächen des Landes, aber dank jahrelanger Landgewinnung, Stadtentwicklung, Verschmutzung und Tourismuswirtschaft ist sie arg in Mitleidenschaft gezogen worden. 1986 wurde sie zum Naturpark erklärt, und als ich erfuhr, dass die aktuelle Größe von knapp achtzehntausend Hektar bloß etwa einem Zehntel der einstigen Pracht entspricht, war ich doch etwas deprimiert.

Ich mietete mir ein Auto und fuhr nach Benicull, einer kleinen Gemeinde in der Nähe des Marschgebiets, wo es eine Pension gibt, die ganz klassisch von einem Auswandererpärchen geführt wird – ganz offen gesagt, sahen die beiden allerdings eher aus wie zwei Bankräuber im Ruhestand. Die Frau, die ich nur ein einziges Mal zu Gesicht bekam, als sie mir bei meiner Ankunft die Tür öffnete, war etwa Mitte sechzig, kleidete sich aber, als wäre sie mindestens zwanzig Jahre jünger, und hatte stark gebräunte, ledrige Haut. Ihr Mann sah aus, als hätte man ihn geradewegs aus den Achtzigerjahren zu uns gebeamt, und erinnerte an einen Eisenbahnräuber im Wilden Westen. Aus seiner leicht rassistischen Weltanschauung machte er keinen Hehl, als er mich zum ersten Mal sah. Der Verdacht erhärtete sich an den Folgetagen, als er mir morgens zum Frühstück immer nur ein hart gekochtes Ei mit Toast vorsetzte, während er selbst sich in der Küche ein reichhaltiges englisches Frühstück zusammenbrutzelte.

Dennoch richtete ich mich an meinem ersten Nachmittag gemütlich ein und beschloss, einen kleinen Spaziergang durch die umliegenden Orangenhaine zu unternehmen. Sofort stieß ich auf Nachtigallen – einige schlugen ganz offen auf freiem Feld. Es wimmelte von Girlitzen, und am Himmel entdeckte ich Mäusebussarde, den einen oder anderen Turmfalken und zahlreiche Graureiher sowie Kuhreiher und Seidenreiher. Durchaus ein entzückendes Fleckchen.

An den folgenden Tagen erkundete ich Albufera de València. Wie ich sehr bald feststellte, bestand der Park aus Reisfeldern, Weideland, Segelschulen und einem Naturschutzgebiet, das einen Großteil der umliegenden stehenden Gewässer umfasste. Am frühen Morgen wandte ich den Blick stets gen Himmel, um die Reiherheere zu beobachten, die nach und nach ihre Schlafplätze verließen. Neben den Arten, die ich bereits in der Nähe meines Wahlreviers entdeckt hatte, sah ich hier Nachtreiher und Purpurreiher auf dem Weg zu unbekannten Zielen und außerdem den einen oder anderen Rallenreiher.

Auch an Land gab es unzählige Vögel zu studieren, wobei der Haussperling eindeutig als der örtliche Standardsperling gelten darf. Aber es waren auch Feldsperlinge unterwegs, wobei ich die allermeisten vermutlich übersehen habe. Einmal erhaschte ich einen Blick auf ein Sperlingsmännchen mit schwachen dunklen Streifen an der Flanke, aber es war zu schnell wieder verschwunden, um es mit Sicherheit als Weidensperling zu bestimmen.

Es war gerade Frühling geworden, und dementsprechend waren viele Zugvögel unterwegs. Ein Schwarzmilan segelte lässig vom Meer herein und zog mindestens zehn Minuten lang über mir seine Kreise. Außerdem sah ich einige Fahlsegler inmitten ihrer häufigeren Verwandten – durch den hektischen Flug und die dunklen, „schärferen" Umrisse stachen sie deutlich hervor. Zudem erspähte ich Wiedehopfe, die sich bei meinem Anblick leider sofort aus dem Staub machten, und es gab erfreulich viele Turteltauben.

RALLENREIHER

Am eindrucksvollsten fand ich aber doch die Wasservögel. Im Schutzgebiet lärmten zahlreiche Stelzenläufer, und über meinem

Kopf zischten mindestens zwanzig Rotflügel-Brachschwalben hin und her und jagten zwischen all den anderen Mehlschwalben und Mauerseglern nach Insekten. Eines Nachmittags hatte ich das Glück, am Strand eine ziehende Knäkente und einen Flussregenpfeifer zu entdecken. Aus meinem Unterschlupf beobachtete ich zudem einige Schwarzkopfmöwen, gut getarnt zwischen Hunderten nistenden Lachmöwen, ein Pärchen Korallenmöwen und eine einzelne einjährige Zwergmöwe, die ihre Zeit fast ausschließlich damit zubrachte, sich hinter ihren größeren, schwarzköpfigen Artgenossen zu verstecken. Rund um die Kolonie standen mehrere Mittelmeermöwen Wache und warteten auf eine Gelegenheit für ein spätes Mittagessen.

Der Höhepunkt bestand für mich allerdings in der Entdeckung zweier in unmittelbarer Nähe meines Verstecks auf dem Wasser balzender Dünnschnabelmöwen. Es war das erste Mal, dass ich diese langhalsige Art aus der Nähe beobachten konnte, und der Größenunterschied zwischen den Tieren war wirklich eindeutig: Das Männchen war an die zehn Prozent größer als das Weibchen.

Valencia ist für Vogelfans ein Muss, aber mach nach Möglichkeit einen Bogen um „pensionierte Sträflinge".

DÜNNSCHNABELMÖWE

#

MIT DR. DOLITTLE IN DER STADT DER LIEBE

Mein Vorhaben, mir insbesondere die Städte vorzunehmen, die als vogellose Betonwüsten gelten, führte mich unausweichlich nach Paris. In der französischen Hauptstadt erlebt man den Klischees nach eher ein romantisches Stelldichein, posiert grinsend vor dem Eiffelturm oder wohnt einem langweiligen Meeting bei, statt auf Vogelerkundung zu gehen. Oder etwa nicht? Meine persönlichen Erfahrungen mit Paris waren bislang ausschließlich geschäftlicher, nicht romantischer oder ornithologischer Natur – meine Aufenthalte dort waren genauso kurz wie meine Pariser Artenliste.

Also stieg ich eines grau-feuchten Februarmorgens nach dem heftigsten Schneefall in Südengland seit achtzehn Jahren um 5:25 Uhr in St. Pancras in den Eurostar, um in ein Wettersystem zu wechseln, dass kübelweise Regen versprach. Ich musste mein Timing gründlich in Frage stellen. Eine Unterkunft hatte ich noch nicht, dafür aber einen Führer für den ersten Tag, Maxime Zucca. Der junge Pariser Vogelfan hatte auf meinen Last-Minute-Internethilferuf reagiert. Ja, ich plane wirklich gerne im Voraus.

In Paris trotzte ich dem Berufsverkehr in der Metro, und nur wenige Minuten, nachdem mich Max an einer grauen Straßenecke im Süden der Stadt begrüßt hatte, lud er mich auch schon in seine nahegelegene Wohnung ein, um mir seine äußerst hübsche Freundin vorzustellen, die sich ebenfalls für Vögel interessierte. Teewasser wurde aufgesetzt, und bei Toast und Pflaumenmarmelade wurden Pläne für mich geschmiedet.

Bald darauf waren Max und ich wieder auf der Straße, und als echter Urban Birder betrachtete er alles, was Flügel hatte. Unterwegs blieben wir hin und wieder stehen, so zum Beispiel an seinem Abschnitt des Chemin de fer de Petite Ceinture, einer größtenteils stillgelegten ringförmigen Bahnstrecke. Während er auf den Gleisanschluss hinabspähte, erzählte er mir von Grauschnäppern und gewöhnlichen Laubsänger-Arten, die sich dort fanden. Er erinnerte sich noch gut an den Tag, als er dort eine Waldschnepfe aufgescheucht hatte, und schwärmte von der Ringdrossel, die an einer Bushaltestelle über ihn hinweggeflogen war.

Zu meiner Faszination erfuhr ich, dass Rabenkrähe und Sperber sich erst vor kurzem in Paris angesiedelt hatten und die örtlichen Vogelfreunde gebannt auf die ersten Wanderfalken warteten. Auf dem Gelände der Cité Universitaire und des Parc Montsouris deutete Max stolz auf die Nisthöhle des einzigen brütenden Halsbandsittich-Paars in der Stadt. Ich warf ihm einen vernichtenden Blick zu, während die ersten Regentropfen vom Himmel fielen.

Max führte mich unter einen Baum und fing an, mit leisen Geräuschen Vögel anzulocken. Kurz darauf hatten wir einen waschechten Dr. Dolittle-Moment. Praktisch aus dem Nichts füllte sich der Baum mit Blau- und Kohlmeisen, Haubenmeisen und Kleibern, wir sahen einen Kleinspecht, und ein Gartenbaumläufer kam unglaublich nahe heran. Staunend sah ich zu Max. Anschließend besuchten wir noch ein paar Parks, darunter den Jardin de Luxembourg und den Jardin des Plantes, wo wir noch mehr Gartenbaumläufer und Meisen sahen, dazu zwei Kernbeißer (eine echte Seltenheit in der Stadt), die im Regen über den Jardin de Luxembourg flogen. Ach ja, hatte ich den Regen schon erwähnt? Als wir die nahegelegene Seine erreichten, war ich patschnass, und mein durchnässter Rucksack machte mir Sorgen, da ich darin meinen Laptop herumtrug. Bevor wir Feierabend machten, um mir ein Hotel zu suchen, schauten wir noch einmal über den Fluss und entdeckten ein paar Gebirgsstelzen, eine Mittelmeermöwe und, das war die größte Überraschung, einen Eisvogel – alles direkt neben der Kathedrale Notre Dame.

GARTENBAUMLÄUFER

Nachdem ich am nächsten Morgen aus meinem heruntergekommenen Hotel ausgecheckt hatte, machte ich mich auf gen Bois de Vincennes, einem großen, südöstlich gelegenen Waldgebiet voller Wanderwege und künstlich angelegter Seen. Genau wie im Bois de Boulogne im Südwesten lassen sich hier großartig Spechte beobachten. Als Wind und Regen zunahmen, fuhr ich zur Schadensbegrenzung in das geheime Kleinod von Paris, den Parc des Beaumonts.

Dieser kleine, abschüssige Park ist von Apartmenthäusern und einem Friedhof umgeben, und anfangs war ich etwas enttäuscht, da es aussah wie jede andere langweilige innerstädtische Parkanlage. War mein Urban-Birding-Radar etwa beschädigt? War dieser Ort ein Reinfall? Meine Enttäuschung verwandelte sich jedoch in Entzücken, als ich auf dem Hügel ankam. Der Rest des Parks war nämlich eine Mischung aus Wäldern und Büschen, dazu ein kleines Feuchtgebiet voller Röhricht, wo ich ein einsames Teichhuhn erspähte.

Der Parc des Beaumonts erwacht während des Zugs anscheinend so richtig zum Leben, da Schwarzstorch, Mittelspecht und Sumpfrohrsänger dann hier auftauchen. Ein vielversprechendes Fleckchen – wenn man mal über die Menschenmassen hinwegsieht. Mein Abenteuer in Paris endete zurück in der Stadt auf dem Friedhof Père-Lachaise, der letzten Ruhestätte solcher kultureller Lichtgestalten wie Chopin, Jim Morrison und Oscar Wilde.

SUMPFMEISE Trotz des Regens entdeckte ich ein Sumpfmeisen-Paar, eine örtliche Seltenheit.

Die Orni-Szene in Paris steckt noch in den Kinderschuhen, dabei gibt es dort reichlich Potenzial für spannende Vögel. Packe bei deinem nächsten Besuch einfach dein Fernglas ein und erkunde die versteckten Schätze dieser schicken Stadt.

#

BRÜSSEL, BELGIEN

ORNIS HABEN ALLE EINEN VOGEL

Hin und wieder stelle ich mich gerne einer selbstauferlegten Herausforderung, indem ich Großstädte besuche, die nicht gerade für ihre tollen Vogelsichtungen berühmt sind. In ganz Europa ist in dieser Hinsicht keine Stadt unbeleckter als Brüssel. Als Sitz der Europäischen Union wird es mit offiziellem Getue, Langeweile und einem grauen Betonmeer in Verbindung gebracht, manche der Gebäude darin historisch bedeutsam, andere einfach nur grau, aber alle voller Anzugträger. Ach ja, und kein Vogel weit und breit. Der perfekte Ort für einen Urban Birder.

Nach ein paar Stunden im Eurostar wurde ich in Brüssel von Stephen Boddington begrüßt, seines Zeichens mehrsprachiger Auslandsbrite. Er lebte schon seit über vierzehn Jahren in der Stadt und hatte mir versprochen, mir ihre versteckten Vogelgeheimnisse zu zeigen. Stephen war ein äußerst interessanter Zeitgenosse. Er sprach nicht nur fließend Französisch, Niederländisch und Esperanto, was in Brüssel zwingend notwendig ist, sondern war außerdem sachkundiger Vogelbeobachter mit einer Vorliebe für Greifvogelzug auf der ganzen Welt. Als er sich schamlos als Mitglied eines Eurovision Song Contest-Fanclubs outete, prustete ich ihm vor Überraschung meinen O-Saft ins Gesicht. Wir Ornis haben wohl alle einen Vogel.

Auf dem Weg von der Ober- in die Unterstadt passierten wir ein paar Hecken, aus denen Stephen an vergangenen Abenden durchziehende Waldschnepfen aufgescheucht hatte. Ich hätte nie gedacht, dass Brüssel sich zur Beobachtung des Vogelzugs eignet, aber offensichtlich kommen die Tiere hier durchaus vorbei. Es gibt sogar einen begeisterten Vogelkundler, der von den schwindelnden Höhen des Rathausturms an dem wunderschönen Grand-Place am Tag ziehende Zugvögel beobachtet. Neben Wespenbussarden und Rohrweihen wurde auch schon eine beachtliche Anzahl an Kranichen auf der Durchreise gesichtet. Auf dem Grand-Place kann man im Frühling auch die Hausrotschwänze über der Menschenmenge singen hören.

Bei strahlender Vorfrühlingssonne spazierten wir durch die historischen Gassen in Richtung Warandepark, unserem ersten richtigen Fleckchen mitten in der Stadt. Am Eingang wurden wir von einer Nilgans begrüßt, die auf einer Cherub-Statue Wache hielt. Der Park ist rechteckig angelegt und abgesehen von ein paar Bäumen im Grunde ein gepflegter Rasen mit ein paar Gehwegen. Durch Lücken in der Mauer spähten wir in den Privatgarten des Königlichen Palastes. Die Büsche entlang der Mauer beherbergen oft Sommergoldhähnchen, doch wir sahen lediglich einige Elstern und ein Eichelhäher-Paar.

Da wir die Stadt mit öffentlichen Verkehrsmitteln erkunden wollten, stiegen wir brav in eine der zahlreichen U-Bahnen und tauchten in der Nähe des Woluweparks wieder auf, ein erst kürzlich entdecktes Beobachtungsgebiet im Osten der Stadt. Seine neunundzwanzig Hektar Wald und Parkanlagen, darunter ein See, machen ihn zu einer der größten Grünflächen der Stadt, und Vögel aus den nahegelegenen Wäldern am Stadtrand schauen auch gerne mal vorbei. Vor ein paar Jahren stellte wohl jemand fest, dass man hier mit hoher Wahrscheinlichkeit Mittelspechte entdecken konnte, und bald darauf galt der Park als der beste städtische Ort zur Spechtbeobachtung. Bei unserem Besuch sahen wir mehrere Buntspecht-Paare auf der Balz, einige Mittelspechte sowie ein Grünspecht-Weibchen. Außerdem hörten wir ein kurzes, vibrierendes Hämmern, das nur von einem Schwarzspecht stammen konnte. Gartenbaumläufer und Kleiber waren reichlich vorhanden, außerdem tobten puschelige Eichhörnchen durch die Gegend. Hier erlebte ich nun auch die wahre Pracht der Brüsseler Vogelexoten, darunter Halsbandsittiche und Alexandersittiche, massenweise Nilgänse, Mandarinenten und sogar ein Brautenten-Paar in einem Baum. Dieser wilde Zirkus wurde noch von Streifenhörnchen gekrönt, die über den Waldboden huschten. Anschließend betrachteten wir den natürlicheren Anblick der balzenden Hohltauben, deren Anzahl Stephen überraschte, da er diese Art eigentlich als selten erachtet.

GRÜNSPECHT

Während wir auf die Straßenbahn zu unserem nächsten Zielort warteten, machten wir natürlich den klassischen Urban-Birding-Move und schauten nach oben – und wurden mit einem Greifvogeldefilee belohnt. Zu einem einzelnen Mäusebussard, der auf einem thermischen Aufwind glitt, gesellten sich kurz darauf drei seiner Artgenossen, ein Sperber-Paar und, das war der Höhepunkt, ein Habicht, der direkt über uns hinwegflog. In bester Stimmung kamen wir im Naturschutzgebiet Rouge Cloître an, das in der bewaldeten südöstlichen Ecke der Stadt liegt. Das Gelände besteht aus mehreren baumgesäumten Teichen und geht fließend in die Außenwälder über. Dort erwarteten uns noch mehr Waldvögel, aber da keine überwinternde Kolbenente dabei war, zogen wir weiter.

Mein Tag in Brüssel neigte sich dem Ende zu, und wir kehrten noch einmal ins Zentrum zurück, wo ein schreiendes Wanderfalken-Männchen seine Beute auf die Turmspitze der Kathedrale am Hauptbahnhof trug. Seine Partnerin brütete mit Sicherheit gerade die Eier aus. Brüssel eignete sich viel besser zur Vogelbeobachtung, als ich gedacht hätte. Lediglich der anhaltende Kleinkrieg zwischen den niederländisch- und den französischsprachigen Bewohnern trübt die Idylle. Diese Fehde setzt sich nämlich sogar in der Orni-Gemeinde fort: Beide Seiten betreiben getrennte Websites, von Zusammenarbeit keine Spur. Und ich dachte immer, eine Krähe hackt der anderen kein Auge aus.

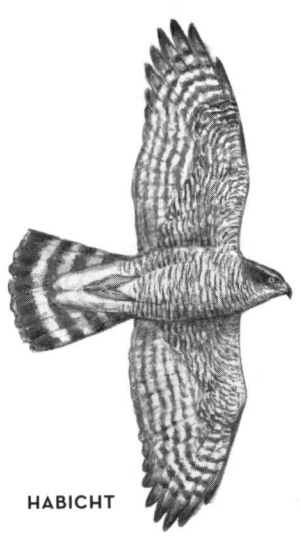

HABICHT

#

EIN HARTER RITT
IM SATTEL

Die Menschen in Amsterdam, die nicht viel mit Vögeln zu tun haben, sprechen in ihrem Dialekt immer nur von zwei Vogelarten: Sijsjes und drijfsijsjes. Alle kleinen Vögel sind Erlenzeisige, alles andere sind schwimmende Erlenzeisige. Andere Arten existieren nicht in ihren Augen. Kurz gefasst: Es gibt Vögel im Baum und Vögel auf dem Wasser. Die Logik hinter dieser Aussage war mir jedoch völlig schleierhaft, als ich zu meiner Urban-Birding-Tour aufbrach. Wir waren mit dem Rad unterwegs, und ich musste mich ganz schön abstrampeln, um mit meinem holländischen Gastgeber mitzuhalten. Und die ganze Zeit über fragte ich mich: „Wieso schwimmende Erlenzeisige?"

Einen zweiten Bradley Wiggins gab ich wirklich nicht gerade ab, wie ich da keuchend durch die Gegend schlingerte und dabei so tat, als würde ich lässig nach Vögeln Ausschau halten. Anscheinend lernten die Amsterdamer Fahrradfahren noch vor dem Laufen. Die Stadt ist das Zentrum der äußerst aktiven Vogelkundler-Szene in den Niederlanden und wirkte ziemlich entspannt, aber war die Vogelbeobachtung genauso cool? Mein ortskundiger Führer Jip Louwe Kooijmans war jedenfalls kein Faulenzer. Schon auf dem Weg vom Flughafen zum Büro der niederländischen Partnerorganisation von BirdLife, wo er für die städtische Vogelbeobachtung zuständig ist, verzeichnete er sämtliche gesichtete Arten auf einer Liste. Die üblichen Verdächtigen wie zum Beispiel Dohle landeten dort natürlich sofort, aber der beste Vogel der Fahrt war ein Silberreiher, den er vom Zug aus in einem Graben entdeckte.

Jips Büro lag in einem ziemlich grünen Stadtteil. Die Gärten sind groß und voller Bäume, das Viertel selbst bleibt vom Stadttrubel weitestgehend verschont. Eichelhäher flatterten von Baum zu Baum, während die Rotkehlchen, Blaumeisen und Türkentauben ihrem Tagesgeschäft nachgingen. Jip meinte, er hätte eine Haubenmeise in einem besonders üppigen Garten gehört. Diese Art begegnet ihm wohl öfter auf seinen mittäglichen Spaziergängen durchs Viertel. In seinem Büro präsentierte er mir stolz den BirdLife-Garten, der von Futterstätten regelrecht übersät war. Er erzählte mir von Kernbeißern und Sumpfmeisen, die sich manchmal unter die häufiger auftauchenden Haussperlinge mischten.

Du fragst dich jetzt wohl, was die Fahrräder damit zu tun hatten. Für den folgenden Morgen hatte Jip eine Tour durch einen der „Grünfinger" geplant, wie er ihn nannte. Das klang mir alles schön und gut, bis ich mich dann tatsächlich auf den Sattel schwang. Wir starteten im Hafenbezirk im Osten der Stadt, der früher mal ein voll funktionstüchtiger Hafen gewesen war. Heute stapeln sich in dem trendigen Stadtteil die Häuser mit Wasserblick. Hin und wieder öffnete sich eine Brachfläche zwischen den Häusern, wo wir Bachstelzen und ein, zwei Bekassinen entdeckten, dazu natürlich auch Möwen und Rabenkrähen.

Flevopark war das Eingangstor zu unserer Grünfinger-Tour. Der alte Park mit seinen Wäldchen und dem See wurde von Jac. P. Thijsse, einem der ersten niederländischen Naturschützer, entworfen, damit die Stadtbewohner sich an der Natur erfreuen konnten. In der Orni-Szene trägt der Ort einiges an Gewicht, da erst in diesem Frühjahr ein Schlagschwirl drei Wochen lang von den überwucherten Grabsteinen auf dem Friedhof zwitscherte, der zum Park gehört. Uns begegneten jedoch nur Kleiber, Meisenschwärme und Zilpzalpe. Dafür erhaschte ich einen kurzen Blick auf einen Kleinspecht, der sich durch die Baumkronen davon machte. Ich ahnte es zwar nicht, doch ich hatte soeben eine Lokalrarität gesichtet.

Die Fahrt in den nahegelegenen Science Park inmitten von brandneuen Universitätsgebäuden war besonders grauenhaft. Ich war nicht nur wundgescheuert, sondern musste mich auch noch durch den motorisierten wie auch unmotorisierten Verkehr fädeln – und das alles auf der falschen Straßenseite. Das Gelände war im Grunde eine verwilderte Baustelle, die in einem Jahr vermutlich von Häusern bedeckt sein würde. Interessanterweise befinden sich sämtliche Baustellen der Niederlande auf stehenden Gewässern. Auf dem sumpfigen Boden gedeihen Schilf und andere Uferpflanzen gar prächtig. Während wir uns einen Weg durch den mannshohen Bärenklau bahnten, scheuchten wir zu unserer Überraschung über zwanzig Bekassinen auf und sahen mehrere Rohrammern. Im Sommer nistete ein Blaukehlchen-Paar hier, eins der zentrumsnächsten

LÖFFLER

Brutpaare. Im Laufe der letzten zwei Jahre hatte Jim außerdem nistende Hausrotschwänze verzeichnet und Löffler dabei beobachtet, wie sie in menschgemachten Tümpeln nach Futter suchten. Selbst die vergänglichste städtische Landschaft bietet mitunter reichlich Lebensraum.

Am besten gefiel mir der Diemerpark, und nicht nur, weil ich dort endlich merkte, dass mein Fahrrad eine Gangschaltung besaß. Man könnte meinen, dass die Ecke nicht sonderlich attraktiv für Vögel wäre, da sie von massiven Wohnbauten gesäumt wird und als eine der schmutzigsten Gegenden des Landes gilt. Aber weit gefehlt. Dort gibt es zahlreiche Lebensräume, darunter Wiesen, Wälder und einen Hafen, und das spiegelt sich in der Vogelwelt wieder. Diemerpark ist eines der vogelreichsten Gebiete der Stadt, und entsprechend lassen sich hier auch gute Vögel blicken – erst kürzlich zum Beispiel ein Rotkopfwürger. Mäusebussarde und Kolbenenten brüten hier, und auf unserer Stippvisite entdeckten wir außerdem einen kürzlich erst gesichteten Seidensänger. Wussten Sie, dass der Gesang dieses Vogels auf Niederländisch mit „Hey, raus aus dem Auto, du Arsch!" wiedergegeben wird?

Ich hatte einen wunderbaren Vogeltag. Am Ende meiner Hollandreise stieg ich vom Rad, verabschiedete mich und hinkte o-beinig in den Sonnenuntergang.

ERLENZEISIG

\#

KATZENSEE, ETH UND FIESE BLITZER

Zürich erlebte ich als wunderschön und wundersam entspannend. Schon der Zürichsee ist ein interessanter Ort für Vogelfreunde, und bei strahlendem Sonnenschein war die Stadt gleich noch mal so traumhaft. Eigentlich starte ich nur selten an den Hotpots meiner Reiseziele, sondern hebe sie mir bis zuletzt auf. Dieser schlaue Plan wurde jedoch vom ortskundigen Ornithologen Mathias Ritschard durchkreuzt, der mich zum Katzensee am nördlichen Stadtrand mitnahm, wo ich auch seinen Freund Paul Walser kennenlernte. Die Sonne war gerade erst aufgegangen und uns stand Kaiserwetter bevor, doch auf dem Hügel mit Blick auf die zwei mit Röhricht umstandenen Seen war es noch überraschend kühl.

Früher wurde der See zur Eisgewinnung für die Sommermonate genutzt – da kann man sich ja in etwa vorstellen, wie kalt es hier im Winter so werden muss. Von meinen Begleitern erfuhr ich, dass sich hier mehrere besondere Vögel aufhalten, darunter Rohrschwirle und Feldschwirle, die ich beide hörte, dazu gelegentlich auch Zwergdommeln, die man in der Stadt nur äußerst selten zu Gesicht bekommt. Im Winter tummeln sich bis zu zwölf Rohrdommeln im Röhricht, und am Abend gesellen sich Stare für die Nacht hinzu.

Mauersegler und Alpensegler schießen zusammen mit Rauchschwalben auf der Suche nach Insekten über die Wasseroberfläche, und Kuckuck, Wiedehopf, Schwarzmilan und Rotmilan brüten dort. Der Bestand an Pirolen dagegen ist deutlich zurückgegangen. In diesem Jahr brüteten hier drei Waldohreulen-Paare. Wir suchten sogar einen Baum auf, in dem Mathias kürzlich eine Familie gesichtet hatte, doch leider ohne Erfolg. Stattdessen brachten uns Nachtigallen, ein Drosselrohrsänger und noch ein Feldschwirl, wenngleich aus der Ferne, ihr Ständchen.

Paul war mit seinen fünfzehn Jahren Erfahrung ein echter Veteran der Seen. Vom Aussichtshügel aus hatte er schon zahlreiche ungewöhnliche Vögel gehört und gesehen, darunter Schelladler, Kalanderlerche und in den nahegelegenen Gemüsefeldern, einem echten Geheimtipp für Raritäten, mehrere Kurzzehenlerchen, Zitronenstelze, Mariskenrohrsänger und Zwergschnäpper, um nur einige zu nennen. Und an jenem Tag musste die Macht mit uns gewesen sein, denn kurz darauf flogen ein paar Bienenfresser über uns hinweg, die wir bis dahin lediglich gehört hatten. Mathias war völlig von den Socken, war dies doch seine persönliche Erstsichtung in der Schweiz.

Wir erkundeten die umliegenden Felder und Wälder, und entdeckten einen Schwarzspecht sowie kreisende Mäusebussarde. Innerhalb von fünfundzwanzig Jahren hat sich der Grünspecht hier von einer Seltenheit zu einem recht gewöhnlichen Vogel entwickelt. Die Jungs erzählten mir, dass im Winter zudem regelmäßig Bergpieper in den Feldern auftauchten, zusammen mit ihren vertrauteren Verwandten, den Wiesenpiepern. Das Röhricht dient außerdem den

durchziehenden Schwalben und ein paar Beutelmeisen als Zwischenstopp. Im Herbst waren sumpfige Fleckchen wie etwa das angrenzende Hänsiried erstklassige Orte für überwinternde Bekassinen und
Zwergschnepfen. Das Ried liegt ein Stück südöstlich der Seen jenseits
einer Hauptverkehrsstraße. Je nach Nieder-
schlag variiert der Wasserstand in dieser **BIENENFRESSER**
kleinen Oase, und während meines Auf-
enthalts wimmelte es regelrecht vor singenden Teichrohrsängern. Der kleine Teich wurde von einer Zwergtaucher-Familie in Beschlag
genommen. Mitunter finden sich auch übernach-
tende Nachtreiher in den Bäumen am Wasser.

Der einzige Nachteil am Katzensee besteht dar-
in, dass er vom Aussichtspunkt nur teilweise einsehbar ist.
Der Zutritt zum kleineren nördlichen See, der für Ornis am
spannendsten ist, und zum Großteil der Ufergebiete des größeren Sees ist streng begrenzt, was auch richtig so ist. Doch die
öffentlichen Uferabschnitte sind besonders am Wochenende überfüllt, sodass man für einen Besuch früh aufstehen muss.

Nachdem Mathias und ich uns von Paul verabschiedet hatten,
machten wir uns auf den Weg zur Terrasse der Eidgenössischen Tech-
nischen Hochschule Zürich, kurz ETH. Von dort hatten wir einen
fantastischen Blick. Dank der erhöhten Lage und der Panorama-Aus-
sicht über die Stadt hin zum Uetliberg würde sich die Terrasse auch
zur Beobachtung des Vogelzugs eignen, doch Zürich liegt auf keiner
bestimmten Zugroute. Mathias hatte mal das Glück, mehrere Kra-
nich-Schwärme auf dem Zugweg zu sehen, doch dafür muss er sich
schon echt ins Zeug gelegt haben. Anders gesagt: Je öfter man hoch
schaut, desto besser stehen die Chancen auf spannende Zugvögel.

Anschließend spazierten wir bei schönstem Wetter durch die von
Touristen verstopften Straßen. Als wir am Grossmünster ankamen,

einer der vier Hauptkirchen, war ich schon ordentlich durchgeschwitzt. Zu meiner Begeisterung zeigte mir Mathias ein paar Alpensegler, die geschäftig durch eine Lücke in der Holzverkleidung über einem niedrig gelegenen Fenster kamen und gingen. Sie teilten sich die Kirche mit nistenden Mauerseglern, Dohlen und Haussperlingen. Die Brutpaare der Mauersegler waren den größeren Alpenseglern zahlenmäßig weit überlegen, doch von letzteren gibt es trotzdem immerhin etwa hundert Kolonien im Stadtgebiet.

Die Schweizer Landschaft entspricht dem typischen Postkartenbild von aufragenden Bergspitzen und gemähten Wiesen. Diese Broschürenanblicke sind vielleicht erfreulich für Fotografen, doch für Tiere ist diese Landschaft ein Albtraum. In der Schweiz gibt es kaum Bodennister, da die Wiesen sterilen Golfplätzen gleichen.

ALPENSEGLER

Zürich ist eine äußerst wohlhabende Metropole. Trotz der vergleichsweise geringen Einwohnerzahl gehört die Stadt zu den wichtigsten Finanzzentren der Welt. Außerdem muss man aufpassen, dass man nicht zu schnell fährt oder versehentlich auf die Straßenbahn- oder Busspur schwenkt. Wehe, wenn dann eine gut getarnte Kamera aufblitzt, denn angeblich ist das Bußgeld horrend. Während ich zu diversen Vogelgebieten fuhr, blitzte es bei mir dreimal. Wenn du das hier liest, sag deinen Freunden doch bitte, sie mögen das Buch ebenfalls kaufen, damit ich mir meine Bußgeldzahlungen leisten kann. Besten Dank!

#

GRÜNE STADT MIT AMAZONEN

Stuttgart?! Da soll es Vögel geben? Das war so die häufigste Reaktion, als ich von meinem anstehenden Besuch in der nicht gerade für ihre Natur bekannten Stadt erzählte. Ich war zwar noch nie dort gewesen, hatte jedoch gehört, es solle eine grüne Oase sein.

Und ich wurde nicht enttäuscht. Es überraschte mich jedoch, wie hügelig die Stadt ist, und wie viele der Hänge, besonders am Neckar, von Weinreben bedeckt sind. Mitunter beheimaten die Weinberge neben Grünspechten sogar Zaunammern und Neuntöter. Die Hänge sahen aus, als gäben sie einen guten Zufluchtsort für Zugvögel ab, aber leider interessieren sich die Stuttgarter kaum dafür.

In Stuttgart leben mehr als sechshunderttausend Menschen, doch die Stadt wirkt trotzdem nicht überlaufen. Es ist die vielleicht kosmopolitischste Stadt Deutschlands, also fühlte ich mich gleich wie zu Hause. Ich fand es auch großartig, dass auf allen Scheiben an Bus-

und Straßenbahnhaltestellen sowie auf manchen Fenstern von Büro- und Wohnhäusern die Silhouetten von Greifvögeln klebten, um zu verhindern, dass Vögel hineinfliegen. Viele Grünstreifen und Straßenbahnschienen sind zugewachsen. Ob Absicht oder nicht, die Flora und Wirbellosen-Fauna dankt. Stuttgart war genau meine Stadt.

Es war Sommeranfang, und entsprechend hörte ich in den bewaldeten Gebieten viel Gezwitscher, vor allem den wunderschönen Gesang der Mönchsgrasmücke. In Großbritannien wurden diese Vögel zunächst als „Nördliche Nachtigall" bezeichnet, weil ihr Gesang so prächtig war und es die richtigen Nachtigallen nur im Südosten gab. Der Gesang der Stuttgarter Mönchsgrasmücken klang jedoch irgendwie anders. Er ähnelte eher dem Gesang der Vögel in Österreich und der Schweiz. Statt des charakteristischen, fließenden, drosselähnlichen Trällerns, das ich von zu Hause gewohnt bin, begannen diese Vögel zwar so, brachen dann aber jäh mit einem wiederholten „tuuli, tuuli, tuuli" ab. Manchmal stießen sie auch bloß diese Wiederholung aus, wohl um mich gänzlich zu verwirren.

Urban Birding ist in Stuttgart praktisch unbekannt, da es kaum offizielle Plätze zur Vogelbeobachtung gibt. Selbst der größte aller Plätze, der Himmel, findet kaum Beachtung. Im Sommer sieht man dort Mauersegler, die auf den Luftströmen gleiten. In geringerer Zahl kann man auch Alpensegler ausmachen. Sie brüten im Stuttgarter Westen in der Rosenbergkirche und in der Innenstadt nahe dem Tagblatt-Turm. Wenn man ein Entdecker ist, so wie ich, dann hat man allerdings seine Freude daran, neue Fleckchen ausfindig zu machen.

Ein solcher Ort war der stillgelegte Güterbahnhof in der Nähe des Hauptbahnhofs. Zwar war der Ort nicht öffentlich, doch es gab auch keine Schilder, die ihn als Privatgrundstück auswiesen. Im Grunde war es ein halbaktives Gelände mit einigen spärlich bewachsenen Grünflächen. Ich erkundete diesen urbanen Betondschungel mit Steffi Tommes, Lektorin des Stuttgarter Kosmos-Verlags, und ihrem

Mann, einem begeisterten Vogelbeobachter. Wir stießen auf ein paar junge Ökologen, die gerade Mauereidechsen einfingen. Diese hübschen kleinen Biester waren durchaus nett anzusehen und schienen dort sehr verbreitet zu sein. Die Gruppe erzählte uns, dass auf dem stillgelegten Gelände neue Wohnhäuser entstehen sollten und sie die Eidechsen deshalb in ein sicheres Gebiet umsiedeln mussten.

Der eigentliche Grund unseres Besuchs war die Suche nach einem singenden Orpheusspötter, der schon mindestens den zweiten Sommer zusammen mit den gewöhnlicheren Gelbspöttern dort lebt. Steffis Mann war davon besonders angetan, denn der Orpheusspötter ist normalerweise nur im Süden zu finden, auf der Iberischen Halbinsel, in Frankreich oder Italien, und somit eine Seltenheit in Deutschland. Obwohl wir eine Stunde lang über den Stadtlärm hinweg unsere Ohren spitzten und versuchten, den krächzenden Gesang einer der beiden Arten zu vernehmen, hatten wir einfach kein Glück.

Stuttgart ist wirklich eine grüne Stadt mit vielen Freiflächen. Steffi und ich beschlossen, in den Rosensteinpark zu gehen, der auch liebevoll als die grüne Lunge der Stadt bezeichnet wird. Der große Landschaftspark beherbergt neben dem Zoologischen und Botanischen Garten, der Wilhelma, auch das Staatliche Museum für Naturkunde. Am berühmtesten ist der Park für die höchste Dichte an Feldhasen in ganz Deutschland. Natürlich habe ich keinen davon gesehen, was vielleicht an meiner Angewohnheit liegen mag, nach oben zu schauen.

MÖNCHSGRASMÜCKE

Ein anderes Naturphänomen des Parks ist die dort heimische Gelbkopf-Amazonen-Population. Diese sind sonst nur vereinzelt in Mexiko und Mittelamerika zu finden, und ihre Art gilt als bedroht. Anscheinend tauchte 1986 ein entflohener Vogel in der Nähe des

Zoos auf. Die Zoowärter hatten Mitleid mit ihm und fütterten ihn den Winter hindurch. Im Sommer darauf ließen sie einen Vogel aus dem Zoo frei, um dem Streuner Gesellschaft zu leisten, und daraus resultierten die heutzutage etwa fünfzig Stück in Stuttgart. Im Park gibt es eine kleine Brutpopulation, und man kann dort hervorragend beobachten, wie die Vögel an ihren Schlafplätzen einkehren. Man erzählt sich jedoch, dass die größte Dichte mittlerweile am Unteren Schlossgarten, nahe dem Abstellbahnhof, zu sehen ist.

Ich konnte am Abend leider nicht noch einmal dorthin zurück, um die Einkehr zu den Schlafplätzen zu beobachten. Das machte mir jedoch nichts aus, da ich Papageien ohnehin lieber in ihrer ursprünglichen Heimat beobachte. Stattdessen fand ich Freude an der natürlichen Vogelwelt des Parks. Hausrotschwänze und Gartenbaumläufer waren leicht zu finden. Hinzu kamen unzählige Mauersegler am Himmel. Gelegentliche Besuche des Parks

WALDKAUZ

sind vielleicht nicht allzu spannend, aber wenn man über längere Zeit dranbleibt und regelmäßig Ausschau hält, werden sich interessante Sichtungen ergeben.

Der Max-Eyth-See war der mit Abstand interessanteste Ort in Stuttgart. Er entstand in einer ehemaligen Kiesgrube in der Nähe des Neckars und ist von einem Park mit vielen Weiden und kleineren Sumpfgebieten umgeben. Hinter dem Neckar liegt ein Hügel mit einem Weingut, über dessen Gipfel ein Schwarzmilan kreiste, der erste, den ich in Stuttgart sah. Teichrohrsänger sangen im Schilf und überall waren Kormorane zu sehen. Sie saßen in den Weiden oder fischten neben den stets wachsamen Graureihern. Da der See ein offizielles Vogelschutzgebiet ist, begegnete ich einigen anderen Vogelbeobachtern. Ich erhielt sogar den Tipp, dass Nachtreiher anwesend sein könnten, seltene Besucher in Stuttgart. Außer dem atemberaubenden Anblick eines Eisvogels hatte ich in der Hinsicht leider kein Glück. Trotzdem verbrachte ich einen wunderbaren Morgen am Max-Eyth-See. Ich fand zwar nicht die Vögel, die ich suchte, dafür aber einen Waldkauz, der vor seiner Nisthöhle saß. Ich erstarrte und beobachtete diesen wunderschönen Vogel, der meinen Blick mit schwarzen, stechenden Augen erwiderte. Etliche Passanten sahen mich verwundert an, während ich so reglos dastand. Mir war das völlig egal. Nichts konnte mich in dem Moment von meinem Einklang mit der Natur mitten in Stuttgart abhalten.

WETZLAR, DEUTSCHLAND

LEICA, BURG KALSMUNT UND DIE LAHN

Die hübsche hessische Kleinstadt Wetzlar hat eine Menge mittelalterlicher Architektur zu bieten. In jüngerer Vergangenheit hat Wetzlar es außerdem als Sitz von Leica, Hersteller qualitativ hochwertiger optischer Geräte, zu Ruhm gebracht. Deren Büroräume sind jedes Mal mein erster und letzter Stopp, da ich als Markenbotschafter für Leica unterwegs bin.

Meine Beobachtungsbemühungen starten ebenfalls direkt vor dem Bürogebäude. Zum futuristischen Industriegelände, auf dem sich die Büros befinden, gehört auch ein Wäldchen, in dem ich in Meetingpausen gerne spazieren gehe. Ganz am Rand des Grundstücks, direkt neben dem Parkplatz, der übrigens gerne von Hausrotschwänzen besucht wird, befindet sich eine kleine Grube, die mithilfe des abfließenden Regenwassers vom Parkplatz in ein kleines Feuchtgebiet verwandelt wurde. Man muss durch einen Maschendrahtzahn hinabspähen, da die Anlage noch recht neu ist und Flora und Fauna sich gerade erst ansiedeln. Anders gesagt, ihre Anziehungskraft auf natürliche Lebensformen kann nur steigen.

Sei daher nicht enttäuscht, falls du nur Bachstelzen, hin und wieder mal eine Stockente und ein paar Libellen zu Gesicht bekommst. Wenn man die Stellung lange genug hält, schauen auch mal die nicht weit entfernten Waldbewohner vorbei, Wacholderdrosseln etwa, Gartenrotschwanz und Girlitz.

An diese Grube grenzt das Waldgebiet. Selbst vom Rand des Parkplatzes aus lassen sich im Sommer zahlreiche brütende Wacholderdrosseln ausmachen, dazu singende Fitisse, Mönchsgrasmücken und Stieglitze. Ich besuchte diesen Wald in Begleitung von Nanette Roland, Produktmanagerin für optische Sportgeräte und begeisterte Vogelbeobachterin. Nanette kann in Deutschland die längste Liste aller weiblichen Ornis vorweisen, die meisten Männer übertrifft sie damit wahrscheinlich auch.

Eine Kernbeißer-Familie, mehrere Zilpzalpe und Tannenmeisen begrüßten uns. Wir freuten uns zwar über sie, waren jedoch eigentlich auf der Suche nach einem weniger aufdringlichen Waldbewohner, dem Halsbandschnäpper. Das schwarz-weiße Männchen mit dem blassen Bauch und weißen Kragen bietet einen eindrucksvollen Anblick. Anhand dieser Merkmale lässt es sich auch von seinen nahen Verwandten, Trauerschnäpper und Halbringschnäpper, unterscheiden. Trotz des schwarz-weißen Gefieders lassen sie sich mitunter nur schwer im Blattwerk ausmachen, daher lauschten wir auf das Pfeifen des Männchens. Die Weibchen sind übrigens bräunlich-weiß und lassen sich im Feld kaum von den erwähnten Verwandten unterscheiden. Halsbandschnäpper habe ich

HALSBANDSCHNÄPPER

leider nur wenige Male zu Gesicht bekommen – ein Wald außerhalb von Krakau war mein erfolgreichster Ort –, deswegen war ich ziemlich scharf drauf, mal wieder einen vor die Linse zu bekommen. Wir gaben uns größte Mühe, mussten jedoch unverrichteter Dinge wieder abziehen. Dafür erspähten wir auf einem Holzstapel ein tolles Neuntöter-Paar.

Meine Leidenschaft für hohe Gebäude ist ja gemeinhin bekannt, und so überrascht es wohl kaum, dass Nanette und ich als nächstes den Bergfried der Burg Kalsmunt im Südosten der Stadt bestiegen. Der Wachturm aus dem Mittelalter muss damals einen großartigen Blick auf Wetzlar und herannahende Feinde geboten haben. Heute ist er eine Touristenattraktion und für mich ein potenzieller Aussichtspunkt für den Vogelzug. Die endlose, enge Wendeltreppe ist nichts für schwache Nerven oder Asthmatiker, doch wenn man erst mal oben ist, wird man mit einem umwerfenden Blick belohnt.

EISVOGEL

Direkt unterhalb des Turms befindet sich ein Baumkronendach, aus dem die Rufe von Amseln und Zilpzalpen tönten, und mit Sicherheit verbargen sich dort noch andere spannende Arten. Doch am Turm reizte mich am meisten seine Höhe. In Frühjahr und Herbst kann man die eleganten und lautstarken Schwärme der Kraniche von der Burg aus beobachten.

Am Stadtrand Wetzlars fließt die Lahn dahin, und von Nanette erfuhr ich, dass der ehemals stark verschmutzte Fluss in den letzten Jahren gesäubert wurde und dort nun Eisvögel und sogar Wasseramseln brüten. Vom Turm aus kann man außerdem ein paar Felder entlang der Lahn sehen, die in Herbst und Winter oft überfluten und zahlreiche Watvögel anziehen. Pfuhl- und Uferschnepfen, Regenbrachvögel, Große Brachvögel, Alpenstrandläufer, Rotschenkel, Grünschenkel und Waldwasserläufer schauen alle regelmäßig vorbei, und mit einem stark vergrößernden Teleskop kann man sie vom Bergfried aus bestens beobachten.

Nanette und ich drehten noch eine Runde durchs Zentrum und schauten in der Colchester-Anlage vorbei – seltsam, mitten in Deutschland auf das Städtchen in Essex zu stoßen. Trotz der Mutter-Kind-Horden auf Spielplatz und Rasenflächen erhaschten wir einen Blick auf Wacholderdrosseln, Wintergoldhähnchen und noch mehr Hausrotschwänze. Anschließend besuchten wir die Lahn, die rasch durch den Stadtkern dahinfließt. Ich konzentrierte mich auf die steinigen Ufer und entdeckte schnell Nilgänse und Bachstelzen zusammen mit ein paar Gebirgsstelzen. Mein persönlicher Höhepunkt war jedoch eine unerwartete einsame Wasseramsel – ein Vogel, den Nanette wenige Sekunden zuvor als örtliche Rarität bezeichnet hatte, die wir vermutlich nicht zu Gesicht bekommen würden. Das zeigt wieder einmal, dass man oft nur das Gewohnte nach dem Ungewohnten durchsuchen muss. Wer weiß, worauf man dabei stößt.

#

FRANKFURT, DEUTSCHLAND

EINE MÖWE MIT VORLIEBE FÜR DUNKLE TYPEN

Frankfurt überraschte mich. Ich war vor einigen Jahren schon einmal dort, und damals verschaffte ich mir zunächst einen Überblick, indem ich das Geschehen vom Dach eines Hochhauses im Stadtzentrum mit dem Fernglas betrachtete. Der Himmel war bleigrau und verhieß Regen. Auf den ersten Blick schien Frankfurt nur aus Beton und Glas zu bestehen, von meinem Aussichtspunkt aus erkannte ich jedoch, dass die Stadt auch von etlichen Grünanlagen durchsetzt ist. Später spazierte ich im mitunter recht starken Regen durch die Straßen, doch es war angenehm warm und meine Regenjacke leistete mir gute Dienste. Ich wollte die Stadt so entspannt wie möglich und ohne Zeitdruck erkunden. Ich war lediglich mit einem Stadtplan ausgerüstet und ließ meine Vogelkundler-Instinkte die Regie übernehmen. Ich wusste nicht genau, wohin ich lief, aber das spielte keine Rolle. Stattdessen erlaubte ich der Stadt, mich völlig in Besitz zu nehmen.

Es ist ein wunderbares Gefühl, sich so treiben und nur von der Natur leiten zu lassen. Mir fällt dabei die alte Fernsehserie aus den siebziger Jahren mit David Carradine ein, *„Kung Fu"*. Der Shaolin Mönch Kwai Chang Caine, verkörpert von Carradine, zieht darin sein Leben lang durch den amerikanischen Westen und vertraut stets auf seinen spirituellen Instinkt und seine Kampfkünste. Dieses Gefühl der Freiheit hatte mich immer fasziniert, und während meines ersten Besuchs in Frankfurt wollte ich genau das empfinden. Nur eben ohne Kung Fu, versteht sich.

Im Sommer 2017 wandelte ich dann erneut auf einigen meiner frühen Pfade durch Frankfurt. Mein Freigeist von damals war nun jedoch durch eher konventionelle Notizen zur Orientierung ersetzt. Ich begann meine Tour im Ostpark, einem der größten Parks der Stadt, der aus der üblichen Mischung aus gepflegten Rasenflächen, hohen Bäumen und einem von Schilf und Weiden umgebenen See besteht. Die Wiesen dort gehören Rabenkrähen und Bachstelzen, die im Gras Insekten fangen. In der Nähe des Wassers stand ein junger Hausrotschwanz auf der knotigen Wurzel einer Eiche und putzte sich auf unsicheren Beinen. In der Mitte des Sees befand sich eine Insel, die eine kleine Reiher-Brutkolonie beherbergte. Mehrere junge Graureiher standen in ihren Nestern und warteten ungeduldig auf ihr Mittagessen. Unter ihnen waren auch einige Kormorane, die sich aufgeplustert putzten. Entlang des Seeufers tummelten sich mehrere hundert Wasservögel, vorwiegend Nilgänse, aber auch Graugänse und Kanadagänse. Der Boden zu ihren Füßen war mit ihren Exkrementen bedeckt: ein typischer Fall von Überpopulation in einem begrenzten Gebiet.

MITTELSPECHT

In den Bäumen entdeckte ich zwitschernde Buchfinken. Die Männchen mit ihrem pinkfarbenen Kopf- und Brustgefieder sind wirklich wunderschöne Tiere. Die Finken teilten sich die Zweige mit einigen Grauschnäpper-Familien, auch wenn beide Arten nichts miteinander zu tun haben. Trotz des Mangels an Wald sind hier auch Waldarten vielfach vertreten. Ich entdeckte zum Beispiel einen Buntspecht, einen Kleiber und ein Sommergoldhähnchen. In der Ferne rief ein Grünspecht.

Auf dem Frankfurter Hauptfriedhof hingegen, dem größten der Stadt, fand ich eine richtige tolle Waldmischung. Wie du ja weißt, gehören Friedhöfe immer zu den ersten Plätzen, die ich auf meinen Beobachtungstouren aufsuche. Die ruhige Atmosphäre und Bäume im Überfluss sind praktisch eine

MITTELMEERMÖWE Erfolgsgarantie für Vogelbeobachter. Selbstverständlich sind nicht alle Friedhöfe per se Vogeloasen – manche sind künstlich angelegte und geradezu sterile Orte ohne jede natürlich gewachsene Flora und somit ohne natürlichen Wildbestand. Mit ihren großen, etablierten Bäumen eigenen sich ältere Friedhöfe wie der in Frankfurt besser zur Vogelbeobachtung.

Der Friedhof wurde 1828 eröffnet und hatte somit bis heute reichlich Zeit, von der Natur vereinnahmt zu werden. Viele der imposanten Grabstätten und Mausoleen sind von Büschen und Bodendeckern überwachsen. Die Geräusche und Spuren von Spechten waren permanente Begleiter meiner Erkundungen dieses Waldstücks. In den alten Bäume waren Nisthöhlen und kleine Löcher in der Rinde zu sehen, wo die Vögel nach Larven und anderen Leckerbissen gepickt hatten. In einiger Entfernung hörte ich einen Kleinspecht, Europas kleinsten Specht, der nur wenig größer als ein Spatz ist. Ich machte es mir zum Ziel, den Specht zu finden, scheiterte jedoch kläglich.

Dieser Vogel ist in Großbritannien praktisch nicht mehr heimisch, lediglich im Nordwesten Englands gibt es noch wenige Exemplare, und der Rückgang seiner Population war gleichermaßen abrupt wie unerklärlich. Viele führen den Mangel an alten und natürlich gewachsenen Bäumen als Grund an. Als Kind sah ich Spechte dieser Art regelmäßig, einmal sogar im Garten hinter meinem Haus in Nord-London. Mittlerweile habe ich in Großbritannien jedoch schon seit über zehn Jahren keinen Vertreter dieser Art mehr sichten können.

Ein kleiner Trost während meines Spaziergangs über den Friedhof waren dann aber etliche Buntspecht-Familien, deren Jungtiere den Eltern hinterherflatterten und dabei lautstark auf sich aufmerksam machten. Ich saß still auf einer abgelegenen Bank und beobachtete gerade ein Sommergoldhähnchen, als ein Specht auf dem Baum direkt neben mir landete und auf der Suche nach Futter um den Stamm herum hüpfte. Er bemerkte mich nicht. Vorsichtig hob ich das Fernglas an die Augen und stellte zu meiner großen Überraschung fest, dass es sich bei dem Vogel, dessen Gesellschaft ich mich hier erfreute, um einen Mittelspecht handelte. Von der Größe her zwischen Kleinspecht und Buntspecht gelegen, ist dieser Vogel viel röter und in Großbritannien vollkommen unbekannt. Wann immer ich ein Exemplar sichte, bin ich daher begeistert und geneigt, so viel Zeit wie möglich mit ihm zu verbringen. Das Vorkommen dieser Spechtart nimmt Richtung Westen stetig zu, sodass ich hoffe, sie eines Tages auch jenseits des Kanals bewundern zu können.

Vogelbeobachtung in Stadtgebieten bedeutet nicht nur, bestimmte Orte aufzusuchen. Man sollte den Blick auch immer wieder nach oben richten und sich bewusst sein, dass praktisch überall Vögel auftauchen können. Mit diesem Gedanken im Hinterkopf machte ich mich auf den Weg nach Frankfurt-Schwanheim am südlichen Main-ufer. Der Main ist der längste Strom, der komplett durch Deutschland fließt, wobei wohl Weser und Werra diesen Titel ebenfalls beanspruchen könnten, wenn man sie als zusammenhängend betrachtet. Flussabschnitte in Städten sind immer einen Besuch wert, bieten sie doch einer Vielzahl von Tieren Heimat und Unterschlupf – von Rötelmaus über Fischotter und Ruderwanzen bis hin zum Eisvogel. Die Anwesenheit dieser Tiere und ihrer Verwandten ist stets Beweis eines stabilen Ökosystems entlang des Gewässers. Als Kind in Wembley war ich regelmäßig am Brent unterwegs, einem Zufluss der Themse, und suchte seine gemauerten Ufer nach Wildtieren ab. Außerdem wollte ich in dem schmutzigen Wasser voller verbogener Einkaufswagen und gestohlener Mopeds Leben finden. So schlimm es heute auch klingen mag, damals gehörte ein solcher Anblick von Uferstellen zum Alltag. Obwohl der Wasserlauf wirklich zur Müllhalde verkommen war, fand ich Insektenlarven, Kaulquappen und jede Menge Dreistachlige Stichlinge. Einmal beobachtete ich eine Gebirgsstelze, die um einen halb versunkenen Einkaufswagen herum pickte. Offenbar fand sie selbst in dieser durch und durch unnatürlichen Landschaft noch Futter. Dankenswerterweise ist es in Europa mittlerweile das allgemeine Ziel, Flüsse sauber zu halten, und der Main bildet hierin keine Ausnahme.

An Flüssen halte ich auch stets nach Möwen Ausschau. Schon nach einem kurzen Blick entdeckte ich auf einer Laterne am gegenüber liegenden Ufer zwei davon. Eine war deutlich größer als die andere, und mein Begleiter Ingo Rösler, ein äußerst engagierter Hobbyornithologe, erklärte, dass es sich bei dem größeren Vogel um ein Männchen einer sehr seltenen Mischung handele, nämlich einer Kreuzung aus Mittelmeermöwe und Mantelmöwe. Das kleinere Tier war ein Mittelmeermöwe-Weibchen und in den Frankfurter Vogelkundlerkreisen für eine besondere Vorliebe bekannt. So seltsam es auch klingen mag, sie hatte sich in der Vergangenheit ausschließlich mit Männchen der Heringsmöwen oder Mantelmöwe gepaart. Anscheinend hatte sie eine Vorliebe für dunkle Typen.

Mittelmeermöwen haben eine besondere Vergangenheit in Frankfurt. Vor einigen Jahren besiedelte eine kleine Kolonie das Dach eines Postgebäudes in der Stadt. Damals herrschte in der Vogelkundlergemeinde darüber große Aufregung, war diese Spezies doch eine Seltenheit und dies ihr erster Versuch, in der Stadt zu brüten. Es gab eine Übereinkunft zwischen den Ornithologen und den Hausbesitzern, die Dachfenster während der Brutsaison geschlossen zu halten, um die Vögel nicht zu stören. Leider wurde das Versprechen nicht eingehalten, die Fenster wurden geöffnet und die Vogelkolonie durch die ständige Bewegung vertrieben. Im darauffolgenden Jahr versuchten es die Tiere an anderer Stelle erneut und waren erfolgreich. 2016 bestand die Kolonie aus zweiundachtzig Paaren. Das Dach, das die Vögel gewählt hatten, wird derzeit jedoch erneuert, sodass es in diesem Jahr keine neue Brut gab. Hoffen wir, dass sie für die kommende Saison wieder einen geeigneten Platz finden.

STEINKAUZ

Um mich aufzumuntern, brachte Ingo mich den Fluss hinunter zur Schwanheimer Düne, wo weitere Möwen auf uns warteten. Seine Mission war es, im dortigen Baulandabschnitt Steinkäuze zu beobachten. Im gesamten Stadtgebiet gibt es einundneunzig Paare mit hundertsechzig Jungtieren, und viele von ihnen haben ihre Nester in den dafür bereitgestellten Nistkästen angelegt. Ingo erklomm einen Baum, der einsam inmitten des Feldes stand und förderte drei der goldigsten jungen Steinkäuze zutage, die man sich nur vorstellen kann.

Ich beendete meinen Besuch der Frankfurter Region an einem alten US-Flugplatz aus dem zweiten Weltkrieg. Dieser Ort liegt ein wenig außerhalb von Frankfurt, in der Nähe des Flusses, und ist mittlerweile zu Kantinen und Unterkünften für die kürzlich eingetroffenen Flüchtlinge umgebaut worden. Der Ort bietet viel natürliches Grün und zieht damit brütende Gelbspötter und Rohrweihen an. Leider entdeckte ich keine der beiden Arten, konnte mich aber über zwei junge Wanderfalken freuen, die ihre ersten Testflüge unternahmen und ansonsten auf den Dächern der Gebäude faulenzten. Es war ein passender Abschluss meiner Wanderungen durch Frankfurt und brachte mich der Natur nur noch näher.

#

MIT DER SCHWEBEBAHN ZUR WASSERAMSEL

Als ich das Ortsschild von Wuppertal passierte, wurde mir erneut bewusst, dass ich noch nie zuvor von dieser Stadt gehört hatte und völlig auf die weibliche Computerstimme meines Handy-Navis angewiesen war. Ich checkte in meinem Hotel am Stadtrand ein, so weit, so gut.

Das angrenzende Wäldchen verhieß einen netten Nachmittagsspaziergang. Da ich keine Ahnung hatte, wo ich war, und angesichts einer unheilvollen Wolke nicht verloren gehen wollte, hielt ich mich an die Hauptwege. Ein Mäusebussard kreiste am Himmel. Er war recht weiß und besaß dunklere Handschwingen, sodass ich beinahe in Panik verfiel: Hatte ich da etwa gerade einen verirrten Zwergadler entdeckt, der sich normalerweise eher am Mittelmeer aufhielt? Das wäre für Deutschland eine Sensation! Man würde mich durch die Straßen tragen, zum Nationalhelden erklären! Doch darauf würde ich noch warten müssen, denn mein Vogel war wirklich leider nur ein Mäusebussard, wenn auch ein ungewöhnlich gefärbter. Die üblichen Sommerverdächtigen begrüßten mich auf meinem Spaziergang, der mich mitunter nahe an Wohngebieten vorbeiführte. Buntspechte, Rotkehlchen und Grauschnäpper ließen sich vernehmen, dazu weitere Mäusebussarde. Nach der langen Fahrt fühlte ich mich nun erfrischt und kehrte für eine kurze Pause zurück ins Hotel.

Auf dem Zimmer warf ich einen Blick auf meinen Plan. Dort stand „Treffen mit André Stadler vor dem Krankenhaus. Parke auf dem Gelände und warte am Haupteingang." Um 18:00 Uhr fand ich mich dort ein. Ich saß in einem Auto vor einem Krankenhaus in einer Stadt, von der ich noch nie gehört hatte, und wartete auf jemanden, über den ich nicht das Geringste wusste. War er Arzt? War er ein lustiger Senior auf der Flucht aus dem Krankenbett? Hatte er überhaupt irgendetwas mit dem Krankenhaus am Hut? Fungierte der Haupteingang als geheimer Treffpunkt? Ich kam mir vor wie in „Homeland".

Ein Kernbeißer flog rufend über mein Auto und verschwand in einem kleinen Park vor dem Krankenhaus. Der Anblick des zweitgrößten Finken Europas war zwar nett, doch ich war nicht ganz bei der Sache. Da erschien André, pünktlich wie die Maurer, mit einem breiten Grinsen im Gesicht. Er winkte, und ich erkannte ihn erst, als er nur noch ein paar Meter von mir entfernt war. Er war Ende dreißig und damit viel jünger als angenommen. Außerdem trug er weder einen Chirurgenkittel, noch stützte er sich verwirrt auf einen mobilen Tropfständer. Als er einstieg, bemerkte ich jedoch eine Kanüle an seinem Arm. Kurz fürchtete ich, dass er wirklich aus dem Krankenhaus entflohen war. Zu meiner Erleichterung erfuhr ich jedoch, dass er zwar Patient war, nach einer morgendlichen Kontrolle jedoch mehrere Stunden zur freien Verfügung hatte, sofern er vor Einbruch der Dunkelheit zurückkam. Nachdem wir dieses Rätsel gelöst hatten, konnte ich mich entspannen, und Andre navigierte uns an unser erstes Ziel.

Das mir bis dato unbekannte Wuppertal hat etwa 350 000 Einwohner und ist bekannt für seine weltweit einzigartige Schwebebahn, die Erfindung des Aspirins, steile Hänge, Wälder und Parks. Wieso hatte ich das nicht gewusst? Die deutschen Städte, die ich bislang besucht hatte, waren mir schon äußerst grün vorgekommen. Aber da hatte ich die Rechnung ohne Wuppertal gemacht. Zwei Drittel der Stadtfläche sind begrünt, und damit ist Wuppertal offiziell die grünste Stadt Deutschlands. Angeblich ist man nie länger als zehn Minuten von einer Grünfläche entfernt.

UHU

André brachte mich jedoch zum Sonnborner Kreuz, einem der meistbefahrenen Autobahnkreuze in ganz Deutschland, um die bis zu fünfhundert zur Nacht in die Baumkronen am Straßenrand einkehrenden Saatkrähen aufzuspüren. Auch die Ufer der Wupper, einem Rheinzufluss, waren mit schmalen Waldstreifen bestanden, und wir suchten nach Wasseramseln und Gebirgsstelzen. Unsere zehnminütige Spähmission von einer Brücke aus verschaffte uns zwar keine Wasseramseln, dafür aber ein paar Gebirgsstelzen, die sich von den glitschigen Steinen auf Insekten stürzten. André erklärte mir begeistert, dass nach Einbruch der Dunkelheit Uhus Jagd auf nichtsahnende Rabenvögel und Wanderratten machen.

Seltsamerweise sahen wir an jenem Abend keine einzige Saatkrähe. Als das Licht immer rascher schwand, musste ich André zurück ins Krankenhaus bringen. Auf dem Rückweg hielten wir an einer Tankstelle in Nützenberg, aber nicht etwa für eine Tankfüllung, sondern in der Hoffnung auf einen Uhu an den angrenzenden Felsen. Stell dir mal folgende Szene vor: Du fährst zur Tankstelle und entdeckst dann einen Vogelbeobachter zwischen den Zapfsäulen, der durch ein Fernglas auf ein paar Felsen starrt. Ich halte zwar schon mein ganzes Leben lang in der Stadt Ausschau nach Vögeln, aber das hier war selbst für mich eine Premiere. Ich kam mir sogar ein bisschen komisch vor. Obwohl wir wirklich alles gaben, ließen sich die Uhus nicht blicken, und wir mussten unverrichteter Dinge wieder abziehen.

Am nächsten Morgen holte ich André erneut ab, und wir fuhren auf der Suche nach Wasseramseln und Eisvögeln nach Beyenburg, wo die Vögel unter eine Wupperbrücke brüteten. Wir verzeichneten ein paar tolle Kleiber-Sichtungen, mehrere Meisen-Arten und Eichelhäher. Aber keine Wasseramsel. Damit wurde der Kollege für André zum ultimativen Zielvogel, war er doch quasi das vogelgewordene Wuppertal, das ich auf keinen Fall verpassen durfte. Während unserer Suche erzählte er mir vom beeindruckenden Kranich-Zug, der im Frühjahr und Herbst die Stadt beglückte. Von einem hohen Gebäude

WASSERAMSEL

aus würde man mit hunderttausenden dieser eleganten Vögel auf dem Weg ins Brut- bzw. Winterquartier belohnt. Der Anblick war sicher traumhaft.

Außerdem erfuhr ich, dass Wuppertal sich mit Hamburg den Titel der verregnetesten Stadt Deutschlands teilt. Das erklärt wahrscheinlich das ganze Grün. Er sagte, die Wuppertaler kämen mit einem Schirm in der Hand auf die Welt. Ich konnte mir das allerdings nur schwer vorstellen, denn bis auf die dunklen Wolken bei meiner Ankunft war mir bisher ausschließlich blauer Himmel vergönnt gewesen.

André war ein interessanter Kerl. Wegen einer neurologischen Erkrankung war er zwar nicht der Fitteste, jedoch ständig zu Scherzen aufgelegt und voller Naturbegeisterung. Irgendwann gab er sich als Kurator des Wuppertaler Zoos zu erkennen, und ich erfuhr, dass er in weltweite Zuchtprogramme involviert war. Beeindruckend. Wie in so vielen Städten war allerdings auch hier die Urban-Birding-Szene praktisch nicht vorhanden. Doch mir wurde warm ums Herz, als er erklärte, ich hätte ihn dazu inspiriert, eine Liste der Stadtvögel anzulegen und andere, insbesondere Kinder, dazu zu ermutigen, ihre Sichtungen festzuhalten.

Unsere Suche nach Wasseramseln führte uns schließlich zu Wuppertals größter Attraktion, der Schwebebahn. Ihr offizieller Name lautet Einschienige Hängebahn, System Eugen Langen, und sie ist die älteste und einzige Schwebebahn dieser Art weltweit. Wir stiegen ein und hielten während der Fahrt oberhalb der Wupper Ausschau nach Wasseramseln. Da die Bahn praktisch unhörbar war, störte sich die Vogelwelt nicht an uns. Der fruchtbarste Abschnitt lag zwischen den Haltestellen Zoo und Hauptbahnhof. Wir fuhren die gesamte Strecke hin und wieder zurück und entdeckten ein paar Stockenten, ein knappes Dutzend Gebirgsstelzen, aber immer noch keine Wasseramseln. Das heißt, André sah kurz eine aus seinem Fenster, aber ich war zu langsam.

Der Vormittag ging in den Nachmittag über, und André war erschöpft. Die Wasseramsel-Jagd hatte ihn Kraft gekostet. Wir beschlossen, zu guter Letzt noch den Wald um den Zoo zu besuchen. Die Wasseramseln hatten wir uns inzwischen abgeschminkt, unser neues Ziel war ein Turmfalken-Nest in einer großen Eiche am Zoo.

Erst schauten wir jedoch noch in einem Steinbruch vorbei, um es noch mal mit den Uhus zu versuchen. Während wir die Felswände absuchten, flog ein Habicht vorbei. Natürlich hatten wir auch diesmal kein Glück, und André war einigermaßen überrascht, da sich der

Uhu normalerweise problemlos finden lässt. Der Uhu ist die größte Eule der Welt und der ultimative Killer im Wald. Uhus fressen so ziemlich alles, was sie in ihre Klauen bekommen, und zu ihrer Beute gehören solche Kaventsmänner wie Mäusebussarde. In manchen Stadtgebieten haben sie es sogar auf Katzen abgesehen. In Großbritannien findet gerade eine Diskussion statt, ob die Vögel jemals wirklich natürlich aufgetreten sind, da kürzlich an solchen Orten wie Yorkshire mehrere Brutpaare entdeckt wurden. Die eine Fraktion beharrt darauf, dass es sich um entwischte Falknervögel handelt, während sie bei den anderen als echte Einwanderer gelten. Uhus stehen auf Wildkaninchen, und die Furcht geht um, dass solche in Moorgebieten die beinahe ausgerotteten Kornweihen ins Visier nehmen könnten.

Obwohl wir weder Wasseramseln noch Uhus sichteten, mit denen ich eh äußerst vertraut bin, hatte ich großen Spaß in Wuppertal. Das Potenzial für interessante Vögel ist hoch, aber insbesondere für heimische Vogelfreunde, die sich ein Bild der örtlichen Population machen wollen, eignet es sich hervorragend. André war enttäuscht, doch ich überzeugte ihn, dass mir die Vogelsuche in seiner Heimatstadt große Freude bereitet hatte. Ich verabschiedete mich zuversichtlich, eines Tages mehr über die Vögel und Vogelbeobachtung rund um Wuppertal zu hören.

#

WELTSTADT DER HABICHTE

Die Kunst- und Kulturszene und die berüchtigte Mauer, das sind die Dinge, die einem bei Berlin wohl zuerst einfallen. Die Möglichkeit, spannende Vögel anzutreffen, wäre hingegen sicher das Letzte, woran man denken würde. Das wäre jedoch falsch. Wie viele Städte, die ich besucht habe, verfügt auch Berlin über eine große Anzahl Grünflächen und Bäume, und trotz der Einwohnerzahl von etwa dreieinhalb Millionen gibt es zahlreiche ruhige Gegenden.

Während ich die Stadt erkundete, fielen mir zwei Dinge auf. Zum einen das unaufhörliche Zwitschern der Spatzen – immer ein freundliches und angenehmes Geräusch – und zum anderen der deutliche Mangel an Stadttauben. Schnell wurde mir klar, dass das Fehlen dieser vertrauten Art mit den gut hundertzwanzig Brutpaaren des Habichts zusammenhing, die den Berliner Raum bevölkern. Etwa achtzig Paare leben in der Stadt selbst, und ihre Nester werden Jahr für Jahr von Naturschützern überwacht. Habichte in der Großstadt – für uns in Großbritannien ein völlig unbekanntes Konzept, für die Ber-

257

liner Tauben jedoch grausame Realität. Und als wäre es damit nicht genug, sieht sich jede Taube, die überlebt, einem weiteren Feind entgegen: dem Wanderfalken – jederzeit zum Angriff bereit und in seiner Zielgenauigkeit absolut tödlich. Berlin beherbergt zur Zeit vier Paare dieser mächtigen Falken und zeigt alle Anzeichen eines guten Jagdgrundes für diese städtischen Greifvögel.

Stelle dir eine Kombination aus Hyde Park und Kensington Gardens vor, füge einige ansehnliche Waldabschnitte, Seen und Teiche hinzu, zum Teil mit sattgrüner Vegetation überhangen, und du bist im Berliner Tiergarten. Während der Hyde Park mitunter recht künstlich wirkt, bietet der Tiergarten durch seinen Baumbestand eine sehr natürliche Atmosphäre. Auch hier gibt es die für Parklandschaften typischen Blumenbeete und gemähten Wiesen, auf denen sich eine ganze Anzahl Kaninchen tummelte. Ich sah Grünfinken-Trupps und Hausspatzen in den Bäumen und Büschen ringsum, und ein Buntspecht-Weibchen kletterte am mächtigen Stamm einer Eiche am Wegesrand empor. Wie zu erwarten gibt es eine große Anzahl der üblichen Waldvögel wie etwa Kernbeißer, und in den Sommermonaten finden sich außerdem Mönchsgrasmücke und Grauschnäpper. Die hübsche Mandarinente ist an den Seen und Teichen ebenso anzutreffen wie die eher gewöhnliche Stockente und das Teichhuhn.

Wie sein Londoner Äquivalent ist auch der Tiergarten unter Umständen ein belebter Ort, der von Joggern, Radfahrern und Hundebesitzern gleichermaßen frequentiert wird. Ich besuchte den Ort an einem Nachmittag Ende Juli. Alles war voller Menschen, und der damit einhergehende Lärmpegel erstickte sämtliche natürlichen Geräusche, die ich gern gehört hätte. Es war sicherlich nicht die beste Zeit, um zwecks Vogelbeobachtung durch den Stadtpark zu spazieren, doch der schrille, bettelnde Schrei der Habichte durchdrang selbst diese Geräuschkulisse. Auf dem hundertzwei Hektar großen Gelände des Parks leben bis zu vier Paare, deren krakeelende Jungtiere in andere bewaldete Stadtgebiete übersiedeln, sobald sie flügge sind. Die jungen Vögel waren gut zu sehen, und einmal landete einer kreischend über mir im Baum, als ich gerade aufsah. Dieser Moment zählt zu meinen bisher besten Sichtungen eines Habichts. Trotz der scheinbaren Zutraulichkeit war ich mir darüber im Klaren, dass eine Beobachtung aus dieser Nähe ein sehr seltenes Glück war, denn diese Tiere sind üblicherweise äußerst scheu und vorsichtig. Der Vogel flatterte nach einer Weile auf und verschmolz sofort mit dem Himmel, nur sein Schrei war noch lange zu hören.

Die Berliner Habichte (wäre ein guter Bandname, oder?) ernähren sich hauptsächlich von Eichhörnchen, Kaninchen und den bei sämtlichen Greifvögeln begehrten Tauben. Ursprünglich brüteten sie in den Randgebieten der Stadt, und noch in den achtziger Jahren wurde ihre Population von Naturschützern sorgenvoll beobachtet. Niemand ahnte, dass sie sich mit der Zeit

HABICHT

derart ausbreiten würden, dass sie inzwischen praktisch zum Stadtbild gehören. Der Habicht ist der König innerhalb der Gattung *Accipiter*. Er ist obendrein der größte der Welt; die Weibchen übertreffen in ihrer Größe sogar den Mäusebussard. Er ist wahrlich ein grausamer Räuber und gefürchtet unter allen Waldbewohnern. Normalerweise haben Habichte den Ruf, äußerst versteckt zu leben, und lassen sich daher nur schwer zählen. Schätzungen des British Trust for Ornithology gehen von etwa vierhundert Paaren in Großbritannien aus. Grundsätzlich sind sie sehr scheu und werden daher selten außerhalb ihres natürlichen Waldhabitats gesichtet. Im Frühjahr jedoch segeln sie mit ihrem spektakulären Flug über den Wäldern und können leicht ausgemacht werden. Offiziell als Nördlicher

Habicht bekannt, besiedelt diese Art breite Gebiete der nördlichen Hemisphäre. Vogelkundler erleben mitunter Schwierigkeiten, den Habicht vom Sperber in Europa und den Eckschwanzsperber und Rundschwanzsperber in Amerika zu unterscheiden. Auch wenn ihr Flugstil dem des letzteren sehr ähnelt, scheinen die massigen Habichte im Flug manchmal doch eher träge.

Obgleich Berlin eine große Zahl an Habicht-Paaren aufweist, ist bei weitem nicht jede Brutsaison erfolgreich. 2016 war beispielsweise eine sehr schlechte, durch etliche Störfaktoren beeinträchtigte Saison. Die meisten Berliner stehen der unglaublichen Anzahl an Habichten, mit denen sie die Stadt teilen, zu meiner großen Verwunderung übrigens völlig ahnungslos gegenüber. Berlin kann sich der weltweit dichtesten Population an diesen Vögeln rühmen, und wenn ich hier leben würde, würde ich diese Tatsache voller Stolz von den Dächern der Stadt verkünden. Stattdessen erntet man belustigte Blicke der Berliner, wenn man nach oben schaut, um die Tiere zu beobachten. Die Idee der städtischen Vogelbeobachtung ist hier wohl noch nicht ganz angekommen. Zeige also gern auf die Vögel und wecke die Neugier der Berliner, mit dir in den Himmel zu schauen. Die Tiere könnten wunderbar dazu beitragen, der Stadtbevölkerung die Natur wieder näher zu bringen. In Großbritannien wurde der Wanderfalke zum Natursymbol für Städter, warum sollte der Habicht es in Berlin nicht auch schaffen? Man sollte ernsthaft daran arbeiten, die Vögel ins Bewusstsein der Menschen zu rücken.

Ich traf mich mit Dr. Christian Neumann, einem der Kuratoren am Berliner Naturgeschichtlichen Museum und zudem äußerst en-

GARTENROTSCHWANZ

gagiertem Vogelkundler und Fotografen. Wir besuchten einen scheinbar willkürlich gewählten Friedhof in Kreuzberg, südöstlich des Tier-
gartens. Es war ein typischer, bewaldeter Ort der Stille, inmitten einer
ruhigen Gegend und damit Lieblingsplatz der Mittelspechte, Sommergoldhähnchen und Wintergoldhähnchen, Gartenbaumläufer und
Waldbaumläufer.

Obwohl Christian schon seit einigen Jahren immer wieder diesen
Ort besuchte und ein paar wunderschöne Aufnahmen eines Habicht-
Pärchens machen konnte, war ihm leider der Name des Friedhofes
entfallen. Das Vogelmännchen war offenbar durchaus an Menschen
gewöhnt und erlaubte uns die Beobachtung auf kürzere Distanz, das
Weibchen hingegen war sehr viel misstrauischer. Christian führte
mich zum Nistplatz der beiden. Dort war keinerlei Aktivität zu erkennen und so setzten wir uns auf eine Bank, die praktischerweise
gleich in der Nähe stand. Amseln sangen, Gartenbaumläufer kletterten die Baumstämme hinauf und bildhübsche Gartenrotschwanz-
Männchen ließen ihre roten Schwänzchen über uns wippen. Plötzlich lugte ein fast flügge gewordener Habicht aus dem Nest und bedachte uns mit einem verärgerten Blick. Für diesen Moment hatte
sich das Warten wirklich gelohnt!

Ein weiterer, wunderbarer Ort in Berlin ist das Tempelhofer Feld.
Bis in die späten neunziger Jahre war dies der Flughafen Tempelhof
und wurde dann mit seiner etwa 405 Hektar umfassenden Fläche zur
öffentlichen Nutzung freigegeben. Joggen, Drachen steigen lassen,
sommerliche Picknicks – das Feld ist bei jedermann beliebt. Daher
war klar, dass mir nur ein Besuch am frühen Morgen blieb. Neben
permanenten Bewohnern wie dem Turmfalken und Bussarden können hier gelegentlich auch Kolkraben gesichtet werden, da in und um
Berlin mittlerweile bis zu fünfzehn Paare nisten. Noch vor zehn Jahren waren sie in der Stadt völlig unbekannt. Mit etwas Glück erhascht
man im Winter hier einen Blick auf die Sumpfohreule. Einzelne Ab-

schnitte von Büschen und Hecken schienen eingezäunt, tatsächlich waren es jedoch ursprünglich eingezäunte Teile des Geländes, die mit der Zeit einfach zugewachsen waren. Zu Christians Überraschung entdeckte ich einen in dieser Gegend äußerst seltenen Feldsperling, der auf einem Zaun saß. Darüber hinaus sichteten wir einen wunderschönen, männlichen Neuntöter auf einem niedrig hängenden Ast eines Baumes außerhalb der Umzäunung. Ich war sehr neidisch, dass ich diesen fantastischen Vogel nicht auch in ähnlicher Umgebung in London sehen konnte, da er dort schon seit den fünfziger Jahren ausgestorben ist. Weitläufig abgesperrte Rasengebiete, die der natürlichen Bewachsung überlassen worden waren, wurden für Steinschmätzer ebenso zu unwiderstehlichen Nistplätzen wie für eine stattliche Kolonie von gut siebzig Feldlerchen-Paaren. Zudem hörten wir eine einzelne Grauammer singen, eine weitere Rarität in Berlin. Das Tempelhofer Feld mit seltenen Arten wie Raufußbussard, Rotfußfalke und Wachtel lohnt durchaus einen Besuch. Da es derart attraktiv für die Vögel ist, überraschte es mich nicht, dass wir auf unserer Tour einen weiteren Vogelbeobachter trafen, der die Büsche nach brütenden Laubsängern absuchte.

Praktisch jeder Teil der Stadt eignet sich zur Vogelbeobachtung und es gibt im Wildtierbestand mehrere Neuzugänge, wie zum Beispiel die Steppenmöwe. Diese Gattung ähnelt der Silbermöwe und ist unter Ornis sehr gern gesehen. Ursprünglich weit östlich angesiedelt, nimmt ihre Verbreitung nach Westen hin immer mehr zu, und vor Kurzem wurde ein Brutplatz auf dem Dach eines Berliner Einkaufszentrums entdeckt. Berlin ist wahrlich eine Fundgrube. Die äußerst scheuen Wachtelkönige nisten an etlichen Orten, und zweifellos gibt es weitere unentdeckte Populationen außergewöhnlicher Vögel in der Stadt zu finden.

Ein lohnenswerter Ort für eine Erkundungstour ist der relativ große See in der Nähe des Flughafens Tegel im Nordwesten Berlins.

Diese Gegend ist noch recht wenig erforscht und hält etliche Überraschungen bereit. Nach vielen Jahren sind zum Beispiel kürzlich Zwergdommeln hierhin zurückgekehrt. Mein Resümee zu Berlin ist schlicht: Besuche diese schöne Stadt und bring dein Fernglas mit!

JUNGE STEPPENMÖWE

#

AUF DER SUCHE NACH SPANNENDEN SPECHTEN

Die Vogelbeobachtung in der Stadt ist ein widersprüchliches Unterfangen: Man sucht im Herzen der Zivilisation nach wilden Tieren. Trotzdem finde ich es überraschend, dass es in manchen Städten so wenige Aufzeichnungen über die Vogelwelt gibt wie in den entlegensten Regionen der Welt. Obwohl die meisten ortsfremden Arten, die sich in unseren Städten herumtreiben, im Allgemeinen bekannt und im globalen Rahmen keinesfalls vom Aussterben bedroht sind, halte ich sie doch für kleine Wunder, die gefeiert und geschützt werden sollten.

Eine dieser Städte, über deren Vogelwelt man nur wenig weiß, ist Prag. Die Architektur dieser historischen Metropole könnte beeindruckender nicht sein; für Touristen gibt es unglaublich viel zu sehen, und zudem hat sich die Stadt zu einem Mekka für feuchtfröhliche Junggesellenabschiede entwickelt. Ich freute mich jedenfalls sehr darauf, im August ein paar Tage in Praha (wie es die Einheimischen nennen) zu verbringen, und das nicht nur der Vögel wegen, sondern auch, um ein paar tschechische Freunde zu besuchen.

Da ich nur wenig Zeit hatte, konnte ich mir die Stadt leider nicht allzu gründlich anschauen. Ich schaffte es nicht einmal, mir einen der Friedhöfe anzusehen, die sonst zu meinen Lieblingsplätzen zählen. Prag birgt viel Potenzial: In den Parks findet man so tolle Vögel wie zum Beispiel Sumpfrohrsänger, die angeblich nahe des Stadtzoos brüten. Was mich jedoch am meisten lockte, waren die östlichen Spechte.

Mein Hotel lag in der Altstadt, unweit der Moldau, die durch die Stadt fließt. Von meinem Fenster hatte ich einen tollen Blick auf Malá Strana, ein vornehmeres Viertel auf der anderen Seite des Flusses, das von einem bewalde-ten Park namens Petřín dominiert wird. Nachdem ich mit meinen Freunden ge-frühstückt hatte, ging ich zu Fuß nach Malá Strana. Unterwegs überquerte ich die berühmte Karlsbrücke und beobachtete ein paar Lachmö-wen, die über einer großen Schar halbzahmer Hö-ckerschwäne kreisten. Der Fluss ist einer der Haupt-überwinterungsplätze des Landes für Wasservögel und zieht laut der Tschechischen Ornithologen-Gesellschaft regelmäßig Tafelenten, Reiherenten und Blässhühner an. Empfohlen wird jedoch vor

SUMPFROHRSÄNGER

allem der Flussabschnitt in Prag-Trója in der Nähe des Zoos. Neben den üblichen Wasservögeln kann man hier nämlich Krickente, Gän-sesäger, Schellente und noch seltenere Besucher erwarten.

Petřín erinnerte mich an den Holland Park in London, nur größer und mit mehr Bäumen. Der Berg dort wird von einer Art Mini-Eif-felturm gekrönt, auf den Pfaden waren viele Familien und Touristen unterwegs, und eine kleine Tram bot eine alternative Transportmöglichkeit durch den Park. Angesichts des Trubels überraschte mich das große Vogelaufkommen. Ich konnte eingehend die dahingleitenden Mauersegler studieren, wobei auch noch ein paar Turteltauben mein Blickfeld kreuzten, aber nach Weißrückenspechten, Dreizehenspechten, Blutspechten, Grauspechten, Mittelspechten und Schwarzspechten, die diesen Teil Europas so besonders machen, suchte ich leider vergeblich. Wenigstens konnte ich mich mit ein paar Grünspechten und Buntspechten trösten.

Ich war erstaunt, wie nah mich manche Vögel heranließen. Ich lief zum Beispiel direkt an einem Gartenrotschwanz-Weibchen vorbei, das in einem Ast über mir saß und mit dem Schwanz wackelte. Neben zahlreichen Gartenbaumläufern und Sumpfmeisen meine

SCHWARZSPECHT

ich, auch ein paar Trauerschnäpper-Weibchen gesehen zu haben. Womöglich handelte es sich dabei jedoch auch um Halsbandschnäpper, die in dieser Gegend ebenfalls vorkommen. Da ich das hellere Bürzelband und die größeren weißen Flecken, die für den Trauerschnäpper gesprochen hätten, nicht deutlich ausmachen konnte, entschied ich mich am Ende für die häufiger vorkommende Art. Unglaublich nah kam ich auch an die Kernbeißer heran. Ich konnte ein Weibchen und ihre Sprösslinge im Freien aus wenigen Metern Entfernung beobachten. Wie kurios, dass ein Vogel, der bei uns zu Hause als extrem scheu gilt, mir dort mitten in der Stadt erlaubte, ihm derart auf den Pelz zu rücken.

Meine womöglich überraschendste Sichtung war ein junger Wespenbussard, der sich in einem Baum vor mir verstecken wollte. Zuerst sah ich lediglich seinen braunen Kopf und Hals. Durch das Fernglas entdeckte ich dann seine dunklen Augen und die gelbe Nasenwachshaut. Er war offenbar der Meinung, er habe genug von sich preisgegeben, machte einen trägen Abgang und landete im Blattwerk weiter weg von mir. Er war wirklich bemerkenswert groß, und sein Erscheinen erinnerte an einen Winddrachen.

Am nächsten Morgen machte ich mich auf den Weg nach Divoká Šárka, einem ländlichen Waldgebiet etwa zwanzig Minuten mit dem Taxi vom Zentrum entfernt und ganz in der Nähe des Flughafens. Mir blieben nur wenige Stunden, deshalb hatte ich es auf meine heißersehnten Spechte abgesehen. Zunächst wurde ich von Mäusebussarden begrüßt, die mithilfe von Thermalwinden in die Höhe stiegen. Bei meinem Waldspaziergang erspähte ich dann auch noch singende Waldlaubsänger und umherstreifende Schwärme der zentraleuropäischen Schwanzmeisen-Ausgabe. Von den Spechten jedoch keine Spur.

Niedergeschlagen begab ich mich zurück zum wartenden Taxi. Auf dem Weg kam ich an einer Lichtung vorbei und beschloss, meiner Specht-Suche noch eine Chance zu geben. Sogleich vernahm ich das charakteristische Rufen eines Grünspechts. Ich war doch nicht den ganzen Weg nach Prag gekommen, um einen verdammten Grünspecht zu sehen, schnaubte ich. Als ich schon aufgeben wollte, bemerkte ich jedoch einen dunklen, krähengroßen Vogel in der Luft. Er kam in einem Flugmuster auf mich zu, das einer Kreuzung zwischen Specht und Eichelhäher entsprach. Und tatsächlich: Es war ein Schwarzspecht, der da dicht über meinen Kopf hinwegsegelte.

\#

„50 SHADES OF GREY"

Man kann ein und dieselbe Stadt zweimal besuchen und zwei völlig unterschiedliche Erfahrungen machen, so unterschiedlich wie zwei entgegengesetzte Pole. Das habe ich schon öfter erlebt, am extremsten war es jedoch in Wien. Das erste Mal war ich dort zu Beginn der 2000er Jahre. Ich verbrachte zunächst ein langes, heißes Wochenende in Bratislava in der Slowakei und besuchte zusammen mit einem Freund eine gemeinsame Bekannte. Mein Freund hoffte, er könnte mit ihr anbandeln.

Am zweiten Tag wollten sie eine Schiffsfahrt nach Wien machen und ich kam als fünftes Rad am Wagen mit. Drei sind einer zu viel, schoss mir durch den Kopf. Während der kurzen Fahrt über die Donau schafften es die beiden jedoch leider, sich völlig zu verkrachen, sodass wir anschließend drei Stunden lang miesgelaunt durch die Wiener Innenstadt liefen und nur auf die Rückfahrt warteten. Die Stimmung war also im Eimer, und so nahm ich Wien nur als Aneinanderreihung internationaler Modeläden und von Touristen überfüllten Straßen wahr. Zudem waren die einzigen Vögel, die ich sah, Stadttauben und vereinzelt Haussperlinge. Als ich wieder das Schiff bestieg, hing mir dieser Ultravox-Song in den Ohren: „This means nothing to me, oh Vienna!"

Fünfzehn Jahre später kam ich nach Wien zurück, um einiges glücklicher und mit der Gewissheit, diesmal mehr als nur Tauben und Haussperlinge zu entdecken. Es war Sommeranfang und das Wetter war fabelhaft. Ich war mit der kompletten Ausstattung angereist – Fernglas, Teleskop, Kamera – und hatte einen hervorragenden Guide, Leander Khil. Der gebürtige Wiener war ein junger, cooler Birder und Fotograf, der in Österreich bereits eine steile Karriere hinlegt hatte.

Als erstes besuchten wir den Augarten, einen Park, der nur fünf Minuten Fußweg von meiner Unterkunft entfernt war. Es war noch früh am Morgen, sodass noch nicht viele Menschen unterwegs und die Vögel aktiv waren. Der Gesang von Buchfink, Amsel und Mönchsgrasmücke erfüllte die Luft, während Kohlmeise und Blaumeise fleißig dabei waren, ihre fast flüggen Großfamilien zu füttern. Den Baumbestand des Parks machten hauptsächlich alte Eichen aus, die laut Leander Buntspechte, Mittelspechte, Grauspechte und Schwarzspechte anlocken.

In den meisten Wiener Parks finden sich sowohl dieses Specht-Quartett als auch fünf andere Arten, darunter der Blutspecht, der sich nach Westen hin ausbreitet, und der Weißrückenspecht, der am seltensten ist. Nebelkrähen waren im Augarten, wie auch in der gesamten Stadt, allgegenwärtig. Mir fiel auf, dass fast alle Nebelkrähen eigentlich Kreuzungen mit der sehr ähnlichen und erst kürzlich abgespaltenen Schwesterart Rabenkrähe waren. Die Stadt liegt genau in der Mitte der Kreuzungszone der beiden Arten. Rabenkrähen kommen häufiger in Westeuropa vor, die Nebelkrähen hingegen eher im Norden, Osten und Südosten Europas. Während eines Besuchs in

Wien bekommt man also buchstäblich „50 *Shades of Grey*" zu sehen. Manche Vögel waren eher schwarz mit einem Hauch grau im Gefieder, andere besaßen hellere Grautöne, sahen aber nie wie echte Nebelkrähen aus. Ich sah während meiner gesamten Zeit in Wien nur eine einzige wirklich reine Nebelkrähe.

Während ich noch über die Krähen rätselte, lauschte Leander dem Gesang von Gartenbaumläufern und suchte nach dem hübschen Halsbandschnäpper, der in den dichter bewaldeten Bereichen des Parks brütete. Der Augarten ist nicht gerade der schönste Park, den ich auf meiner globalen Suchmission nach den besten Orten für Urban Birder besuchen durfte. Dieser Eindruck wurde noch verstärkt, als Leander auf zwei überaus unattraktive große Plattformen deutete, die über den Bäumen thronten. An den Ecken der Plattformen befanden sich runde Blöcke. Leander erklärte mir, dass von dort aus im Zweiten Weltkrieg Raketen gegen Flugzeuge abgeschossen wurden. Nun waren sie Gott sei Dank stillgelegt und vor einigen Jahren schossen von dort stattdessen Wanderfalken auf der Jagd nach Tauben in die Luft.

NEBELKRÄHE

Die Geschichte der Wanderfalken in Wien ist keine glückliche. Es ist das übliche Trauerspiel von Gift und Jagd, das eine Besiedlung der Stadt durch diese Vogelart verhindert hat. Auf den Plattformen wurden einmal Nistkästen für sie aufgestellt, dann jedoch ohne Begründung durch die Eigentümer der Plattformen wieder entfernt. Zwar waren nun keine Wanderfalken zu sehen, dafür gab es aber gute Chancen, deren Verwandte, den Würgfalken am Stadtrand zu entdecken, dort brüteten nämlich einige Paare. Ebenso wie Östlicher Kaiseradler und Seeadler verirren sich auch diese Falken manchmal in die Städte, weil sie dort Grünflächen und leichte Nahrung finden.

Wien ist eine sehr grüne Metropole mit großen Waldgebieten inner- und außerhalb der Stadt. Dieser Baumschutz ist perfekt für viele Specht-Arten sowie andere Waldbewohner wie Kleiber, Sumpfmeise oder Mäusebussard und Wespenbussard. Auch die Donau ist ein wichtiger Lebensraum, vor allem der Teil im Zentrum der Stadt, wo sich eine bewaldete Insel befindet. Hier nisten die Wacholderdrosseln, *Turdus pilaris*, nagen die Biber und patrouillieren die Otter. Der Punkt, an dem die Insel den Fluss teilt, ist zu einem Hotspot für Raritäten geworden, besonders im Herbst und Winter. Alle Seetaucher sowie Spatelraubmöwe, Dreizehenmöwe und kürzlich sogar Schwalbenmöwe wurden dort gesichtet. Das ist bemerkenswert, da Wien mehr als tausend Kilometer von den nördlichen Meeren entfernt ist, wo diese Arten normalerweise vorkommen. Diese Seltenheiten zogen einen Ansturm von zwanzig bis vierzig Ornis an – eine wirklich große Schar für österreichische Verhältnisse.

In der Nähe von Fußballstadien auf Vogelbeobachtung zu gehen, ist inzwischen ein fester Bestandteil meines Lebens als Urban Birder. Wien bildete da keine Ausnahme. Leander und ich fanden uns bald im Prater nahe dem Ernst-Happel-Stadion wieder. Der Prater ist ein schöner langer, schmaler Park mit einem langen, schmalen See neben der Donau. Daran grenzt ein breiteres Stück Park, das größte Waldgebiet der Stadt. Wir wurden von einem Wiedehopf begrüßt, der an uns vorbei ins nahegelegene Laubbett flatterte und im Verborgenen sein Lied sang. Ich dachte mir nichts dabei, aber Leander war völlig aus dem Häuschen. Der Wiedehopf ist nämlich eine extreme Seltenheit in Wien und war der erste, den Leander dort sah. Er zeichnete zunächst den Gesang auf und rief seine Freunde an, bevor er dann die Neuigkeit in den sozialen Medien verbreitete. Das sollte die lokalen Birder in Aufregung versetzen. Während wir den See nach Leben absuchten, kam von einem Baum am Wasser eine Mandarinente herangeflogen. Ich erfuhr, dass dieses Männchen zu einer der wenigen

Kolonien gehörte, die es von dieser schmuckvollen Ente in Wien gab. Offenbar verlassen diese Vögel nie die Stadt.

Interessanterweise hat Österreich weniger fremde und eingeführte Arten als die meisten anderen westeuropäischen Länder. Es gibt dort keine Rostgänse, Nilgänse, Halsbandsittiche oder – Gott bewahre – Grauhörnchen. Als wir den Wald am See erkundeten, stießen wir auf einen jungen Specht, der eine Kreuzung aus Buntspecht und Blutspecht zu sein schien. Näher an Blutspechte kam ich in Wien leider nicht.

Wir beendeten unseren Tag am Ufer einer gefluteten ehemaligen Abbaugrube, dem Wienerbergteich im Süden der Stadt. Die Sonne brannte wie schon den ganzen Tag, als wir uns zum Mittagessen auf die Uferwiese setzten und den Tag Revue passieren ließen. Der Wienerbergteich ist wirklich urban, da er von Wohnhäusern umgeben ist. Die Anwohner nutzen den Park und den See zum Joggen, Picknicken und im Sommer auch zum Nacktbaden – was mich als Engländer in Unbehagen versetzte. So bekam das Suchen nach Vögeln in den Büschen eine ganz neue Bedeutung! Während wir einen Haubentaucher beobachteten, der sich am anderen Ufer um sein Nest kümmerte, erzählte Leander, dass im Sommer Drosselrohrsänger im Röhricht singen und man mit etwas Glück einen Blick auf eine im Schilf versteckte Zwergdommel erhaschen kann. Das umgebende Gebüsch beherbergt im Sommer nicht nur gelegentlich nackte Sonnenanbeter, sondern auch Klappergrasmücken, Nachtigallen sowie Gelbspötter. Leander und ich beschlossen, um den See zu spazieren. Wir gingen gerade einen leichten Anstieg hinauf, mit Uferweiden auf der einen Seite des Wegs und

WIEDEHOPF

Unterholz auf der anderen, als plötzlich eine enorme Äskulapnatter unseren Weg kreuzte. Sie war mindestens anderthalb Meter lang und sehr zahm, Leander konnte sie sogar hochnehmen. Es war nicht nur das größte Exemplar dieser Spezies, das er je in seinem Leben gesehen hatte, sondern auch das erste innerhalb der Stadt.

Mein Lieblingsort fürs Birding in Wien war natürlich die Lobau. Sie liegt an der Donau am südöstlichen Rand der Stadt und ist mit öffentlichen Verkehrsmitteln leicht zu erreichen. Diese Überschwemmungsebene besteht aus großen Röhricht- und Feuchtgebieten und ist Teil des Donau-Auen-Nationalparks. Man nennt sie auch den Wiener Dschungel.

An einem guten Frühsommertag kann man dort im Schilf Beutelmeisen, Bartmeisen und im feuchten Unterholz singende Schlagschwirle entdecken. Im Sumpfwald brüten unterdessen Halsbandschnäpper, Pirol, Kuckuck, Schwarzmilan, Baumfalke und Wespenbussard. Bei mei-

WESPENBUSSARD

nem kurzen Besuch in der Lobau hatte ich jedoch nicht viel Glück. Wir standen eine Weile auf einem Weg inmitten des Röhrichts und hielten nach Bartmeisen Ausschau. Der Erfolg blieb aus, dafür sahen wir aus großer Nähe ein prächtiges Rohrammer-Männchen, das sein unscheinbares Lied sang, und dann wurde das Ganze noch von einem tieffliegenden Wespenbussard gekrönt, dem ersten des Sommers in Wien. Als ich die Stadt verließ, musste ich zugeben, dass sie ein fantastischer Birding-Ort ist. Mein vorheriger negativer Eindruck war für immer vergessen.

#

KURZTRIP ZU PIROLEN UND NEUNTÖTERN

Günstige Flugreisen sind was Tolles – wenn man die persönliche CO_2-Bilanz dabei aus dem Spiel lässt. Denn jetzt mal ehrlich: Wer hätte noch vor zehn Jahren gedacht, dass wir einmal in der Lage sein würden, sozusagen für nen Appel und n Ei so fantastische Orte wie Budapest oder Prag zu bereisen? Am Ende zahlt man natürlich immer mehr, als das, womit die Billigflieger einen erst mal locken, aber in der Regel kommt man trotzdem noch sehr günstig weg.

Was die Leute auf ihren Wochenendstädtetrips allerdings wenig ausnutzen, ist die Gelegenheit zum Vogelbeobachten. Ich finde es sehr verlockend, in fremden Städten Ausschau nach interessanten Revieren zu halten, denn vorher weiß man oft nicht, mit welchen Arten zu rechnen ist. Da kann man noch echte Pionierarbeit leisten. Vor dem Besuch einer mir unbekannten Stadt regt sich in mir stets der Wunsch, ein wenig Zeit fürs Urban Birding herauszuschlagen.

Ich bin kein hoffnungsloser Masochist, ich plane immer auch etwas Zeit ein, um den von mir besuchten Ballungsraum zu verlassen und ein „anständiges" Beobachtungsgebiet aufzusuchen. Vor einigen Jahren verbrachte ich mit meiner damaligen Freundin ein Wochenende in Barcelona, um bei ein wenig Kultur unsere krisengeschüttelte Beziehung zu kitten. Allerdings spürte ich das Ende deutlich nahen, also verwarf ich den Gedanken an Versöhnung und schleifte sie stattdessen ungeachtet ihres lautstarken Protests zum weltbekannten Ebro-Delta, knapp hundert Kilometer südlich von Barcelona, um mir eine Dröhnung Birdwatching zu genehmigen. Ich amüsierte mich prächtig und beobachtete bei Tarragona ein paar tolle Exemplare von Zwergdommeln, Kurzzehenlerchen und Mittelmeer-Steinschmätzern. Verständlicherweise war meine zukünftige Ex weniger begeistert von der Aktion, vor allem als unser Leihwagen einen Platten bekam, weil ich auf einer Schotterpiste schlitternd einem direkt auf uns zu knatternden Traktor ausweichen musste.

Kürzlich lud mich ein slowakischer Freund für ein verlängertes Wochenende nach Bratislava ein, und ich ließ mich nicht lange bitten. Im Internet fand ich im Handumdrehen einen billigen Flug, allerdings förderte die Suche nach guten Beobachtungsgebieten oder gar stadttypischen Vögeln absolut gar keine Ergebnisse zutage. Ich war also auf mich allein gestellt. Aber gut, selbst im schlimmsten Fall hätte ich mich noch in die slowakische Kultur versenken, die örtliche Architektur bewundern und mich über betrunkene Briten beim Junggesellenabschied kaputtlachen können.

Da ich jedoch wusste, dass die Slowakei insgesamt ein hervorragendes Land zur Vogelbeobachtung ist, freute ich mich einfach auf einen interessanten Städtetrip, bestieg meinen Flieger und landete einige Stunden später im glühend heißen Bratislava. Nachdem ich in mein Hotel mitten in der malerischen Altstadt eingecheckt hatte, nur einen Katzensprung von der mächtigen Donau entfernt, schnappte ich mir den billigen Stadtplan, den mir das Hotel umsonst zur Verfügung gestellt hatte. Schnell entdeckte ich, dass jenseits des Flusses einiges Grün eingezeichnet war. Mehr brauchte ich nicht. Am nächsten Morgen stand ich bei Sonnenaufgang auf und spazierte keine fünf Minuten später über eine der vielen Donaubrücken.

Zuerst gelangte ich zu einem Stadtpark mit mehreren großen, sehr alten Bäumen. Sofort entdeckte ich Grünspechte und Buntspechte, Amseln und einige Hausrotschwänze, aber das war auch schon so gut wie alles. Über dem nahen Fluss sah man einige Lachmöwen und viele umherzischende Mauersegler und Mehlschwalben. Ich lief weiter in östlicher Richtung am Fluss entlang, bis ich zu einer anderen Brücke mit einem seltsamen Überbau kam, der einer fliegenden Untertasse glich. Später fand ich heraus, dass es die Nový Most (Neue Brücke, heute Brücke des Slowakischen Nationalaufstandes) war, in deren „UFO" sich ein Restaurant befindet. Wie man hört, durften die Bürger Bratislavas den Aussichtspunkt zur Zeit des Kommunismus nicht besteigen, da man fürchtete, der Anblick des nahen kapitalistischen Österreichs könnte sie auf falsche Gedanken bringen.

Auf Höhe dieser Brücke stieß ich auf die zweite undefinierte Grünfläche auf meiner ziemlich unnützen Karte: Sad Janka Kráľa. Der nach einem slowakischen Dichter benannte Park ist sehr baumreich und offenbar einer der ältesten Osteuropas. Später erfuhr ich, dass die hiesigen Bauunternehmer trotz des offensichtlich großen Artenreichtums schon mit gierigen Blicken und gezückten Kettensägen auf die Fläche lauern. Ich erkannte sofort das beträchtliche Potenzial des Parks, und in den folgenden drei Tagen machte ich das Gebiet zu meinem persönlichen Revier. Meine Entschlossenheit wurde bald in Form zahlreicher Kernbeißer belohnt, die man in Großbritannien kaum je zu Gesicht bekommt. Außerdem sah ich Mönchsgrasmücken, Grauschnäpper, Nebelkrähen und noch mehr Hausrotschwänze.

Eines Morgens segelte ein junger Baumfalke in geringer Höhe über mir rüber, argwöhnisch von ganzen Geschwadern aus Mehlschwalben belagert, die in der Trägerstruktur unter der Nový Most nisten. Der Höhepunkt in meinem neuen Kiez waren allerdings die täglich bis zu fünfzehn Pirole, die zwitschernd von einem Baumwipfel zum nächsten flatterten. Auch über eine Halsbandschnäpper-Familie freute ich mich, obwohl es einen jedes Mal ganz schön Nerven kostet, sie von den äußerlich sehr ähnlichen Trauerschnäppern zu unterscheiden.

PIROL

♀

♂

Doch meine allerliebste Sichtung war das Neuntöter-Paar, das auf einer kleinen Lichtung am Waldrand offenbar nur einen einzigen Jungvogel aufzog. Ich beobachtete eine geschlagene halbe Stunde lang das wunderschöne Männchen, wie es am Radweg entlang der Lichtung große Grabwespen fing. Nachdem ich die Familie über längere Zeit studiert hatte, bemerkte ich interessanterweise, dass sie aus zwei Männchen und einem Weibchen zu bestehen schien.

Doch in Nullkommanichts saß ich auch schon wieder im Flieger zurück nach England und schwelgte in Erinnerungen an eine fantastische Stadt mit einer Vogelwelt, die sich sehen lassen kann. Die Moral von der Geschicht' ist recht simpel: Erkunde beherzt neue Städte und deren ornithologische Geheimnisse! Wenn du erst einmal ein vielversprechendes Beobachtungsgebiet gefunden hast, bleib ihm treu, auch wenn es – wie mein Revier in Bratislava – bei Radfahrern und Hundebesitzern hoch im Kurs stehen sollte. Und außerdem: Investiere in einen guten Stadtplan!

#

BUDAPEST, UNGARN

UNTERWEGS MIT GERARD UND DER „SNACK QUEEN"

Ich halte mich für einen der glücklichsten Menschen der Welt. Ich liebe meinen Beruf und darf unglaublicherweise auf der Suche nach Vögeln und anderen Tieren um die Welt reisen. Ein Traum. Gleichzeitig habe ich jedoch auch ein schlechtes Gewissen, weil ich kaum etwas von der Architektur oder der Kunst und Kultur eines Ortes wahrnehme. Ich bin immer nur auf der Suche nach Vögeln.

Dieses schlechte Gewissen verdreifachte sich neulich in Budapest. Ich war Gast der Ungarischen Tourismusbehörde, die zusammen mit ihren Partnern alles Erdenkliche tat, um meinen Aufenthalt so angenehm wie möglich zu gestalten. Ich übernachtete in einem fantastischen Wellness-Hotel auf der Margareteninsel, einer bewaldeten Insel in der Donau zwischen Buda und Pest. Ich brauche wohl nicht zu erwähnen, dass ich aus Zeitgründen nicht in den Genuss des Wellnessbereichs kam, den es dort gab.

Meine Vogelsuche begann kurz nach meiner Ankunft, als ich meinen Guide, den berühmten Gerard Gorman, Mr. Osteuropa höchstpersönlich, im hoteleigenen Park traf. Während wir bei einem Spaziergang unsere Route planten, hörten wir Mönchsgrasmücken, Nachtigallen und Pirole. Gerard ist ein unverblümter Liverpooler, der seit achtzehn Jahren in Ungarn lebt, und vermutlich die beste Anlaufstelle für Birdwatching in ganz Osteuropa. Seine absolute Leidenschaft sind Spechte, über die er sogar schon ein Buch geschrieben hat. Ich wusste, dass ich mit seiner Hilfe wahrscheinlich endlich die letzten europäischen Spechte zu Gesicht bekommen würde, bei denen ich bis dato noch kein Glück gehabt hatte.

Ich freute mich über Gerards Einladung, ihn am folgenden Tag aus der Stadt hinaus zu begleiten. Eine ältere Dame aus den USA hatte ihn gebucht, um ihr ein paar Erstsichtungen zu bescheren. So würde ich nicht in Versuchung kommen, die prächtigen Bauwerke anzustarren, auf die ich vorher nur flüchtige Blicke erhascht hatte. Wir holten Joan im Schatten einer hübschen Donaubrücke im Stadtzentrum ab und fuhren in Richtung Kiskunság-Region, etwa fünfzig Minuten südöstlich der Stadt. Joan, achtzig Jahre alt und knapp eins fünfzig groß, stellte sich selbst als die „Snack Queen" vor. Sie machte ihrem Namen alle Ehre. Ich saß auf der Rückbank, sie auf dem Beifahrer-

SCHWARZSTIRNWÜRGER

sitz, und ich kam mir vor wie das schwächste Jungtier in einem Taubennest. Sie fütterte Gerard unermüdlich mit Häppchen aus ihrem geräumigen Rucksack, und wenn sein Mund gerade voll war, flog auch mir hin und wieder ein Keks zu.

Es war eine Freude, mit ihr unterwegs zu sein. Ich habe noch nie eine Achtzigjährige mit so viel Energie und Elan kennengelernt. Mit über sechstausendsiebenhundert Spezies auf ihrer Gesamtliste und mindestens einem Mitglied jeder Vogelfamilie in der Tasche wusste sie ganz genau, was sie ihrer Liste noch hinzufügen wollte. Die Kiskunság-Region entpuppte sich als ländliches Idyll mit Wiesen, Bauernhöfen, Wäldern und Fischteichen. Teile davon sind sogar geschützte Nationalparks. Vögel gab es entsprechend reichlich, und Joan fand schnell ihre gesuchten Arten. Blauracken und Bienenfresser, dazu Neuntöter, Grauammer und Turteltauben waren rasch entdeckt. Wir fanden auch Leckerbissen wie Schwarzstirnwürger, Brachpieper, Drosselrohrsänger sowie Beutelmeise und Wasservögel wie Weißstorch, Löffler, Zwergdommel oder Purpurreiher. Zum ersten Mal war ich mir bei einer Steppenmöwe sicher, musste mich aber bei meinen beiden Erzfeinden Wachtel und Rohrschwirl mit dem Ruf begnügen. Den krönenden Abschluss unseres Ausflugs bildete ein Otter, der vor uns die Straße kreuzte.

BLUTSPECHT

Auf dem Rückweg machten wir Halt auf der Csepel-Insel, einer Donauinsel mit einem städtischen Park, um nach Blutspechten Ausschau zu halten. Sowohl der Snack Queen als auch mir fehlte noch ein Haken hinter seinem Namen. Und schon wenige Minuten später hatten wir Grund zum Feiern: Direkt vor uns flog ein Paar in ein Nestloch, um ihr Junges zu füttern, das schon gierig das Köpfchen herausstreckte. Gerard erklärte uns die subtilen Unterschiede zwischen Blutspecht und Buntspecht. Lachsfarbene Deckfedern am Unterschwanz anstatt scharlachroter, ein weißes Gesicht ohne schwarzen Rand, ein schmalerer Schnabel und eine etwas andere Stimme. Für uns am interessantesten: Der Blutspecht ist ein echter Stadtvogel und wird im Waldgebiet um Budapest kaum je gesichtet, während es sich beim Buntspecht genau andersherum verhält.

Am nächsten Tag besuchten Gerard und ich die besten Stellen innerhalb der Stadt. Ich begann meine Lehre in seinem Revier in Normafa, einem Waldgebiet in den Bergen Budas. Wir sahen umherflitzende Eichhörnchen, hörten und sahen ab und an flüchtig Schwarzspechte, fanden eine geschwätzige Familie von Mittelspechten und hielten bei einem Paar Halsbandschnäppern, das seine versteckten Nesthocker fütterte.

Später fuhren wir zum Farkasréti-Friedhof im 12. Stadtbezirk. Die typische Budapester Ruhestätte beherbergte das übliche Spektrum an Amseln, Mönchsgrasmücken und anderen Waldvogelarten. Wir hatten großes Glück, noch auf einen jungen Waldkauz zu stoßen, der in einer Weide saß und heftig von Amseln attackiert wurde.

Ich hatte einen fabelhaften Aufenthalt in Budapest, und nachdem Gerard und ich uns verabschiedet hatten, ging ich noch ein wenig auf dem Hotelgelände spazieren, um meine gesammelten Eindrücke zu verarbeiten, während ich einem Chor aus Nachtigallen und Mönchsgrasmücken lauschte.

Da kam mir ein interessanter Gedanke. Heute gibt es auf der Welt etwa dreitausendvierhundert Städte mit mehr als hunderttausend Einwohnern. Wenn ich jedes Wochenende eine davon besuchen würde, bräuchte ich sechsundsechzig Jahre. Wenn ich also hundert Jahre alt werde, kann ich sie alle noch ein zweites Mal besuchen – diesmal nur zum Sightseeing.

#

MIT DEM LATEIN NOCH NICHT AM ENDE

Obwohl ich vor vielen Monden mal eine polnische Freundin hatte, sind meine Polnischkenntnisse leider nur rudimentär ausgeprägt. Während unserer Beziehung lernte ich lediglich die Worte Hallo, Danke und Knöchel (frag nicht). Als mich also mein Guide vom Krakauer Flughafen abholte, leierte ich stolz mein gesamtes polnisches Repertoire herunter – was ganze fünf Sekunden dauerte. Er lächelte mich leicht verwirrt an und dachte sich wahrscheinlich: „Was für ein Idiot."

Er war ein freundlicher Mann mit einem Namen, den ich nicht annähernd aussprechen konnte. Die ersten anderthalb Tage beschränkte ich mich deshalb darauf, ihn höflich mit „Hey" und „Ähm" anzusprechen. Er hieß Przemysaw, der Spitzname seiner Frau für ihn klang aber so ähnlich wie „Tschemek", und das half mir dann ein wenig weiter. Ich taufte ihn kurzerhand in „Chem" um.

An meinem ersten Tag in dieser wunderschönen Stadt war ich von morgens bis abends auf den Beinen. Chem war ein großer Fan der Fortbewegung per pedes, und so spazierten wir bei Sonnenaufgang durch die Altstadt und den Planty, einen Parkgürtel um den Stadtkern, wo wir auf den Rasenflächen unzählige Wacholderdrosseln und Amseln beobachteten. Ich war überrascht, in einem Stadtzentrum eine aktive Krähenkolonie mit mindestens zwanzig Nestern zu sehen, da ich solche Stellen eher mit ländlichen Gegenden verbinde. Dohlen gab es auch sehr viele, obwohl diese sich durch ihre besonders graue Nackenfärbung von unseren britischen Exemplaren unterschieden.

Unser Ziel war Las Wolski, ein großes Waldgebiet in einem westlichen Vorort der Stadt, das ungefähr ein Drittel der rund tausendfünfhundert Hektar Waldfläche der Stadt ausmacht. Chem liebte Wälder und arbeitete im

KERNBEISSER

Waldschutz, und auch mir bereitete es unglaublich viel Freude umher zu spazieren und dem leicht fremdartigen Gesang der Buchfinken zu lauschen oder die allgegenwärtigen Trupps von Kernbeißern zu beobachten.

Chems Englisch war ziemlich gut für jemanden, der noch nie einen Fuß in unser schönes, grünes Land gesetzt hatte, doch wenn ich aufgeregt Vogelnamen auf Englisch rief, verstand er so gut wie gar nichts. Und solange nicht die Wörter Hallo, Danke und Knöchel darin vorkamen, hatte es auch keinen Sinn, dass er mir die Namen auf Polnisch beibrachte. Wir waren beide frustriert, bis mir ein Geistesblitz kam. „*Dryocopus martius*", sagte ich in gebrochenem Latein. Ein breites Grinsen der Erkenntnis zeichnete sich auf seinem Gesicht ab, und er korrigierte mich fließend. Wir hatten gerade einen Schwarzspecht gesehen. All die Jahre meiner Kindheit, die ich damit verbracht hatte, die lateinischen Namen jedes einzelnen Vogels in Heinzels, Fitters und Parslows großem Klassiker der Vogelbestimmung auswendig zu lernen, waren nicht umsonst gewesen.

So begann eine sehr fruchtbare Orni-Beziehung, die uns einige besondere Waldarten bescherte. Zu meiner Freude konnte ich Chem in seinem eigenen Revier mit zwei seltenen Arten überraschen – einem Halsbandschnäpper-Männchen und einem hübschen Mittelspecht, den auch ich zum allerersten Mal sah. Später spazierten wir am natürlichen Flussufer der Weichsel entlang, wo Chem seine erste Flussseeschwalbe und die erste Schwalbe des Jahres sah. Außerdem entdeckten wir ein paar Froscharten, mehrere Grasschlangen und Spuren der örtlichen Biberpopulation. Innerstädtische Biber, was sagt man dazu?

Am nächsten Tag musste Chem arbeiten, sodass ich alleine loszog, um den östlichen Teil der Weichsel zu erkunden. Ich wurde mit einem wunderschönen Gartenrotschwanz-Männchen belohnt, das in einen Busch am Flussufer huschte, einem Eisvogel am anderen Ufer, einem Flussuferläufer, der durch den Uferschlamm stakste, Unmengen von Wacholderdrosseln und Amseln, einige davon in Nestern, sowie drei majestätischen Weißstörchen, die über mich hinwegflogen. Hausrotschwänze kommen mit mehr als hundert Brutpaaren in Krakau angeblich sehr häufig vor, doch ich erhaschte nicht mehr als einen flüchtigen Blick auf ein einzelnes Weibchen.

ROHRDOMMEL

Ich hatte mich mit Chem nach dem Mittagessen in der Stadt verabredet. Er wollte mit seiner Gewohnheit brechen und uns rund dreißig Kilometer aus der Stadt raus zum Tal der Oberen Weichsel fahren, wo sich von Schilf umringte Teiche finden. Auch einen Urban Birder lockt es mal aufs

Land. Und ich wurde nicht enttäuscht. Ich wusste nicht, wohin ich zuerst schauen sollte: zu der Rohrdommel im Schilf, dem Silberreiher, der sich gerade in die Luft erhob, den zehn Rohrweihen, die bereits in der Luft waren, oder den zahlreichen Weißbart-Seeschwalben, die zusammen mit den Flussseeschwalben umher tanzten. Als ich dann noch unzählige Schilfrohrsänger zwitschern hörte, den Gesang des Drosselrohrsängers vernahm und einen Rohrschwirl herumwirbeln sah, war es endgültig um mich geschehen.

Krakau hat dem städtischen Vogelfan sehr viel zu bieten, darunter so spannende Vögel wie Beutelmeisen am Bagry-See, Grauspecht und Habichtskauz im Puszcza Niepolomicka (einem Wald am östlichen Rande Krakaus) und reichlich überwinternde Wasservögel am innerstädtischen Teil der Weichsel. Die Stadt verdient mehr als einen flüchtigen Blick, und das war definitiv nicht mein letzter Besuch.

#

MIT WOLLMÜTZE IN DIE HITZE

Man kann über Facebook sagen, was man will, aber zusammen mit anderen sozialen Netzwerken hat es zahlreiche internationale Grenzen zum Einstürzen gebracht. Man kann jederzeit mit Leuten am anderen Ende der Welt kommunizieren, denen man im echten Leben niemals begegnet wäre. Die Liste meiner Vogelfreunde auf Facebook besteht zu drei Vierteln aus Unbekannten, ein paar virtuellen Bekannten und einer kleinen Anzahl Leute, die ich tatsächlich mal kennengelernt habe.

Der serbische Facebook-Kollege Dragan Simic etwa hatte alle drei Stufen durchlaufen. Eines Tages hatte er mir, inspiriert von meinem Tower-42-Vogelprojekt im Herzen Londons, aus heiterem Himmel eine Nachricht geschickt und mich nach Belgrad eingeladen, da er dort ein ähnliches Projekt aufziehen und mir die städtische Vogelwelt zeigen wollte. Ich überlegte kurz. Belgrad hatte ich schon länger auf dem Schirm, doch ich wusste nicht allzu viel über die dortigen Vögel. Mir war jedoch zu Ohren gekommen, dass dort die Waldohreulen im Winter zu Hunderten zusammensaßen. Alles deutete auf einen fantastischen Ort zum Urban Birding hin. Da half nur Feldforschung.

Nur zwei Monate nach jener verhängnisvollen Nachricht saß ich im Flieger in Richtung Weiße Stadt (für Serben) beziehungsweise Belgrad (für alle anderen). Mit ihrer Lage an der Donaumündung des Save, wo die Pannonische Tiefebene auf das Balkangebirge trifft, klang die Stadt einfach traumhaft. Nachdem ich gerade erst dem herbstkühlen London entflohen war, traf mich die Hitze vor Ort unerwartet. Meine Wollmütze und mein Mantel lösten einen herzhaften Lachanfall bei Dragan aus, der mich am Flughafen abholte. Selbst schuld, wenn man nicht in den Wetterbericht schaut.

Dragan, energiegeladen und kenntnisreich, hatte vor einigen Jahren einen Sportunfall erlitten und war seitdem auf Krücken angewiesen. Trotzdem kutschierte er uns durch die Gegend und beschwerte sich nie, obwohl er nicht sonderlich weit laufen konnte. Seine Einstellung war bewundernswert. Unsere Vogelerkundungsmission begann schon im

WALDOHREULE

Auto, als wir durch die geschäftigen Straßen der Altstadt fuhren. Unser erster Halt war Kalemegdan, ein waldreicher Park mit einem türkischen Fort, von wo aus man einen herrlichen Blick auf die Flusseinmündung hat.

Obwohl es schon später Nachmittag war und der Park vor Menschen und Hunden wimmelte, sahen wir mehrere ziehende Grauschnäpper auf Insektenjagd und ein paar Mönchsgrasmücken. Auch am Boden gab es interessante Tiere zu entdecken, so zum Beispiel hübsche Eidechsen und zahlreiche Ritterfalter, die sich in Norfolk nur selten blicken lassen. Kalemegdan ist noch nicht genügend erforscht und birgt großes Potenzial für den frühaufstehenden Vogelfan.

In östlicher Richtung in der Flussmündung lag die massive, waldreiche Große Kriegsinsel, die einst eine beeindruckende Silberreiher-Kolonie beherbergte. Zum Glück waren die Vögel in einen nahegelegenen Uferwald umgezogen, und jetzt überwintern auf der Insel über zweitausendfünfhundert Zwergscharben – ein Wunschvogel zahlreicher britischer Vogelbeobachter. Außerdem werden von dort öfter städtische Seeadler gemeldet.

Dragan hatte uns eine kurze Bootsfahrt um die Insel gebucht. Es dämmerte schon langsam, als wir in die klapprige Barke stiegen. Lachmöwen waren zahlreich vorhanden, wobei die größeren Vögel zu gleichen Teilen Mittelmeermöwen, Steppenmöwen oder „irgendeine andere große Möwe" waren. Ein einsamer Mäusebussard glitt über die Baumkronen, um sich in den Bäumen auf der Insel zur Nacht niederzulassen. Und gerade erst hatten wir ein paar hier seltene Zwergmöwen entdeckt, die sich unter ihre Lachmöwen-Verwandten auf Futtersuche gemischt hatten. Mehrere Fledermäuse, wahrscheinlich Abendsegler, jagten über den Bäumen wie übergroße Schwalben. Das klingt jetzt alles nach romantischem Idyll, aber mit Blick auf den Fluss registrierte ich schockiert die schwimmenden Massen von Dreck und Müll. Zum Thema Umweltschutz muss in dieser Stadt noch einiges an Pionierarbeit geleistet werden.

ZWERGSCHARBEN

Am nächsten Morgen stand ich mit dreißig anderen Vogelbeobachtern bei strahlend blauem Himmel auf dem Ušće-Hochhaus, um zum ersten Mal Ausschau nach ziehenden Vögeln zu halten. Nach ein paar Interviews für Presse und Fernsehen genossen wir den Blick, den das über 120 Meter hoch gelegene Dach auf Flussmündung und Insel bot. Von hier aus wirkte die Stadt angenehm grün und bewaldet. Wenn man von den Greifvogelsichtungen in der Vergangenheit ausgeht, lassen sich von diesem neueröffneten Aussichtspunkt in Zukunft bestimmt ein paar tolle Arten entdecken. Wir hatten allerdings Pech und mussten uns mit den unvermeidlichen Steppenmöwen und Mittelmeermöwen zufrieden geben, doch dort oben war es trotzdem toll. Die anderen Beobachter waren ebenfalls angemessen begeistert. Bislang war der Öffentlichkeit der Zutritt verwehrt gewesen, und alle nutzten die Gelegenheit, um das Elternhaus ihrer Mütter ausfindig zu machen.

Mein Spontantrip nach Belgrad machte mir großen Spaß. Ich sah typische Stadtbewohner wie die allgegenwärtigen Saatkrähen, ein paar Nebelkrähen, die östliche Unterart der Dohle und zahlreiche zwitschernde Haussperlinge. Im Sommer hätte ich mich an Leckerbissen wie dem Pirol und sogar Bienenfressern erfreuen können, die in der Stadt brüten. Dragan erzählte mir von einer über fünfhundertköpfigen Gruppe durchziehender Kraniche, die es sich zwischen ein paar innerstädtischen Wohnbauten bequem gemacht hatten.

Auch jede Menge Eulen gab es vor Ort. Irgendwann komme ich noch mal zurück und schaue sie mir an. Belgrad hat ganz klar eine Menge zu bieten.

West Hollywood

Tucson

Cape May

Port Aransas

Yucatán

São Paulo

WELT

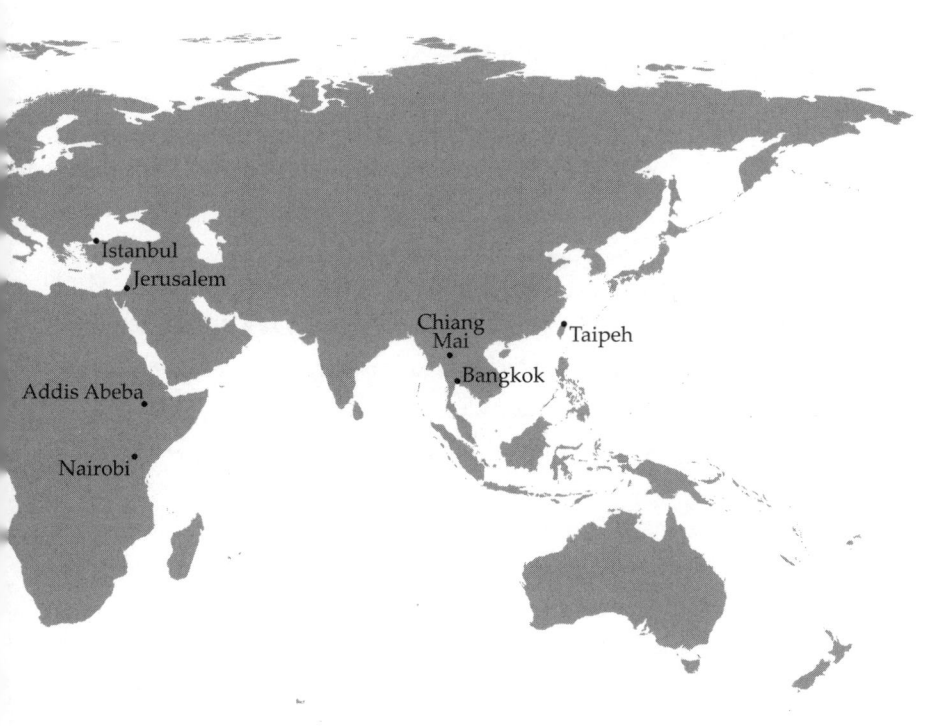

Istanbul
Jerusalem
Chiang Mai
Taipeh
Bangkok
Addis Abeba
Nairobi

\#

SCHICKERIA, STARS UND ORNI-SCHÄTZE

Los Angeles ist die Stadt der Engel. Dass es auch die Stadt der Vögel ist, mag da ein wenig überraschen. Die riesige, stetig wachsende Metropole ist mit über vierzehn Millionen Einwohnern die zweitgrößte Stadt der USA. Nach globalen Maßstäben ist sie eine wahre Megacity. Das klassische Bild von L.A. ist geprägt von gutem Wetter, protzigen Autos und chirurgisch optimierten Menschen, von denen die meisten aufstrebende Schauspieler oder Möchtegern-Hollywoodstars sind. Es gibt aber auch für Vogelfreunde viel Spannendes zu entdecken. L.A. setzt sich im Grunde aus mehreren Städten zusammen, darunter West Hollywood – eine Stadt, deren Straßen und Umgebung, etwa Beverly Hills und Santa Monica, ich seit über zehn Jahren regelmäßig besuchte.

Es stimmt vollkommen, dass in L.A. niemand zu Fuß geht. Bei einem Spaziergang durch West Hollywood stellt man schnell fest, dass sogar die Tauben, die auf den Werbetafeln herumlungern, viel lethargischer wirken als unsere Vögel in Großbritannien. Außerdem fallen einem die vielen Amerikanerkrähen und Kolkraben auf, die über den Dächern kreisen. Die Raben sind in Kalifornien viel kleiner als bei uns, und es gibt sogar eine wissenschaftliche Diskussion darüber, ob man sie als zwei unterschiedliche Arten betrachten sollte. Auch Westmöwen kann man in der Stadt entdecken. Sie sehen aus wie Heringsmöwen mit breiterem Körper und kürzeren Flügeln. Neben den gemeinen Carolinatauben kann man mit ein bisschen Glück auch einen Blick auf die viel scheueren Schuppenhalstauben erhaschen, deren Erscheinung der einer schmalen Ringeltaube ähnelt.

West Hollywood grenzt im Norden an die Hollywood Hills. Hier ist die Schickeria der Filmwelt zu Hause, und zwar in großen, teilweise bizarren Häusern. Dort befindet sich außerdem mein Lieblingsgebiet, der Franklin Canyon Park. Das großflächige, bewaldete Tal wird von einer Straße umringt, und am südlichen Ende liegt ein kleines, natürlich wirkendes Reservoir. Eines sommerlichen Tages stand ich dort auf der Straße, als mich plötzlich der Fahrer eines Bentleys mit offenem Verdeck anhupte. Das rundliche, kecke Gesicht, das mich hinter dem Steuer hervor angrinste, gehörte keinem Geringeren als Talkshowmoderator Jay Leno.

Die Chancen auf Rotschwanzbussarde stehen dort eigentlich zu jeder Jahreszeit gut, und dazu gesellt sich gelegentlich ein Rundschwanzsperber. Seine Größe liegt irgendwo zwischen Sperber und Habicht.

KOLKRABE

In den Waldgebieten sind Kalifornienhäher und Buschmeisen-Trupps verbreitet, die für mich immer aussehen wie kleine, braune Schwanzmeisen. Am Reservoir finden sich Bindentaucher, Brautenten, die obligatorischen Stockenten und sowohl Mangroven- als auch Kanadareiher. Im Sommer versammeln sich zwitschernde Scharen von Rauch- und Nördliche Rauhflügelschwalben auf den nahegelegenen Telegrafenmasten, und im Winter ist der Ort beliebt bei Zedernseidenschwänzen.

Eine weitere lohnenswerte Gegend ist das Naherholungsgebiet Kenneth Hahn State auf den Baldwin Hills. Neben einer Armee wohlhabender Jogger erhascht man bei einem Besuch an einem frühen Sommermorgen oft einen Blick auf Annakolibris und Allenkolibris, Mexikozeisige sowie Zimtbauch- und Schwarzkopf-Phoebetyrann. Im Herbst und Winter solltest du die Wiesen in der Umgebung nach Wanderdrosseln absuchen. Ein paar Mal habe ich sogar den hier seltenen Arkansastyrann und den landesweit raren Louisianawürger gesehen – er sieht aus wie ein kleiner Raubwürger.

Apropos Raritäten: Wenn du bessere Chancen auf interessante Sichtungen suchst, vor allem während des Herbstzugs, dann gibt es da einige Plätze zu entdecken. Der wohl bekannteste bei den Urban Birdern in L.A. ist der Harbor Park an der Küste mit seinem relativ großen, röhrichtbestandenen See. Neben mehreren Reiher-Arten, darunter Nachtreiher, solltest du auch einige interessante Entenarten zu Gesicht bekommen, z.B. die Zimtente. Auch Sumpfzaunkönige verstecken sich dort gern im Schilf. Im Park gibt es

BRAUTENTE

ziemlich wenige Bäume, die an einem guten Herbsttag unter der Last der Zugvögel fast zusammenbrechen. Das sind vor allem amerikanischer Waldlaubsänger und hin und wieder auch Besucher von der Ostküste wie zum Beispiel Kletterwaldsänger.

Mein Lieblingsort in L.A. sind jedoch die Ballona Wetlands an der Küste nahe des internationalen Flughafens LAX. Dieses vierhundertvierzig Hektar große Ökosystem ist immer mein erstes Ziel, wenn ich in der Stadt bin, und es ist nur eine halbe Stunde von West Hollywood entfernt. Die Vogelwelt hier ist manchmal atemberaubend, und es erstaunt mich immer wieder, wie nah man einigen Vögeln kommen kann. In den Salz- und Süßwassermarschen erhält man je nach Jahreszeit einen fantastischen Blick auf die vorbeiziehenden Watvögel. Ich habe dort sowohl Große und Kleine Schlammläufer als auch Berg- und Wiesenstrandläufer aus unfassbarer Nähe gesehen. Man kann auch ruhende Ringschnabelmöwen Seite an Seite mit Braunpelikanen erleben.

Der angrenzende Strand, der tagsüber an ein Baywatch-Filmset erinnert, ist für gewöhnlich mit gemischten Trupps aus Möwen und Seeschwalben übersät. Die Königsseeschwalbe und Schmuckseeschwalben treffen sich mit Westmöwen, Kalifornienmöwen, Silbermöwen und Heermannmöwen. Im Winter stoßen Beringmöwe sowie Bonapartemöwen dazu, und auf dem Meer sind viele Renntaucher und Brillenenten zu sehen.

West Hollywood hat also durchaus mehr zu bieten als eine glitzernde Fassade. In fast jeder halbwegs naturbelassenen Gegend findet man dort einen unerwarteten Schatz. L.A. ist zweifellos noch immer der Wilde Westen.

#

GOLDFUND AM HIMMEL

Die Nacht war dunkel, still und eiskalt, als ich in die staubigen, trockenen Ausläufer von Tucson, Arizona, einritt. In der vorigen Woche hatte ich mich noch in Los Angeles an städtischen Kolkraben und umherflitzenden Annakolibris erfreut, doch die Zeit für den nächsten Halt auf meiner Spontanreise durch die USA war gekommen. Ich sah hoch zum Himmel, der von unzähligen Sternen übersät war. Ein überwältigender Anblick. Die schiere Anzahl und Dichte gab mir ein erschütterndes Gefühl der Bedeutungslosigkeit. Am Straßenrand suchte ein mottenzerfressener Kojote nach Futter und musterte mich desinteressiert, als ich vorbeikam. Ich ritt übrigens nicht auf einem gescheckten Ross in die Stadt, wie sie die Apachen gerne in Filmen benutzen, sondern auf dem Rücksitz eines Toyota Prius. Hinter dem Steuer saß meine Gastgeberin Sharon Arkin, eine exzentrische alte Dame, die ich sechs Monate zuvor in Israel kennengelernt hatte.

Das erste Mal war ich ihr begegnet, als ich mit einer Gruppe internationaler Vogelfreunde in der Chulaebene in Nordisrael mehrere

Rohrweihen und Merline beobachtete, die gerade zur Nacht herein-
flogen. Alles war gut, bis jemand seine Brille in eine felsige Schlucht
fallen ließ. Ohne groß nachzudenken sprang ich mit der Eleganz
einer übergewichtigen Gämse in den Spalt. Die Brillenbesitzerin,
Sharon, und ich freundeten uns sofort an und sie lud mich ein, in
ihrem Bed and Breakfast in Tucson zu übernachten, sollte ich jemals
in der Gegend sein. Als ich zu einer Runde Vorträge an beiden Küsten der USA im Land war, nahm ich ihre Einladung kurzfristig an.

Sharon hatte für meinen fünftägigen Aufenthalt eine Reihe Spazier-
gänge und jede Menge Gespräche geplant, und nach meiner spätabendlichen Ankunft stand ich bei Sonnenaufgang schon wieder
freudig erregt auf, um die Gegend rings um ihr Haus zu erkunden.

Auf den Telegrafenkabeln ringsum saßen zahlreiche Carolinatauben. Diese mittelgroße, langschwänzige Taube ist in den USA
überall anzutreffen und erinnert mich bei ihren Balzflügen immer
an unsere heimische Türkentaube.

Nach kurzer Zeit entdeckte mich meine erste neue Art: ein Gilaspecht am Stamm eines Saguaro-Kaktus, dem typischen, mehrarmi-
gen Kaktus aus sämtlichen Western. Dieser im Südosten der USA
verbreitete Wüstenspecht war äußerst apart: Ein bisschen erinnert er
an die nordamerikanischen Goldspecht-Arten und hat deutlich
schwarz-weiß gestreifte Flügel, derentwegen man ihn im Flug fast mit
einem Wiedehopf verwechseln könnte. Der Gilaspecht (den man übrigens „Hila" ausspricht) stellte sich als recht häufiger Gast am Stadtrand heraus. Ständig hatte ich den Finger am Drücker meiner Kamera, um an eine Nahaufnahme zu gelangen. Einen erwischte ich auf
einem Telegrafenmast. Erst später, als ich mich durch die Bilder
klickte, bemerkte ich, dass ich einen Wüstengoldspecht fotografiert
hatte, der dem Gilaspecht auf den ersten Blick ähnelt, jedoch viel
seltener ist und mir neidische Blicke der Vogelfans in Tucson ein-
brachte.

Einer der Ausflüge, die Sharon für mich organisiert hatte, war ein Gruppentrip zum Sabino-Canyon. Die Gegend war zwar beliebt, die Landschaft gleichzeitig aber auch gnadenlos: Saguaro-Kakteen und Dornenbüsche, die von zahllosen Pfaden durchkreuzt wurden. Dafür persönliche Erstsichtungen, wohin das Auge blickte. Schwarzkehlammern teilten sich hier und da struppige Büsche mit einer Spezies mit dem klangvollen Namen *Pyrrhuloxia*. Nein, das war keine Krankheit, sondern der nicht ganz so rote Verwandte des bekannteren Rotkardinals, nämlich der Schmalschnabelkardinal. Als ich gerade in einer Böschung Ausschau hielt, begegnete mir eine weitere persönliche Erstsichtung. „Bridled Tit!", rief ich, auf Deutsch Zügelmeise, und deutete auf einen Vogel in einem kahlen Busch, der der Haubenmeise nicht unähnlich war. Mein Kommentar wurde mit missbilligenden Blicken gestraft. Hatte ich mich etwa geirrt?

„Dieses Wort sagen wir hier nicht. Das heißt entweder Titmouse oder Chickadee", informierte mich eine Stimme aus der Menge. Um es noch schlimmer zu machen, gab ich dann die Story von den Bartmeisen zum Besten, die ich zwischen ein paar Schilfhalmen im Hyde Park entdeckt und mit der Bildunterschrift „I saw a pair of tits in Hyde Park" online gestellt hatte.

Mein Lieblingsfleckchen in der Stadt waren mit Abstand die Sweetwater Wetlands – eine Kläranlage. Hier

LÖFFELENTE

finden sich die meisten Raritäten, wahrscheinlich, weil es im Umkreis von mehreren Kilometern der einzige Ort mit stehendem Wasser ist. Auf dem Spaziergang dort mit den örtlichen Vogelbeobachtern fiel mir die große Anzahl Wasservögel auf. Hunderte Löffelenten, Spießenten und Nordamerikanische Pfeifenten teilten sich das geflutete Becken mit Amerikanischen Blässhühnern, und am schlammigen Ufer tummelten sich Wiesenstrandläufer,

Amerikanische Stelzenläufer und ein paar Keilschwanz-Regenpfeifer. Aus dem Schilf entlang der Wasserläufe erklangen die Rufe von unsichtbaren Carolinasumpfhühnern, weniger versteckten Amerikateichhühnern (diese Art wurde erst kürzlich von unserem Teichhuhn abgetrennt) und singende Sumpfzaunkönige. Am besten gefiel mir ein überwinternder Einsamer Wasserläufer, der sich an einem kleinen Kanal herumtrieb. Seine Anwesenheit war ungewöhnlich, lassen sich diese Zugvögel hier doch eher selten blicken. Als persönliches Heimatrevier wäre Sweetwater Wetlands wirklich unwiderstehlich.

SPIESSENTE

Von wegen unwiderstehlich: Meine Widerstandskraft war anscheinend geschwunden, denn ich hatte mir einen üblen Virus eingefangen, der mich ziemlich fertig machte. Trotzdem machte ich mich auf den Weg zum Flughafen, um weiter nach Philadelphia zu reisen, wo ich das sagenumwobene Cape May besuchen wollte. Aber dafür musste ich erst mal den Flug überleben.

\#

MIT MAGENKRÄMPFEN ZUM HOTSPOT

Ich quälte mich am Flughafen von Philadelphia durch die Gepäckausgabe, und es ging mir unheimlich schlecht. Hinter mir lagen dank eines Virus, den ich mir in Tucson eingefangen hatte, fünf höllische Flugstunden voller Magenkrämpfe und dazugehöriger Probleme. Um das Ganze noch schlimmer zu machen, war von dem billigen Fahrdienst, den ich gebucht hatte, um mich ins anderthalb Stunden entfernte Cape May zu bringen, keine Spur. Eigentlich sollte ich ein paar Tage mit dem Vogelfreund und Fotografen Richard Crossley und seiner Familie verbringen, und langsam wurde es spät. Die Crossleys warteten bestimmt schon auf mich. Es war stockdunkel, schweinekalt, und bis auf die Straßen lag alles unter einer dichten Schneedecke. Gerädert und krank wie ich war, biss ich in den sauren Apfel und ließ mich von einem Flughafenmietwagenservice über den Tisch ziehen, um doch noch an mein Ziel zu gelangen.

Nachdem ich einmal von der Polizei angehalten wurde, weil ich regelwidrig abgebogen war – ich schob es auf meine englische Herkunft –, kam ich um neun Uhr abends bei Richard an. Richard stammt eigentlich aus Yorkshire und hat sich vor einigen Jahren in Cape May niedergelassen, da die Gegend und die Vögel es ihm angetan hatten. Am besten kennt man ihn von seinem kürzlich erschienenen bebilderten Vogelführer des Ostens der USA, der mit sämtlichen Traditionen bricht und äußerst umstritten ist. Mich zog es schon seit Jahren nach Cape May, mit der wichtigste Vogelhotspot der USA, seit ich von den legendären Rückgängen bei zahlreichen Zugvogelarten gehört hatte. Auch den Rest des Jahres lassen sich dort vortrefflich Vögel beobachten, obwohl es Februar war, eiskalt, und meine Zeit auf Erden sich langsam aber sicher dem Ende zuzuneigen schien. Die Futterhäuschen in Richards Garten waren der lebende Beweis. Ich sah meine erste Carolinameise, die sich neben Indianermeisen labten, wunderschöne Rotkardinäle und schwerfällige, bodenliebende Fuchsammern.

Cape May ist architektonisch äußerst interessant. Die generelle Idee basiert auf einem viktorianischen Seebad, und es ist auch tatsächlich das älteste Seebad der USA. Es ragt hinaus in die Bucht von Delaware und ist ein echter Magnet für neotropische Zugvögel. Ich dachte immer, die Vogelbeobachtung beschränke sich auf das Bird Observatory am nördlichen Ende des Cape. In Wirklichkeit ist Cape May jedoch ein riesiges Gelände voller Beobachtungsplätze, von Naturschutzgebieten bis hin zu den Straßen der Stadt. Genau mein Ding.

Unser Besuch auf der Küstenwachbasis Wildwood Crest zum Beispiel war äußerst interessant. Das ehemals unzugängliche Gelände ist heute ein Naturschutzgebiet, in dem man sich frei durch Küstengebüsch und Wälder bewegen und den Strand erkunden darf. Das Potenzial war riesig, und Richard hegte große Hoffnung, hier eines

Tages etwas Interessantes zu entdecken. Mir dagegen reichten schon die umherziehenden Wanderdrossel-Trupps.

Wir fanden ein paar tolle Vögel in der Gegend, darunter Wasservögel wie Kappensäger, Büffelkopfenten und wahrhaft wildlebende Kanadagänse. In den Bäumen entdeckten wir neben den allgegenwärtigen Wanderdrosseln städtische Grüppchen hübscher Zedernseidenschwänze und Rotschulterstärlinge auf Futtersuche. Im Küstenimmergrün tummelten sich Kreuzschnäbel-Trupps, die sich nicht vor uns zurückzogen, und dazu begegneten wir noch ein paar Schneeammern und einem Zwergschwan, einer echten Rarität. Einen Großteil des Habitats bildet ein Küstenmarsch, der stellenweise bis zu sechs Kilometer breit und hundertsechzig Kilometer lang ist und damit fast an New York heranreicht. Dort finden so unterschiedliche Arten wie Klapperrallen und Strandammern Raum zum Nisten und Rasten.

Die Frühlingsvorboten in Cape May sind die zurückkehrenden Aztekenmöwen, die mitunter schon im späten Februar eintreffen. Ende März, wenn die ersten Waldlaubsänger ankommen, wird dann einen Gang hochgeschaltet: Stelzenwaldsänger und Goldkehl-Waldsänger sind so die typischen frühen Zugvögel, die hier sogar zum Brüten innehalten. In der dritten Maiwoche befindet sich alles auf dem Höhepunkt, darunter auch die Pfeilschwanzkrebse, die auf dem Strand ihre Eier legen. Diese locken wiederum Knutt, Sanderling, Steinwälzer und Sandstrandläufer an. Zahlreiche Waldlaubsänger-Arten ziehen in ihrem

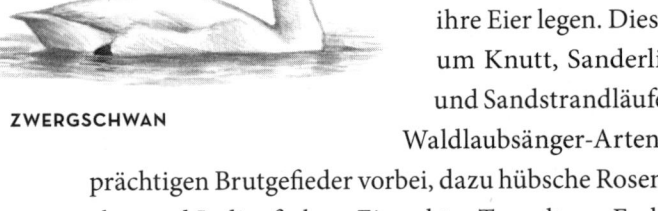

ZWERGSCHWAN

prächtigen Brutgefieder vorbei, dazu hübsche Rosenbrust-Kernknacker und Indigofinken. Ein echter Tumult aus Farben und Gesang. Auch der Sommer lohnt sich, aber dann ist die Ecke auch bei menschlichen Besuchern beliebt, die den Strand bevölkern und womöglich die Brutstätten von gefährdeten Vögeln wie Gelbfuß-Regenpfeifer und Antillen-Zwergseeschwalben stören. Doch im Herbst ist das Birdwatching hier ein Muss. Das Abenteuer beginnt eigentlich schon im Juni, wenn der Großteil der Singvögel unterwegs ist, und nimmt zum September hin an Fahrt auf, wo man bis zu dreißig Waldlaubsänger-Arten pro Woche sichten kann. Im Oktober wird einem dann die größte Zahl von Greifvögeln geboten, und gegen Ende des Monats findet der große Singvogel-Zug statt – die Schwärme sind dann mitunter bis zu hunderttausend Exemplare stark. Mir kam eine unglaubliche Geschichte über einen besonders heftigen Zug der Wanderdrosseln zu Ohren. An einem Tag zogen über zwei Millionen Exemplare vorbei, und die Beobachter in den Straßen wurden Zeuge, wie ein unablässiger Vogelstrom auf Hüfthöhe und zwischen ihren Beinen vorbeizog.

Erst nach meinem Abschied, als ich mich gerade zum Flughafen schleppte, erfuhr ich vom allerbesten Cape-May-Moment. Halten Sie sich fest: Ein Vogelbeobachter, der eines Morgens früh durch die Stadt fuhr, sah einen Fußgänger, der versehentlich hunderte Zugvögel aus den Vorgärten aufscheuchte, woraufhin die Vögel in wogenartigen bunten Schwärmen aufflatterten wie Herbstlaub im Wind. Was für ein Bild.

#

PORT ARANSAS, TEXAS, USA

SCHREIKRANICH-FESTIVAL IM WILDEN WESTEN

Texas hat mich ganz schön überrascht. So wie einst Arizona hatte ich mir auch den Lone Star State als Staubwüste vorgestellt, in der John Wayne und Konsorten auf Pferderücken ins Schussfeuer galoppieren. Kakteen, soweit das Auge reicht. Als ich jedoch am Rio Grande Valley, dem vielleicht besten Birdwatching-Hotspot der USA, ankam, wurde ich eines Besseren belehrt. Das etwa fünfundsechzig Kilometer breite und zweihundertfünfundzwanzig Kilometer lange Tal liegt an der Grenze zu Mexiko im südöstlichen Teil des Staates und bietet über hundert Vogelbeobachtungsplätze und mehr als fünfhundertvierzig Arten. Zu meiner Überraschung war die Landschaft dort sehr viel grüner und üppiger, als ich sie mir vorgestellt hatte.

Es war November, und ich hatte gerade eine fabelhafte, vogelreiche Woche beim weltberühmten Rio Grande Valley Bird Festival mit zahlreichen Vogelstreifzügen hinter mir. Nach dem Festival folgte ich dem Ratschlag einiger einheimischer Ornis und fuhr nach Norden ins viel gerühmte Port Aransas. Für die dreistündige Fahrt dorthin vertraute ich meinem Navi, hatte aber keine Ahnung, wohin ich eigentlich fuhr. Die Fahrt verlief nicht ohne Dramatik: Meine ersten Kanadakraniche streiften fast das Dach meines Mietwagens.

Hast du schon mal von Port Aransas gehört? Mir persönlich kam es während dieser Reise zum ersten Mal zu Ohren, aber während ich die Straßen dieser Stadt erkundete, breitete sich ein Hochgefühl in mir aus. Port A (wie es im Volksmund heißt) liegt auf der nördlichen Spitze einer Insel mit dem wohlklingenden Namen Mustang Island, eine der längsten Düneninseln der texanischen Küste, und befindet sich vier Stunden von den nächsten größeren Städten Houston und Austin entfernt. Port A ist die einzige richtige Stadt der Insel.

Einer der ersten Vögel, die ich auf der Fahrt zum Hotel entdeckte, war ein Fischadler. Im Verlauf der folgenden Tage sollte ich ganze Heerscharen davon zu Gesicht bekommen. Dieser majestätische Fischfresser überwintert in großer Zahl entlang der texanischen Küste, und ich hatte schon in der Vorwoche mehrere hundert in South Padre Island im Süden beobachtet.

Nach ein paar Tagen in Port A befand ich die Einheimischen für sehr gastfreundlich, und die Meeresfrüchte waren ein Gedicht. Als Urban Birder kann man sich schnell auf den vielen vogelreichen Plätzen verlieren, die die Stadt zu bieten hat. Die

FISCHADLER

Stadt selbst sowie der Rest der Insel befinden sich immerhin auf der Route vieler Zugvögel. Die dortigen Lebensräume bestehen aus Feuchtgebieten, schlammigen Meeresarmen, Küstenvegetation und rund dreißig Kilometer Strand und Dünen. Diese Mischung ist ebenso für heimische wie auch für Zugvögel perfekt. Trotz der

Beliebtheit bei Vogelfans und anderen Reisenden konnte man dennoch oft allein mit der Natur sein.

Das Port Aransas Nature Preserve war definitiv mein Lieblingsplatz. Dieses vierhundertfünfundachtzig Hektar große Gezeitengebiet mit ausgedehnten Sümpfen und Buschwerk ist der berühmteste Beobachtungsort in ganz Port A und gehört zum Great Texas Coastal Birding Trail. Entsprechend wird es von Bohlenwegen sowie Wanderpfaden durchzogen und besticht durch zahlreiche Beobachtungstürme. Es ist ein Paradies für Watvögel, Reiher, überwinternde Fischadler sowie Sperlingsvögel wie Lerchenstärlinge – sogar der vom Aussterben bedrohte Flötenregenpfeifer lässt sich mitunter hier blicken. Es gibt zwei Eingänge zum Reservat: einen am Highway 361 und einen nahe der Stadt selbst. Der letztere führt zu Charlies Weide, mit Abstand mein Lieblingsort des Schutzgebiets. Ich verbrachte den halben Tag damit, Trupps von Löffelenten, Nordamerikanischen Pfeifenten, Spießenten und Krickenten dabei zu beobachten, wie sie sich in die Lüfte erhoben, Figuren formten und dann wieder im Brackwasser landeten. Ich fand zwar keine Wilsonregenpfeifer oder Flötenregenpfeifer, aber immerhin boten sich mir spektakuläre Anblicke vom Kleinen Gelbschenkel, Alpenstrandläufer und Amerika-Sandregenpfeifer. Als ich mich auf einem Bohlenweg hinhockte, um einen Bindenstrandläufer beim Fressen zu beobachten, schoss plötzlich eine Klapperralle unter den Brettern hervor und fand, zu meiner großen Überraschung und Freude, nicht mehr als eine Armlänge von mir entfernt Futter. Ich entdeckte sogar eine Sumpfohreule auf der Jagd sowie einen Prachtfregattvogel, die dort extrem selten sind.

Ganz in der Nähe entdeckte ich eine weitere Fundgrube für Urban Birder: den Joan and Scott Holt Paradise Pond. Hinter einem Motel gelegen, wirkt dieser unscheinbare Ort sehr urban. Das nicht mal einen Hektar große Stück Marschland ist die einzige Süßwasserquelle der gesamten Mustang-Island, und sie zieht eine Menge Zugvögel an. Das Grundstück wird von einem Holzlattenzaun eingegrenzt, auf dem ich vier niedliche Inkatäubchen entdeckte, die sich aneinander kuschelten. Als ich dort auf der Straße herumlungerte, schlossen sich mir ein paar schottische Vogelfreunde aus Aberdeen an. Zufällig hatte ich für ihre lokale Gruppe der RSPB erst in der vergangenen Woche einen Vortrag gehalten. Sie hatten ihn verpasst, also flüsterte ich ihnen eine abgespeckte Version davon zu, während wir einen einsamen jungen Schneesichler beobachteten. Wir machten außerdem einen Kiefern-Waldsänger aus, der über unsere Köpfe hinweg in einen Baum huschte. Über diesen Vogel freute ich mich ganz besonders, da ich ihn meiner Liste neu hinzufügen konnte.

Am berühmtesten ist Port A wohl für das Schreikranich-Festival, das jeden Februar von unzähligen Einheimischen und Urlaubern besucht wird. Schreikraniche, die mit nur noch ein paar hundert freilebenden Exemplaren stark vom Aussterben bedroht sind, überwintern dort in der Umgebung. Ich hatte großes Glück, eine persönliche Tour durch die Felder vor der Stadt machen zu können, wo wir nach früh eingefallenen Vögeln Ausschau hielten. Wir fanden sehr viele der kleineren und häufigeren Kanadakraniche, doch es dauerte ganze drei Stunden, bis wir endlich auf eine Schreikranich-Familie stießen. Sie standen nervös auf einem Feld, den Kopf hoch gereckt und wachsam. Ich kletterte vorsichtig auf das Dach unseres Pick-ups, um besser sehen zu können. Beim Klang ihrer typischen trompetenartigen Rufe schlug mir das Herz bis zum Hals. Die mystischen Vögel waren riesig und stellten die ruhigeren Kanadakraniche, mit denen sie sich das Feld teilten, gründlich in den Schatten. Eine vogelgewordene Verkörperung von Anmut. Die schwarzweißen Eltern mit den bräunlichen Jungtieren wirkten vor dem Hintergrund des Himmels wie ein Ölgemälde. Ich schätzte mich sehr glücklich, diesen Anblick genießen zu dürfen. Momente wie dieser erinnern mich stets daran, warum ich Vögel so liebe.

#

HÖLLENRITT DURCH DEN DSCHUNGEL

Ich fuhr jetzt schon seit fast drei Stunden mit unter 10 km/h über die gefährlichste Straße der Welt und wurde in meiner Keksdose von Auto komplett durchgeschüttelt. Hinzu kam: Ich war hundemüde, weil ich schon den ganze Tag hinterm Steuer saß, hatte Hunger und Riesendurst, aber nichts im Auto, dem zu allem Überfluss auch noch langsam aber sicher das Benzin ausging. Ich befand mich mitten in der Wildnis, es war stockdunkel und ich hatte auch ein bisschen Schiss. Ich war nicht mal auf einer richtigen Straße unterwegs, sondern bloß auf einem staubigen Weg mit massiven Schlaglöchern, auf den mein winziges Auto geradeso draufpasste. Es war März 2004, ich war in einem weißen Fiat Punto auf dem Weg nach Punta Allen auf der Halbinsel von Paila Boca, Yucatán, Mexiko, und das mutterseelenallein.

Ich war zum ersten Mal allein so weit gereist, und obwohl ich ursprünglich keine Angst gehabt hatte, fürchtete ich jetzt durchaus um meine körperliche Unversehrtheit. Irgendwo links von mir in der Dunkelheit befand sich das Meer, auf der anderen Seite dichter Dschungel. Ich hatte keine Ahnung, wohin oder zu wem ich überhaupt fuhr, konnte allerdings auch nicht wenden, weil die Straße dafür zu schmal war. Als ich das Fenster runterkurbelte, drangen sofort schrille Geräusche aus dem Dschungel zu mir herein, gutturale Schreie aus unsichtbaren Kehlen, deren Besitzer ich in der Dunkelheit nicht ausmachen konnte. Immer wieder stellte ich mir vor, wie ich von gesetzlosen Banditen überfallen, angeschossen und meinem Schicksal überlassen wurde, bis meine sterblichen Überreste in hundert Jahren schlecht konserviert in einem Fiat Punto entdeckt würden. „Mit dem Wagen dürfen Sie aber nicht über unbefestigte Straßen oder Schlaglöcher fahren." Das waren die Worte des Mitarbeiters der Mietwagenfirma, der mir in Tulum die Schlüssel in die Hand gedrückt hatte. Warum hatte ich nicht auf ihn gehört? Und wieso hatte er mir kein dunkleres Auto gegeben, auf dem man den Dreck nicht so sehr sehen würde?

Als ich zu meiner verhängnisvollen Reise aufbrach, ging die Sonne gerade unter. Es war zu spät für eine lange Fahrt, doch zu Hause in England hatte mir jemand erzählt, Punta Allen sei praktisch direkt um die Ecke von Tulum. Um die Ecke, das konnte doch nicht allzu weit sein. Punta Allen war anscheinend eine interessante, freundliche Hippiekommune, die sich selbst versorgte und ihre eigene Energie produzierte. Was noch wichtiger war: Sie lag auf einer vogelreichen Halbinsel. Da war die Versuchung natürlich zu groß. Mein Plan bestand darin, diese Fahrt hinter mich zu bringen und mir am anderen Ende eine Übernachtungsmöglichkeit zu suchen.

Eine Woche zuvor war ich in Cancún gelandet, wo ich mich mit einer Ex-Freundin treffen wollte, die gerade durch Südamerika reiste. In letzter Sekunde machte sie jedoch einen Rückzieher, weil sie nicht glaubte, dass ich wirklich kommen würde, und reiste ohne mich weiter. Ich war furchtbar enttäuscht, wollte aber mein teures Flugticket auch nicht verfallen lassen, und so stieg ich trotzdem in den Flieger, obwohl ich keine Ahnung hatte, wo ich unterkommen würde. Cancún war fies. Schon im ersten Moment nach meiner spätabendlichen Ankunft verspürte ich eine tiefe Abneigung gegen diese überlaute Touristenfalle. Am Flughafen studierte ich eine Karte und stieg kurzerhand in den Bus nach Pueblo Morelos, einem Küstenörtchen knapp dreißig Kilometer weiter südlich. Ich nahm mir ein Zimmer im erstbesten Hotel und machte es mir gemütlich. Ich konnte jedoch nicht schlafen, da die Aussicht aufs Vogelbeobachten auf einem neuen Kontinent einfach zu aufregend war, und stand um vier Uhr morgens schon wieder auf. Ich wollte mich in der unmittelbaren Umgebung umsehen und hörte direkt die merkwürdigsten Geräusche aus dem nahegelegenen Dschungel, während mir zu Füßen haufenweise kleine, hübsche Frösche quakten. Eine große Fledermaus, deren Flügelspannweite an die einer Ringeltaube heranreichte, kreiste plötzlich über mir und beunruhigte mich, da sie immer engere Kreise schnitt, hin und wieder im Licht der Straßenlaterne zu sehen war und dann wieder verschwand. Ich sah schon vor mir, wie ich von einer tollwütigen Fledermaus gebissen wurde und den Rest meiner Tage mit Schaum vor dem Mund im Dschungel hinter Affen herjagen würde. Es war Zeit für einen strategischen Rückzug.

Auf dem Weg zu meinem Zimmer entdeckte ich den Restaurantbereich direkt am Meer und schnappte mir mein Fernglas, um es mir bis zum Sonnenaufgang in einer Hängematte bequem zu machen. Die ersten Vögel, die ich sah, waren Dohlengrackeln, die auf den Dächern balzten. In der Morgendämmerung sahen die Männchen aus wie schwarze Minifasane. Immer wieder warfen sie die Köpfe zurück und stießen eine faszinierende Bandbreite mechanisch klingender Laute aus. In den nächsten Tagen würde ich lernen, dass diese Art die am weitesten verbreitete in Yucatán ist. Auf dem Meer machte ich tauchende Braunpelikane aus. Wie konnte ein so großer Vogel mit so einem unhandlichen Schnabel nur so elegant tauchen? Schon jetzt fiel die Londoner Anspannung von mir ab, und nachdem ich nach Sonnenaufgang gefrühstückt hatte, legte ich meine Armbanduhr im Zimmer ab. Na gut, ich hatte immer noch mein Handy. Alte Gewohnheiten lassen sich eben nur schwer überwinden. Die nächsten paar Tage reiste ich langsam weiter und beobachtete von morgens bis abends Vögel. Massenweise Exemplare musste ich unidentifiziert ziehen lassen, während ich mich mit den einander verwirrend ähnlich sehenden Fliegenschnäppern, den Baumsteigern mit den abwärts gekrümmten Schnäbeln und anderen kniffligen südamerikanischen Familien herumschlug. Rasch entwickelte ich ein System, nach dem ich mir über jeden neuen seltsamen Vogel umfassende Notizen machte. Auffällige Merkmale, ungewöhnliche Verhaltensweisen und einige stümperhafte Zeichnungen schafften es in mein Notizbuch. Abends glich ich meine Beobachtungen dann mit meinem Bestimmungsbuch ab – mit durchwachsenem Erfolg.

Das Auto mietete ich mir dann in Tulum, einer beliebten Touristenstadt voller Maya-Ruinen. Anscheinend ist es die am dritthäufigsten besuchte archäologische Stätte in ganz Mexiko. Natürlich hätte ich mir die Ruinen auch gerne angeschaut, doch noch dringender musste ich zum Coba-See knappe achtzig Kilometer im Nordosten, wo ich die hier seltene Fleckenralle ausfindig machen wollte. Ihr eigentlich recht ausgedehntes Verbreitungsgebiet reicht von Mexiko bis nach Mittelamerika, regelmäßig gesichtet wird sie aber nur an einer Handvoll Orten, und am Coba-See ist sie seit den Achtzigern nicht mehr aufgetaucht. Alles sprach also dagegen, aber ich stelle mich ja gerne Herausforderungen. Auf einem Spaziergang im ersten Tageslicht sah ich sehr zu meiner Begeisterung dann auch tatsächlich gleich eine Fleckenralle aus nächster Nähe. Natürlich hatte ich meine Kamera im Hotel liegengelassen.

Auf der Isla Cozumel, die nur eine kurze Fährüberfahrt von der Touristenhölle Playa del Carmen entfernt ist, fand ich dann doch noch zu meinen Ruinen. Auf der Fähre hatte ich das zweifelhafte Vergnügen, neben ein paar Amerikanern aus Louisiana zu sitzen, die behaupteten, mit Britney Spears verwandt zu sein. Genüsslich zogen sie über ihre diversen Unarten und ihren liederlichen Lebenswandel her. Britney tat mir jedoch leid, deswegen lenkte ich sie mit der Bemerkung ab, wie wunderschön das Meer doch sei. Tief, klar und blau. Ich machte sie auch auf einen Schwarm Fliegender Fische aufmerksam, die kurz neben unserem Schiff herschwammen. Sie schossen in die Luft, schienen mit den übergroßen Brustflossen zu schlagen und glitten dann wieder ins Wasser. Ich hatte noch nie vorher Fliegende Fische gesehen, und sie erinnerten mich sehr an Vögel. Meine neuen Freunde aus Louisiana unterhielten sich für den Rest der Überfahrt über die Natur. Das gefiel mir schon besser.

Auf Cozumel mietete ich mir einen klapprigen VW Käfer, um einmal um die Insel zu fahren. Ich sah einige der endemischen Arten der Insel, darunter den traumhaft schönen Schwalbenschwanz-Smaragdkolibri, einen unverwechselbaren smaragdgrünen Kolibri mit langen schwarzen Flügeln und einem schwarzen tief gegabelten Schwanz. Für die Ruinen hatte ich mir fest vorgenommen, langsam umherzuschlendern und ausgiebig Architektur und Handwerkskunst zu bewundern. Stattdessen war ich ganz gefangen von den großen bunten Schmetterlingen und einer Reihe Käfer und Eidechsen. Den faszinierendsten Anblick jedoch bot der Türkisbrauenmotmot, den ich in einer leicht bewaldeten Ecke bei der Bienenjagd entdeckte. Sein Anblick war einfach umwerfend: eine berauschende Mischung aus Türkis, Rostrot und Grün, dazu ein blauer Schwanz, der in bloße Kiele überging, die wiederum von wunderschönen, tennisschlägerförmigen Federn abgeschlossen wurden. Er sah aus wie ein übergroßer Bienenfresser. Unverwechselbar, sollte man denken, doch sobald er landete, war er schon mit der Umgebung verschmolzen und wurde unsichtbar, selbst aus relativer Nähe auf einem spärlich begrünten Baum auf Augenhöhe. Wie viele andere Dschungelvögel, die mir begegnet waren, schien auch der hier gern ewig lang stillzusitzen, dabei hatte ich lediglich mit flüchtigen Blicken gerechnet.

Das waren zwar alles schöne Erinnerungen, doch sie halfen mir auch nicht weiter, als ich mich verzweifelt die von Schlaglöchern übersäte Straße langquälte, die das Fahrgestell gehörig durchrüttelte. Auf einmal bemerkte ich ein Tier im Scheinwerferlicht. Es stand einfach nur da und starrte mich an, also hielt ich an, um es zu bestimmen. Der geringelte Schwanz bestätigte mir, dass es sich um einen Südamerikanischen Nasenbär handelte, ein schlanker, lemurenartiger Angehöriger der Waschbärfamilie. Er schien mich kurz anzugrinsen, bevor er sich wieder in die Dunkelheit davonschlich. Würde er sich später an meinem noch warmen Leichnam laben? Unfassbar langsam setzte ich meinen Weg fort. Am anstrengendsten war es, ständig den Schlaglöchern auszuweichen, um meinem Unterboden nicht noch größeren Schaden zuzufügen.

Es war Mitternacht, und ich war seit fünf Stunden im Schneckentempo unterwegs. Mehrfach flammte falsche Hoffnung in mir auf, als der Weg sich etwas weitete und den Anschein erweckte, er würde sich in eine Straße verwandeln. Doch hinter der nächsten Kurve lag jedes Mal derselbe alte Höllenpfad. Mir schwand allmählich die Hoffnung. Würde ich am Ende noch in Argentinien landen? Genauso plötzlich, wie meine Folter begonnen hatte, endete sie jedoch auch. Ich bog um eine Ecke und rollte in eine kleine, dunkle Stadt – Punta Allen. Da es nach Mitternacht war, hatte der Generator wohl schon Feierabend. Vermutlich würde ich heute kein Zimmer mehr finden, dachte ich, und fuhr auf der Suche nach einem Parkplatz die Straße entlang. Da bemerkte ich ein Restaurant, in dem noch Kerzen brannten. Ich parkte und ging zur Tür. Durch das Fenster sah ich ein paar kräftige Jungs, die sich mit einer jungen Frau unterhielten. Trotz des Schilds mit der Aufschrift „Geschlossen" öffnete ich die Tür, und sofort verstummten sämtliche Gespräche, alle Blicken wandten sich zu mir.

„Guten Abend, entschuldigt die Störung, aber wisst ihr vielleicht, wo ich heute noch ein Zimmer bekommen kann?", erkundigte ich mich.

„Nö", gab einer der Jungs knapp zurück. Er war Amerikaner, und bei näherer Betrachtung waren es alle Landarbeiter, die ich mir immer als schwere Jungs in Holzfällerhemden vorstelle. Ich bat erneut um Entschuldigung und ging wieder zur Tür. Die Frau lief mir hinterher.

„Sie können hinten in der Cabana übernachten. Zehn Dollar."

Was ist eine Cabana? Es war mir völlig egal. Ich war so müde, ich hätte hundert Dollar bezahlt, um unter einem Tisch in einem versifften Klohaus zu schlafen. Ich bedankte mich, schnappte mir meinen Rucksack und folgte ihr in den hinteren Teil des Restaurants. Sie führte mich durch die stockfinstere Nacht zu einer Reihe überdimensionierter Hexenhüte. Wir betraten den hintersten. In der Mitte des kegelförmigen Inneren stand ein Bett mit einem Moskitonetz darüber. Nachdem die Frau sich verabschiedet hatte, suchte ich das Bett halbherzig nach ungebetenen Gästen ab und war auch schon eingeschlafen, bevor ich die Wahrscheinlichkeit bestimmt hatte, im Schlaf gemeuchelt zu werden.

Am nächsten Morgen bei Sonnenaufgang erwachte ich quicklebendig. Kurz darauf machte ich mich auch schon auf Vogelsuche. Gegen Mittag ging leider nichts mehr. Ich war erschöpft und enttäuscht. Punta Allen war nicht halb so toll, wie ich es mir ausgemalt hatte. Der schmale Landstreifen ragt ins Karibische Meer, und die Strände waren voller Müll und Schwemmgut.

Die Vogelwelt war ähnlich enttäuschend. Aber ich sah wenigstens ein paar neue Arten, darunter eine Gelbschnabelkassike, eine Grackel-Art, und den vielleicht schicksten Vogel von allen, den Gabel-schwanz-Smaragdkolibri. Einen schöneren Kolibri hatte ich in meinem Leben noch nicht zu Gesicht bekommen – ein schillerndes grünes Federkleid mit einem stark gegabelten Schwanz und einem roten, mit einer schwarzen Spitze besetzten Schnabel. Kurz schwebte er direkt neben mir in der Luft. Sein Anblick war unglaublich und mit Abstand der Höhepunkt meines Aufenthalts auf Punta Allen.

Nach dem Mittagessen fuhr ich über den Höllenpfad zurück, obwohl mich ein amerikanisches Pärchen dazu eingeladen hatte, doch noch ein bisschen Vögel mit ihnen zu beobachten. Anscheinend hatten sie sich für mich erwärmt. Der Rückweg kommt einem immer kürzer vor, besonders wenn man ihn tagsüber zurücklegt. Dank vollem Tank konnte ich auch ein bisschen fester aufs Gas treten. Von dem Amerikanerpärchen hatte ich erfahren, dass ich gestern Nacht fast fünfundsechzig Kilometer zurückgelegt hatte, und als sie meinen sandbedeckten Punto sahen, brachen sie in schallendes Gelächter aus.

Mein erster Stopp in Tulum war die örtliche Waschanlage. Nachdem das Auto wieder in altem Glanz erstrahlte, brachte ich es mit einem leichten Scheppern im Chassis wieder zurück. Wahrscheinlich war man es dort nicht gewohnt, dass die Autos sauber zurückkamen, der Wagen wurde nämlich nicht einmal überprüft. Ziel erreicht. Mit meinem getreuen Rucksack auf dem Rücken stieg ich in den Bus nach Pueblo Morelos, meinem Ausgangspunkt, wo ich die letzten paar Tage meiner Reise verbringen wollte. Dort verlor ich im Botanischen Garten auch noch mein Handy in einem Hochsitz. Irgendwo da draußen telefoniert jetzt wahrscheinlich gerade ein Klammeraffe mit meinen sämtlichen Verwandten. Im Flieger nach Hause beschloss ich, öfter auf Reisen zu gehen, aber nicht mehr mitten im Nirgendwo.

# #

SÃO PAULO, BRASILIEN

STATT SAMBA - MEETING MIT RABENGEIERN

Pass? Jawohl. Astrud Gilbertos Album „*Girl from Ipanama*" auf dem iPod? Jepp. Sambaschritte geübt? Aber hallo. Ein Bestimmungsbuch der Vögel Brasiliens? Na klar! Ich war perfekt auf meine erste Reise nach Brasilien vorbereitet.

Es war das Jahr 2012, und ich sollte als Festredner an der brasilianischen Vogelmesse Avistar teilnehmen, deshalb ging es für vier Tage nach São Paulo. Auf dem elfstündigen Flug malte ich mir aus, wie ich durch die Straßen der größten Stadt Brasiliens spazierte, mich zu lateinamerikanischen Rhythmen bewegte und die bunten, exotischen Vögel in den Bäumen bewunderte. Ich war bereit, mich so richtig schön umhauen zu lassen, in Sachen Ornithologie natürlich.

Bei der Landung frönte ich einer liebgewonnen Tradition, indem ich die Flughafenwiesen halb panisch nach meinem ersten Vogel absuchte. Doch sehr zu meinem Unmut begrüßten mich keine eigentlich obligatorischen Rabenvögel, Schwalben oder Reiher. Beunruhigenderweise sah ich überhaupt nichts, dabei war es helllichter Tag. Die Fahrt vom Flughafen zum Messeort Parque Villa-Lobos gab dagegen schon sehr viel mehr her. Der Himmel war mit den weiten Schwingen der Rabengeier gesprenkelt, die weniger nach Aas, als nach leckeren Müllschmankerln suchten. In den meisten Grünflächen und innerstädtischen Uferabschnitten entdeckte ich Bronzekiebitze – genauso lautstark und aufgekratzt wie ihre nordischen Brüder.

Es war Donnerstag, und mein Vortrag stand erst für Freitag auf dem Plan, dem ersten Messetag. Ich nutzte die Gelegenheit, um den Park rund um das Messegelände zu erkunden. Parque Villa-Lobos ist ein recht gepflegter innerstädtischer Park, wo es seltsam ruhig war und es keinerlei Anzeichen auf Leben gab. Na gut, es gab ein paar Vögel, die sich nicht vermeiden ließen. Lärmende Bronzekiebitze patrouillierten über so ziemlich jede gemähte Grasfläche, die allgegenwärtigen Rabengeier glitten mit der Thermik dahin, und massenweise Schwarzsteißschwalben, die aussahen wie Mehlschwalben ohne den weißen Bürzel, jagten unsichtbaren Insekten nach. Die Rotbauchdrosseln, die am Boden jagten, erinnerten an Amsel-Weibchen mit rötlichen Unterleibern. Dazwischen befanden sich einige äußerst zutrauliche sandfarbene Rosttöpfer. Letztere erinnerten in Form und Gang an Stare, hatten den rötlich braunen Schwanz einer Nachtigall und flogen wie Spechte. Trotz dieser tollen Vögel kam ich mir ein bisschen vergackeiert vor. Wo waren die Affenhorden, die atmosphärischen Dschungelklänge und die farbenprächtigen, artenreichen Tangaren-Schwärme, die mir versprochen worden waren?

Von den einheimischen Vogelkundlern lernte ich rasch, dass viele der Vögel, auf die ich gehofft hatte, vor dem herannahenden Winter in nördlichere Breitengrade geflüchtet waren. Außerdem war mir nicht ganz klar gewesen, wie schwierig die Vogelbeobachtung in der Neotropis eigentlich ist. Manche der hiesigen Waldvögel sitzen völlig reglos in den Bäumen und verschmelzen noch mit dem dürftigsten Blattwerk. Hatte ich mit den getarnten oder ausgeflogenen Vögeln also einfach Pech gehabt?

Doch ich ließ mich nicht unterkriegen und schloss mich ein paar Tage später einer dreißigköpfigen Orni-Gruppe zu einem Spaziergang im Parque Ibirapuera im Herzen der Stadt an. Der Park lässt sich mit dem Central Park in New York oder dem Hyde Park in London vergleichen – alles voller Jogger, Radfahrer und Hundebesitzer. Trotz der Menschenmassen trieben sich zahlreiche Vögel in dem doch beachtlichen Angebot an Lebensräumen herum, zu denen ein großer See, Wald und Gärten gehörten. Auf dem See

SILBERREIHER

tummelten sich eine Vielzahl Olivenscharben, dazu Witwenpfeifgänse und genau die gleichen Teichhühner, wie wir sie in Großbritannien haben. Am Ufer standen mehrere große Rabengeier, die anscheinend an irgendeinem Meeting teilnahmen. Schmuckreiher und Silberreiher staksten im niedrigen Wasser herum, und ich entdeckte einen Mangrovenreiher, der sich in einen Uferbusch verzogen hatte.

Auch auf dem Trockenen gab es allerhand zu sehen. In den Bäumen saßen himmelblaue Sayacatangare und zutrauliche Tirikasittiche, die noch auf den dünnsten Ästen balancierten, um an die Früchte heranzukommen, und dabei fast herunterfielen. Ein Raunen ging durch meine Gruppe, als wir einen Rostbrauenvireo entdeckten, der im dichten Blattwerk vor sich hin zwitscherte. Ich hatte keine Ahnung, was diese Entdeckung bedeutete, hatte ich doch bislang noch nicht einmal von der Art gehört. Mein persönlicher Höhepunkt war das Graurücken-Wassertyrann-Paar, das plötzlich auf einem Busch nahe des Sees saß. Sie erinnerten an grau-weiße Steinschmätzer mit schwarzen Augenbinden und einer ähnlichen Schwanzmusterung. Die Ähnlichkeit war verblüffend, und doch gehören sie völlig unterschiedlichen Familien an.

Leider konnte ich das Stadtgebiet São Paulos nicht komplett nach Beobachtungsplätzen absuchen. Das lag einerseits an meinen Verpflichtungen bei der Avistar, andererseits aber auch daran, dass die Stadt nicht gerade der sicherste Ort ist, um High-Tech-Ausrüstung mit sich herumzutragen. Falls es dich aber jemals dahin verschlägt, sind der Zoo und der Botanische Garten lohnenswert – beides belebte Orte, an denen der Urban Birder auf seine Kosten kommt.

São Paulo war vielleicht nicht direkt pittoresk, doch die örtlichen Ornis waren warmherzig, hilfreich und hießen mich mit offenen Armen willkommen. Ich habe jetzt dreißig Facebook-Freunde vor Ort und damit genügend Übernachtungsmöglichkeiten entlang des atlantischen Regenwalds für eine sechsmonatige Auszeit.

Ich kam zwar weder zum Sambatanzen, noch sah ich die berühmten Schwärme neotropischer Wunder, genoss die Erfahrung aber trotzdem in vollen Zügen. Nächstes Mal dann eben im Sommer.

\#

HACKEDICHT ZUM GREIFVOGELZUG

Alkohol sollte man nie mit dem Vogelbeobachten vermischen – das verträgt sich einfach nicht. Das war morgens um halb sechs die erste Lektion, die ich auf meiner Istanbulreise lernte. Ich grübelte darüber nach, weshalb mein Guide Murat zwei Paar Augen hatte, während er mir die Route für den Tag erklärte. Wahrscheinlich sah ich dabei aus wie ein verwirrtes Chamäleon. Wie hatte ich mich bloß in diese peinliche Lage gebracht?

In den frühen Morgenstunden war ich mit meinem Begleiter Dean Eadess, der auf der Reise ein paar wildlebende Stadttiere fotografieren wollte, zu einer ausgedehnten Zechtour aufgebrochen. Erst nach fünf doppelten Wodka-Os merkte ich, dass ich hackedicht, aber in einer halben Stunde zum Urban Birding verabredet war. Mein schnelles Nickerchen hatte mich leider nicht ausgenüchtert, im Gegenteil: Ich fühlte mich jetzt noch betrunkener.

Istanbul war einer dieser mystischen Orte, bei denen ich dachte, dass ich niemals dorthin käme, aber jetzt, wo ich an einem sehr frühen Morgen Ende September tatsächlich hier war, wollte ich einfach nur noch sterben. Murat bekam von meinem Leid jedoch nichts mit und dachte, meine im Verlauf des Tages andauernden Nickerchen wären lediglich meiner Müdigkeit geschuldet.

Der erste Ort auf seiner Liste war einer der wichtigsten Vogelzug-Hotspots der Stadt: der Hügel von Küçük Çamlica, von wo aus man den Zug der Greifvögel über den Bosporus beobachten kann. Der Hügel ist im Grunde ein dünn bewaldeter Stadtpark, der einen überragenden Blick auf die Stadt

SCHLANGENADLER

bietet. Womöglich würde ich bald einem der größten Zugwunder der Welt beiwohnen, und ich konnte nicht mal geradeaus schauen. Wenn ich etwas von dem Spektakel mitbekommen wollte, das mit Einsetzen der Thermiken am späteren Vormittag losgehen sollte, musste ich wirklich rasch ausnüchtern. Nachdem ich gerade mal drei der etwa fünfzehn durchziehenden Zwergschnäpper ausmachen konnte, die durch die Baumkronen schwirrten, und beim Beobachten von vier tieffliegenden Baumfalken ins Schwanken geriet, beschloss ich, es sei an der Zeit für eine ordentliche Mütze Schlaf und machte es mir zum allgemeinen Amüsement auf einem flohverseuchten Fleckchen Straße bequem, auf dem sich Straßenhunde und -katzen tummelten. Ganz Istanbul ist voll von diesen größtenteils umgänglichen Streunern. Als ich eine Stunde später wieder aufwachte, juckte es mich zwar am ganzen Körper, aber davon abgesehen ging es mir tausend Mal besser. Ich war endlich in der Lage, mir ein paar Greifvögel vorzunehmen. Kurz darauf sah ich zusammen mit anderen Ornis aus ganz Europa auch schon die erste Welle großer Vögel am strahlend blauen Himmel vorbeiziehen. Steppenbussarde, Schlangenadler, Schwarz- und Weißstörche führten die Prozession in einer breiten Front an.

Der Hügel von Küçük Çamlica ist ein absolutes Muss für Vogelbeobachter, da der Greifvogelzug hier mitunter wirklich atemberaubend ist. Ein türkischer Kollege zeigte mir eine Aufnahme der vorigen Woche, als mehrere Tausend Schreiadler gleichzeitig unterwegs waren – ein phänomenaler Anblick. Im Laufe der Jahre ist die Anzahl der Greifvögel über dem Bosporus insgesamt jedoch stetig gesunken. Im Jahr 1966 zählten Richard Porter (Co-Autor von *Birds of the Middle East*) und seine Freunde zwischen Juli und November über zweihundertfünfzigtausend Zugvögel über Istanbul – die erste umfassende Zählung von ziehenden Greifvögeln und Störchen außerhalb von Hawk Mountain in den USA. Damals fand er außerdem zwanzig Paare nistender Schwarzmilane in der Stadt. Heute gibt es keine mehr.

Am Nachmittag fuhren wir weiter nach Norden zu einem nahegelegenen und erst kürzlich entdeckten Aussichtspunkt namens Toygar, der ein Tal am Meer überblickt. Von der Kuppe aus beobachteten wir weit über hundert Schreiadler, massenweise Steppenbussarde, Schlangenadler, dazwischen ein paar Sperber und Kurzfangsperber, einen Habicht und einen Zwergadler – und das oft aus nächster Nähe. Fast alle Schreiadler Europas kommen alljährlich an Istanbul vorbei, genau wie die gesamte osteuropäische Weißstörche-Population. Echt überwältigend.

Unser erster Tag endete am Riva-Strom an der Schwarzmeerküste, wo sich zahlreiche Mittelmeermöwen und Krähenscharben vergnügten, und sich Zippammer-Trupps bunt gemischt mit Samtkopf-Grasmücken und Schwarzkehlchen im Gebüsch fanden. Das Röhricht am Strom beherbergte die üblichen Reiher, eine Rohrweihe und Singvögel wie Gartenrotschwänze und Fitisse. An das Schilf grenzte Brachland, wo sich angeblich Brachpieper rumtreiben. Bei unserem

Besuch war es jedoch lediglich voller Bachstelzen mit einer einsamen Gebirgsstelze dazwischen, übrigens eine lokale Seltenheit.

Nach meinem ersten verhängnisvollen Tag verfiel ich wieder in mein altes Abstinenzler-Dasein und konnte entsprechend das reichhaltige Vogelangebot in der Stadt genießen. Am besten gefiel es mir an den Seen Büyükçekmece und Küçükçekmece, die beide mitten in der Stadt liegen. Ersterer war besonders bei Möwen beliebt, die man von der historischen Kanuni-Sultan-Süleyman-Brücke aus der Nähe beobachten konnte. Während wir in einem Café am Wasser Pfefferminztee tranken, unterschieden wir fünf Möwenarten, darunter mehrere Dünnschnabelmöwen, außerdem Weißbart-Seeschwalben, Zwergscharben, einen Löffler und einen rastenden Rosapelikan – alles mitten im Stadtgebiet.

ROSAPELIKAN

Anschließend nahmen wir die Fähre über den Bosporus zum Goldenen Horn, dem historischen Zentrum von Istanbul, wo wir hoch über den Köpfen der Touristen städtische Alpen- und Fahlsegler beobachteten, zudem Palmtauben und entwischte Halsband- und Alexandersittiche. Auf der Fähre konnte ich außerdem eine Erstsichtung in Form einer Gruppe Mittelmeer-Sturmtaucher verzeichnen, die sich einen Weg durch die zahlreichen Boote auf der Meerenge bahnten.

Istanbul ist eine faszinierende Stadt, nicht nur dank der warmherzigen Einwohner, der interessanten Architektur und der spannenden Kultur; sicher ist sie auch so besonders, weil eine Hälfte der Stadt in Asien, die andere in Europa liegt. Außerdem ist sie laut und voll und eine echte Mutprobe, wenn man nicht genau weiß, wohin man will oder keinen Fremdenführer hat. Ich fand es toll.

JERUSALEM, ISRAEL

GRÜNE OASE INMITTEN DER STADT

Israel haben ja viele Urban Birder auf dem Radar. Jeder weiß, dass die Chancen auf legendäre Beobachtungssessions dort hoch sind, vor allem an Orten wie Eilat im Süden des Landes, wo spektakuläre Zugvögel Halt machen. Einmal kam ich im Herbst nach Israel, um beim internationalen Hula Bird Festival einen Vortrag zu halten. Ich wollte dort in der Nähe der syrischen Grenze eine Woche verbringen und die über dreißigtausend überwinternden Kraniche und noch ein paar andere tolle Vögel erwischen. Das war zumindest der Plan. Schließlich war der Lockruf der Stadtlichter aber doch zu laut, und ich reiste nach ein paar Tagen weiter nach Jerusalem. Ich ließ die Zederngirlitze, Rotflügelgimpel und Steppenweihen hinter mir, und das für – tja, wofür eigentlich?

Da war ich also, in einem Bus voller schwatzender jüdischer Ornis aus Jerusalem, die sich am Vorabend im Hula-Tal meinen Vortrag angehört hatten. Sie hatten darauf bestanden, dass ich sie auf ihrer Reise begleitete. Unterwegs hielten wir am See Genezareth. Aus der Ferne war es ein wahrlich biblischer Anblick: ein schimmernder See im Jordangraben, auf dessen Oberfläche Jesus einst gewandelt sein soll. Ich bin eigentlich kein sehr religiöser Mensch, aber ich fragte mich doch kurz, ob mir dort nicht vielleicht eine Vision kommen und ich mein Fernglas in den See schmeißen würde, um Mönch zu werden. Nichts dergleichen geschah. Als ich ans Ufer trat, genauer gesagt auf einen erhöhten Gehweg, klappte mir stattdessen die Kinnlade herunter. Ich wurde nicht von einer religiösen Ikone begrüßt, sondern von einer geschmacklosen, touristischen „Kiss-me-quick"-Szene mit einer Klangkulisse aus dröhnendem Acid-House. Zum Glück konnte ich mich mit den Vögeln ablenken. Ein paar Nachtreiher standen auf den Stegen und warteten geduldig auf das nächste Boot. Armenienmöwen gesellten sich zu ihren schwarzköpfigen Verwandten auf den nahegelegenen Felsen, wo sich auch viele Zwergscharben tummelten. Ein fast zutraulicher Rallenreiher stakste auf den Felsen unterhalb der Promenade und behielt dabei vorsichtshalber eine Gruppe Straßenkatzen im Auge, die sich über eine Falafel-Verpackung hermachten.

NACHTREIHER

Wir erreichten Jerusalem bei Anbruch der Nacht. Am nächsten Morgen nahm man mich mit zur Vogelbeobachtungsstation im Herzen der Stadt. Sie lag mitten auf einem Berg, umzingelt von den Parlamentsgebäuden, einem Gerichtshof und einem Ziergarten – und hier sollten Vögel beringt werden? Und doch wurden in dieser viertausend Quadratmeter großen Oase mit den für eine Beobachtungsstation typischen Wasseranlagen und Büschen bereits mehr als zweihundert Arten entdeckt, und jährlich werden dort über siebentausend Vögel beringt, darunter Raritäten wie beispielsweise die Weißbrauendrossel.

Dieses Zentrum für wilde Tiere in der Stadt wurde 1994 gegründet und dient seither als Bildungseinrichtung für Schüler aus dem ganzen Land, die dort etwas über Vögel und Tierschutz lernen können. Das grüne Dach des Besucherzentrums war das erste „lebendige" in ganz Israel und bot siebzig Nistkästen für Kohlmeisen, Wiedehopfe und Spatzen. An diesem Morgen war eine Schulklasse zu Besuch, und ich saß gebannt neben den Schülern, als Salvadoribülbüls und Jerichonektarvögel aus den Netzen geholt wurden. Auch ein paar Rotkehlchen und Singdrosseln waren gefangen worden. Diese etwas graueren kontinentalen Versionen der britischen Vögel besuchen Jerusalem im Winter. Die Stadt erlebte außerdem einen großartigen Winter für Kernbeißer – wie bei unseren Seidenschwänzen variiert die Anzahl der Kernbeißer jeden Winter. In der Station und im angrenzenden Rosengarten entdeckte ich gut vierzig Stück. Es war aufregend, sie in der Hand zu halten und aus der Nähe zu betrachten. Interessanterweise gab es in diesem Winter auch in Großbritannien ein relativ hohes Aufkommen dieser Kirschkern knackenden Riesenfinken.

STEPPENWEIHE

Später schaute ich noch im Gazellental vorbei, einem zwanzig Hektar großen Stück Natur mitten in der Stadt und Heimat einer Handvoll der vom Aussterben bedrohten Palästinensischen Berggazellen. Zum Glück wurde das Gebiet durch die Gesellschaft für Naturschutz in Israel gerettet, und in den nächsten zehn Jahren soll es sogar nach dem Vorbild des London Wetland Centre zum ersten urbanen Naturschutzgebiet des Landes erklärt werden. Die westliche

Hälfte der Stadt schien viel üppiger mit mediterraner Flora bewachsen als die trockenere östliche. Dort war die Landschaft von Felsen und verkümmerten Bäumen geprägt, keine Spur von Leben. Dank meines ortskundigen Guides gab die Ödnis jedoch schon bald ihre Geheimnisse preis, und wir entdeckten leise singende Langschnabelpieper sowie eine größere Zahl Schwarzrücken- und Felsen-Steinschmätzer.

Als ich nach England zurückkehrte, wetterte auf meinem Blog jemand, ich würde die aktuelle politische Situation in Israel unterstützen. Meine Antwort war simpel: Mir geht es um die Natur und nicht um Politik. Wenn ich mir von der Politik vorschreiben ließe, wo ich Vögel beobachte und wo nicht, dann würde ich nie irgendwo hinfahren. Der Natur sind politische Grenzen egal. In vielen Ländern auf der ganzen Welt kämpfen Naturschützer trotz aller Schwierigkeiten vehement für die Erhaltung der Arten. Und dafür haben sie unseren Respekt und unsere Unterstützung verdient.

KERNBEISSER

# #

URBAN BIRDING
DER SUPERLATIVE

Der Abschied von Nairobi fiel mir schwer. Am Flughafen blieb kein Auge trocken. Die vergangenen fünf Tage waren eine faszinierende Urban-Birding-Achterbahnfahrt gewesen, wir hatten von Sonnenaufgang bis Sonnenuntergang verschiedene Orte in Stadt und Umland besucht. In dieser Zeit freundete ich mich mit mehreren Mitgliedern und Tourguides von Nature Kenya an, die mich zusammen mit der Tourismusbehörde von Kenia eingeladen hatten. Ich sah zahlreiche fantastische Vögel (und Säugetiere) und verdiente mir den Spitznamen „Lucky Lindo", da ich scheinbar dank reiner Willenskraft unerwartete Vögel heraufbeschwören konnte.

Ich war kaum dem Flieger aus London entstiegen, da nahmen mich die hingebungsvollen Naturschützer vor Ort schon unter ihre Fittiche. Ganz vorne mit dabei war Mike Davidson, ein Landsmann und ehemaliger Banker im Ruhestand, der sich als einer der nettesten

Menschen entpuppte, dem ich jemals auf Reisen begegnet bin. Den ganzen Tag über wichen mir er und bis zu vier Tourguides nicht von der Seite, bestimmten praktisch jeden Vogel, auf den mein Blick fiel, und zeigten mir außerdem all diejenigen, die mir überhaupt nicht aufgefallen waren. Ihr immenser Wissensschatz und ihre Bescheidenheit waren gleichermaßen überwältigend. Sie gaben mir das Gefühl, ich wäre ein Freund und nicht nur irgendein Tourist, den man mit Erstsichtungen vollstopfen musste.

Nairobi ist eine äußerst geschäftige Stadt und randvoll mit Menschen. Doch wenn man erst einmal über die Massen hinwegsieht, entdeckt man die Vögel – und zwar zuhauf. Kuhreiher hocken in Bäumen entlang der Straße, Palmtauben hüpfen von einem Ort zum nächsten, und die allgegenwärtigen Horden von Marabu-Störchen und Schwarzmilanen mit ihren gelben Schnäbeln schweben am Himmel. Manche Vogelfans haken diese Milane als Schmarotzermilane ab – eine ganz andere Art als der Schwarzmilan. Ich kann es ihnen nicht verdenken. Nairobi ist die vielleicht beste Stadt der Welt zur Vogelbeobachtung in der Stadt. Über sechshundert Arten wurden hier schon dokumentiert, mehr als die Gesamtliste vieler Länder. Während meiner Streifzüge sah ich über dreihundert Arten, davon einhundert, die mir neu waren.

Allerdings kann man hier nicht nonchalant mit der neuesten Ausrüstung um den Hals durch die Gegend spazieren, da die Kriminalitätsrate recht hoch ist. Doch es gibt auch zahlreiche sichere Orte, wo die Leute ringsum ebenfalls Vögel beobachten und nicht einen selbst. Die Stadtparks eignen sich zum Beispiel hervorragend, da sich dort zahlreiche Arten finden. Das ist manchmal schon echt verblüffend.

Einer davon sind die Uhuru Gardens und das dazugehörige Arboretum. Sumpfige Wiesen mischen sich dort mit einem Miniatur-Arboretum mit einer hohen Anzahl heimischer Bäume. Auf den ersten Blick wirkte der Ort nicht sonderlich vielversprechend. Eine vielbefahrene Hauptstraße grenzte an das Gelände, dazu eine riesige Baustelle sowie Kibera, mit über einer Million Einwohnern der größte Slum der Welt. Trotz der ausgesprochen städtischen Umgebung wimmelte es jedoch nur so vor Wald- und Wiesenvögeln. Ich besuchte den Park gemeinsam mit ein paar örtlichen Vogelbeobachtern, allen voran die legendäre Vogelkundlerin Fleur Ng'weno. Die gebürtige Französin leitet seit einundvierzig Jahren jeden Mittwoch ihren berühmten Vogelspaziergang durch die Stadt. Viele der besten Vogelkundler Kenias begannen ihre ornithologische Ausbildung unter ihrer Anleitung. Fleur war eine charismatische, unvergessliche Frau. Sie hatte mit ihren einundsiebzig Jahren noch mehr Energie, Enthusiasmus und Leidenschaft für alles, was mit der Natur zu tun hatte, als viele Leute, die nur halb so alt sind. Sie wusste alles über die Vögel Nairobis, was sich zu wissen lohnte.

SCHWARZMILAN

Sie konnte gerade die Merkmale eines Safranwebers auf eine Art beschreiben, die selbst meine Mutter verstehen würde, nur um keine drei Sekunden später wie angewurzelt stehen zu bleiben, um die Expeditionsteilnehmer auf eine unscheinbare Pflanze hinzuweisen. Ich hing an ihr wie eine Klette, während wir glamouröse Spiegelweber-Männchen auf Büschen beobachteten, einer einsamen Weißbrauen-Uferschwalbe durch die Wiesen folgten und eine weitere Überraschung in Form eines smaragdgrünen Klaaskuckucks entdeckten, mit dem nicht einmal Fleur selbst gerechnet hatte. Die Harlekinwachtel, die wir vom Boden aufscheuchten, verdient ebenfalls besondere Erwähnung. Und das sind nur vier der etwa siebzig Arten, die wir während unseres zweistündigen Besuchs entdeckten.

Den Rest der Zeit verbrachte ich mit Mike und meiner privaten Guideschar. Umgeben von so vielen Experten füllte sich meine Sichtungsliste mit schon fast bedenklicher Geschwindigkeit. Ich hatte kaum Zeit, einen Vogel zu notieren, da wurde schon meine nächste Erstsichtung verkündet. In Kinangob, einem von Nature Kenya verwalteten Naturschutzgebiet, musste man mich von einem Rotkehl-Wendehals geradezu wegzerren, der es sich praktischerweise auf einer Mauer am Besucherzentrum bequem gemacht hatte, damit ich dabei helfen konnte, einen ultraseltenen Zitronenpieper in einem nahegelegenen Feld auszumachen.

Kenia ist ein echtes Vogelparadies, aber ras nicht einfach nur durch Nairobi auf dem Weg zu solchen Touri-Highlights wie der Masai Mara. Verbring ein paar Tage in der Stadt. Einen Tag hielten wir uns im Nationalpark Nairobi am Stadtrand auf und dokumentierten allein dort fast zweihundert Arten. Das nenne ich doch mal anständiges Urban Birding.

# #

ADDIS ABEBA, ÄTHIOPIEN

BIRDWATCHING IN DER OPEN-AIR-LATRINE

Hast du dir schon mal eine Runde Nackt-Birdwatching gegönnt? Ich stand Anfang Mai an meinem ersten Morgen in Addis Abeba, der Hauptstadt Äthiopiens, jedenfalls kurz davor. Am Vorabend war ich im Schutz der Dunkelheit als Teilnehmer einer gemeinsamen Mission von BirdLife International und der RSPB angereist, um vier der rätselhaftesten und seltensten endemischen Arten des Landes zu untersuchen: den hübschen Akazienhäher, den glamourös klingenden Ruspoliturako, die mysteriöse Weißschwanzschwalbe sowie die seltenste Art von allen, die wenig bekannte Sidamospornlerche. Bevor ich allerdings das äthiopische Hinterland stürmen würde, sollte ich meine Vogellehre am Horn von Afrika ableisten, indem ich in Addis die üppige Vogelwelt dieses spannenden Landes erkundete.

Ich weiß noch, wie ich in meinem spartanischen Hostelzimmer von blendendem Sonnenlicht geweckt wurde und monströse Kakerlaken in der Wanne krabbeln hörte. Allerdings machte mir das Geräusch meiner Kollegen, die draußen bereits Vögel beobachteten, mehr Sorgen. Ohne nachzudenken kletterte ich aus dem Bett und lief hinaus in den Garten. Sofort fiel ich einer Reizüberflutung zum Opfer. Es war, als würde ich eine virtuelle Diashow betrachten: überall waren Vögel. Ein Rüppellgirlitz verwandelte sich in eine Cabanisdrossel, während sich über mir Braunsegler den Luftraum mit Schildraben und Trauerturteltauben teilten. Ich wusste wirklich nicht, wohin ich zuerst schauen sollte, und der Schlaf in meinen Augen machte mir die Sache nicht gerade leichter. Dennoch erhaschte ich einen fast eindeutigen Blick auf eine durchziehende Klappergrasmücke im Blattwerk eines kleinen Baums – ein Hauch von Vertrautheit inmitten dieses Vogelparadieses. Erst da merkte ich, dass ich lediglich mit einer Unterhose bekleidet war und zog mich hastig in mein Zimmer zurück, um mir Klamotten und natürlich mein Fernglas zu schnappen.

Addis Abeba ist ein echter Urban-Birding-Hotspot, an dem man bis zu zwanzig der hiesigen endemischen Arten entdecken kann. Der Rüppellgirlitz etwa, den ich gleich zu Beginn gesehen hatte, lässt sich hier leichter finden als praktisch irgendwo sonst im Land. Nachdem ich in ein komfortableres Hotel übergesiedelt war, zog ich die nächsten paar Tage auf der Suche nach geeigneten Fleckchen durch Stadt und Umland, wobei ich von massenweise kreisenden Schmarotzermilanen sowie Kappengeiern und Weißrückengeiern beobachtet wurde.

KLAPPERGRASMÜCKE

Ich besuchte die innerstädtischen Gärten des Hotels Ghion, wo mir zahlreiche gefiederte Schönheiten einen Blick gewährten. Mit manchen konnte ich absolut nichts anfangen, aber die Braunrückenröteln, die an mir vorbeizischten, um sich im Blattwerk zu verstecken, wie große, leuchtende Gartenrotschwänze, und die

Tacazzenektarvögel auf Futtersuche, deren Männchen lange Schwänze und ein unglaublich schillerndes Gefieder tragen, ließen sich leichter bestimmen.

Die Hügel von Entoto in den nördlichen Ausläufern der Stadt waren nur eine kurze Taxifahrt von meinem Hotel entfernt und eine echte Oase für verschiedene Gebirgsvögel. Almenschmätzer waren in Hülle und Fülle vorhanden und wenig schreckhaft. Die niedlichen kleinen braunen Vögel mit den kurzen schwarz-weißen Schwänzen sehen aus wie das verrückte Kind eines Rotkehlchens, eines Steinschmätzers und eines Schwarzkehlchens. Der Star in den Hügeln war jedoch ein hübscher, gelbbrauner Wahlbergsadler, der über mich hinwegsegelte. Außerdem erkundete ich noch andere großartige Fleckchen in der Stadt, Yeka Park etwa und den Bihere Tsige Public Park. Beide sind botanische Gärten, die einen geringen Eintrittspreis verlangen (etwas mehr, wenn man eine Kamera

ISABELLWÜRGER

um den Hals trägt), der sich allerdings absolut lohnte. Es wimmelte förmlich vor Exoten wie Blaubrustspint, Nubierspecht und Weißrückenmeise.

Der spannendste Ort, den ich entdeckte, war gleichzeitig kein typisches Vogelgebiet. Vom Hoteldach beobachtete ich die Kappengeier, nachdem ich mich an der Rezeption keck erkundigt hatte, ob ich mich dort oben einmal umsehen durfte. Ich hatte mit einer abschlägigen Antwort gerechnet, doch wir waren hier nicht in England, sodass auf körperliche Unversehrtheit und Sicherheit kein großer Wert gelegt wurde. Ich wurde von einem Zimmermädchen in ein Zimmer im obersten Stockwerk geführt, von wo ich aus dem Fenster auf ein klappriges Wellblechdach kletterte. Geistesgegenwärtig hatte ich mir noch schnell ein Kissen geschnappt, da es dort oben vermutlich keine allzu bequemen Sitzgelegenheiten gab. Während ich also dort auf meinem Kissen saß, entdeckte ich einen Blaubrustspint, der auf einem Telegrafendraht auf einem interessanten Stück Brachland landete. Den Flecken musste ich sofort erkunden, und ich verliebte mich direkt. Das sechs Hektar umfassende Areal lag direkt hinter meinem Hotel und sollte wohl eine Baustelle darstellen. Alles war voller Schutt, Disteln und anderem invasiven Gestrüpp. Außerdem tummelten sich hier zahlreiche Einheimische, die mein ausgewähltes Gebiet auf meinen täglichen zwei Besuchen als öffentliche Open-Air-Latrine nutzten. Der Gestank war zwar fast unerträglich, doch die örtlichen Fliegen betrachteten den Ort natürlich als Himmelsgeschenk, sodass ich hier ein paar tolle Vögel entdeckte. Jeder Tag brachte eine neue Überraschung mit sich, darunter auch viele Zugvögel auf dem Weg nach Europa. Ich fand mehrere äußerst blasse Dorngrasmücken der östlichen Unterart, Schilfrohrsänger und einen außergewöhnlich grau-weißen Fitis, die auf den Fäkalien herumhüpften. Zweifelsohne wurden sie von den leckeren Fliegen angelockt. Ein Fiskalwürger-Paar war ebenfalls ansässig, und Akaziendrosseln patrouillierten die Ecke täglich zusammen mit anderen örtlichen Arten. Ein absolut traumhaftes Neuntöter-Männchen schaute über mehrere Tage hinweg vorbei, und ein wunderschönes Isabellwürger-Männchen ließ sich auch eines Nachmittags blicken. Der Anblick wurde von einem hockenden Mann mit runtergelassener Hose im Hintergrund jedoch leicht getrübt.

Auf meinem stinkenden Fleckchen verzeichnete ich über sechzig Arten und beobachtete sogar einen endemischen Klunkeribis dabei, wie er genüsslich Kothaufen verschlang – pfui Teufel! Doch das zeigt wieder einmal, dass man überall auf der Welt und noch an den scheinbar ungeeignetsten Orten angenehm überrascht werden kann, wenn man sie nur regelmäßig besucht.

# #

BANGKOK, THAILAND

BIRDING-BREAK IM PARADIES – UNMÖGLICH

Eines Morgens kurz vor Weihnachten wachte ich auf und stellte fest, dass ich völlig ausgelaugt war. Das Urban Birding an den unterschiedlichsten Orten in Verbindung mit meinen Vortragsreisen forderte seinen Tribut. Nach monatelangen Überredungsversuchen meiner Freundin ließ ich mich deshalb endlich breitschlagen, ein wenig Urlaub zu nehmen. Sie lud mich auf die alljährliche Weihnachtsreise zur Familie ihrer Schwester nach Bangkok ein. Um das gleich klarzustellen: Meine Freundin ist kein Vogelfan, aber wie so viele Partner besessener Birdwatcher toleriert sie meine Sucht. Pro Woche kann ich mit etwa zwei Stunden aufrichtigem Interesse rechnen, danach ist Schluss, und meist tritt die Übersättigung ohne Vorwarnung ein. Als Kompromiss versprach ich deshalb, mein Fernglas diesmal zu Hause zu lassen und mich nicht die gesamten zwei Urlaubswochen rar zu machen, um flatternden Schatten im Dschungel hinterherzujagen, sondern zur Abwechslung mal einen gewöhnlichen Stadtplan in die Hand zu nehmen. Doch insgeheim ahnte ich bereits, dass das nicht einfach für mich werden würde. Bangkok ist riesig, die Einwohnerzahl ist mit der Londons vergleichbar. Ich fand die Stadt faszinierend: viel Gewusel, eine coole Atmosphäre, Hitze und Vögel in Hülle und Fülle. Ich weiß noch, wie ich heimlich einige Rötelschwalben beobachtete, die zusammen mit ihren viel häufigeren Rauchschwalben-Kameraden durch die Lüfte schossen. Ich selbst lag währenddessen völlig unbeweglich bei der Schwester meiner Freundin im Garten und versuchte, meinen Jetlag auszukurieren. In den Bäumen über mir war ein Gelbbrauen-Laubsänger auf Nahrungssuche unterwegs und pickte flötend winzige Insekten von den Blättern. Ein Fächerschwanz flitzte mit breit gefächertem Schwanz umher, ein Pärchen Dajaldrosseln tollte durch die Gegend und ein Eisvogel, der mich an zu Hause erinnerte, saß auf einem Pfahl im an den Garten grenzenden

See. Alles lief nach Plan. Ich hielt mich mit dem Vogelbeobachten zurück und meine Freundin war glücklich. Perfekt.

Doch die Versuchung ließ nicht lange auf sich warten. Am nächsten Tag meldete sich Dave Gandy bei mir, ein alter Freund, der inzwischen in Bangkok lebte. Er hatte über Weihnachten eigentlich verreisen wollen, seine Pläne aber kurzfristig geändert, und jetzt versuchte er mich zu einer kleinen morgendlichen Expedition in sein örtliches Jagdrevier im Nordwesten der Stadt zu verleiten, Suan Rot Fai, auch bekannt als Wachira Benchathat Park oder Railway Park. Um einem möglichen Zornesausbruch vorzubeugen, nahm ich meine Freundin kurzerhand mit. Zu dritt verbrachten wir ein paar tolle Stunden mit der Erkun-

GELBBRAUEN-LAUBSÄNGER

dung dieses städtischen Naturparadieses, das sich damals noch von den Folgen der Überschwemmungen erholte, die Bangkok in den Wochen zuvor heimgesucht hatten. Es handelt sich um einen ausgiebig genutzten Park mit über fünfzig Hektar lichten Wäldern, die von kleinen Bächen durchzogen sind. Vögel gab es im Überfluss, von den allgegenwärtigen Feldsperlingen über Königsdrongos bis hin zu einem wunderschönen Trauerraupenfänger. Dave erläuterte uns gerade die Merkmale eines Taigazwergschnäppers, der vor uns in einem niedrigen Baum saß, als aus demselben Geäst unverhofft eine prächtige Hinduracke in schillerndem Königsblau hervorflatterte. Später entdeckten wir sogar einen verirrten Blaukehl-Schnäpper, der sich seit einigen Wochen in der Gegend herumtrieb. In den zwei Jahren, die Dave nun schon diesen Park durchstreifte, hatte er hundertvierzehn Arten gesichtet, darunter einige Exemplare von großem regionalen Seltenheitswert. Mich hat dieses unerwartete Juwel von einem Beobachtungsgebiet schwer beeindruckt.

Und auch meine Freundin ließ sich von all den „hübschen Vögeln" in Suan Rot Fai bezaubern. Sie war mir wohlgesonnen, und alles lief super. Ein paar Tage später reisten wir etwa zweihundert Kilometer weiter nach Süden, um etwas Zeit in Hua Hin zu verbringen, einem Badeort, in dem meine Freundin sich umgehend eine Mandelentzündung einfing. Praktischerweise lag unsere Urlaubsanlage nur eine Autostunde südlich von Pak Thale, der weltbekannten Salztonebene. In diesem Schlaraffenland für Watvögel tummeln sich im Winter auch die Vertreter einer der seltensten und rätselhaftesten Vogelarten überhaupt: die Löffelstrandläufer. Also nahm ich, derweil meine Liebste leidend im Bett lag, ein Taxi zu diesem Watvogelwunderland und ergötzte mich zwei Tage in Folge am Anblick Hunderter Teichwasserläufer, Dunkler Wasserläufer, Rotkehl-Strandläufer und zahlreicher weiterer Regenpfeiferartiger wie dem Pazifischen Goldregenpfeifer und Terekwasserläufer. Obwohl ich einige für die

Region seltene Funde verbuchen konnte, etwa ein Odinshühnchen und einen Säbelschnäbler, kam mir das größte Objekt meiner Begierde, der Löffelstrandläufer, leider nicht unter, vor allem da ich kein Spektiv dabeihatte. Doch es war völlig undenkbar, Thailand ohne einen Blick auf diesen Vogel wieder zu verlassen, also musste ich zwangsläufig schweres Geschütz auffahren.

Und hier kommt Phil Round ins Spiel, der umtriebigste Vogelbeobachter Thailands, Wiederentdecker des einst als ausgestorben geltenden Goldkehlpitta und ein in jeder Hinsicht leidenschaftlicher Vogelexperte. Ich überzeugte meine

DUNKLER WASSERLÄUFER

Freundin, einen Tag früher als geplant aus Hua Hin abzureisen und auf dem Rückweg nach Bangkok ein kleines Treffen mit Phil in Pak Thale einzuschieben, dort hoffentlich einen Blick auf die Löffelstrandläufer zu erhaschen und pünktlich zum Mittagessen wieder in der Hauptstadt zu sein. Tja, zwölf Stunden, fünf Löffelstrandläufer, ein Schwarzstirnlöffler und zahllose weitere Sichtungen später erreichten wir endlich das verstopfte Bangkok. Die Sonne ging bereits unter, und ich hatte mich in die größte anzunehmende Klemme manövriert.

In der verbleibenden Urlaubszeit musste ich um des lieben Friedens willen völliges Desinteresse an Vögeln heucheln. Immerhin konnte ich noch einen kleinen Abstecher nach Bang Poo einrichten, gleich außerhalb von Bangkok. Dort gibt es eine Strandpromenade ähnlich der von Brighton, wo die Einheimischen Tausende kreischender Braunkopfmöwen fütterten, allerdings nicht mit Brot, sondern mit Nudelstückchen und Garnelen. Während des kurzen Ausgangs, der mir gewährt wurde, entdeckte ich zwischen all den anderen Möwen sechs Lachmöwen, und weiter oben am Himmel flog ein

Fischadler vorüber, aber eine Fischmöwe – ein imposantes Tier, das man in dieser Gegend manchmal beobachten kann – war mir nicht vergönnt.

Ich habe meinen Bangkok-Aufenthalt in vollen Zügen genossen und hätte noch viele Seiten über die örtlichen Beobachtungsmöglichkeiten schreiben können. Aber zuerst sollte ich mich wohl daran machen, meine Freundin zum Urban Birding zu bekehren.

FISCHADLER

#

CHIANG MAI, THAILAND

RIESENKLEIBER UND MONSTEREULEN

Ich liebe Thailand, und das nicht nur wegen seiner Tier- und Vogelwelt. Die Thailänder sind ein sehr freundliches Volk, bescheiden und mit einem leicht hinterhältigen Sinn für Humor. Das kam mir sofort in den Sinn, als ich die Namensschilder einiger der Angestellten in meinem Hotel in Chiang Mai las. Bei Dhum, Chompoo und Porn musste ich unweigerlich kichern. Die Eltern hatten wohl ganz schön einen sitzen, als sie diese Namen für ihre Kinder aussuchten.

Mein Weihnachtsbesuch in Bangkok im Vorjahr war unter Birdwatching-Gesichtspunkten ein voller Erfolg gewesen. Als kleines Schmankerl hatte ich sogar einen Blick auf fünf Exemplare einer der weltweit am stärksten vom Aussterben bedrohten Vogelarten erhascht: den Löffelstrandläufer. Nun wollte ich eine neue Seite von Thailand kennenlernen und ins nördlicher gelegene Chiang Mai reisen, nahe der Grenze zu Myanmar.

Chiang Mai ist ein echtes Kontrastprogramm zu Bangkok. Die Stadt liegt am Fuß der Gebirgskette Thanon Thong Chai, ist kleiner, künstlerisch angehaucht und voller Tempel. Im Norden erhebt sich Doi Inthanon, mit 2565 Metern der höchste Berg Thailands. Für thailändische Urlauber ist es ein Erlebnis, vor dem Morgengrauen den Gipfel zu besteigen, mal zu frieren und echten Raureif zu sehen. Der beste Ort zur Vogelbeobachtung in der Gegend ist das Schutzgebiet Chiang Dao. Aufgrund der riesigen Vogelvielfalt gilt es als eine der besten Adressen im ganzen Land. Die zwei Arten, auf die Vogelfans hier am sehnlichsten hoffen, sind der Riesenkleiber und der Burmafasan.

Bei meiner frühmorgendlichen Fahrt zum Gipfel auf der Ladefläche eines Pick-ups stellte sich erfreulicherweise mal wieder das Lindo-Glückspilzsyndrom ein: Der erste Vogel, den wir zu Gesicht bekamen, war eine Langschwanz-Nachtschwalbe, die vor uns von der im Halbdunkel liegenden Straße aufflog. Als zweite Art beehrten uns zwei verschiedene männliche Burmafasane, obwohl diese Vögel sich eigentlich nur selten blicken lassen. Einer der beiden spurtete kurz neben unserem Fahrzeug her, der andere rannte vor uns auf die Straße, bedachte uns mit einem raschen Blick und suchte dann schleunigst das Weite. Diese Vögel sehen aus wie eine grauschwänzige, verwaschene Variante unserer heimischen Fasane und sind eine echte Rarität – offenbar werden sie nur bei einem Drittel aller Besuche im Naturschutzgebiet gesichtet. Bevor wir überhaupt richtig angekommen waren, hatte ich dann auch schon den Riesenkleiber im Sack. Und der war wirklich ein Brocken. Stell dir einen Kleiber von der Größe einer Singdrossel vor und du weißt, was ich meine.

Nachdem ich meine Wunschliste also gleich zu Beginn abgearbeitet hatte, verbrachte ich die restlichen fünf Tage in der Stadt selbst und nahm den urbanen Teil der Vogelsuche in Angriff. Die erste Art, die mir in Chiang Mai unterkam, war ein prachtvoller Purpurnektarvogel, der praktischerweise ganz in der Nähe meines Taxis auf einem Baum hockte, als ich gerade vom Flughafen kam. Im Nachhinein bin ich froh, dass ich ihm einige Aufmerksamkeit schenkte, denn wie sich herausstellte, sollte ich keinen weiteren mehr zu Gesicht bekommen. Ganz anders verhielt es sich mit den unzähligen Gelbbrauen-Laubsängern, deren unablässiger „Sirrri-sirrri"-Ruf aus so gut wie jedem Baum ertönte, egal wo ich mich gerade aufhielt.

Ein Blick auf den Stadtplan verriet mir, dass es in meiner Nähe anscheinend kaum bis gar keine Grünflächen gab, also nahm ich am zweiten Morgen ein Taxi zum See Huay Tung Tao am Stadtrand. Er ist von einem mit Straßen durchzogenen Waldgebiet umgeben, und alles untersteht der Zuständigkeit des Militärs. Das Gelände bescherte mir einige neue Sichtungen, darunter einen ziehenden Trupp Waldpieper, die mir in Großbritannien bisher verwehrt geblieben waren. Am späteren Vormittag musste ich das Feld allerdings räumen, weil alles von Pfadfindergruppen und, wenig überraschend, Soldaten überrannt wurde.

Zurück an meinem städtischen Stützpunkt beschloss ich, die unmittelbare Umgebung zu erkunden, in der verzweifelten Hoffnung, doch noch auf ein geeignetes Beobachtungsrevier zu stoßen. Zunächst war meine urbane Expedition nicht von Erfolg gekrönt. Der Fluss Ping miefte, und an seinen

WALDPIEPER

Ufern war nichts zu holen außer ein paar jagender Rauchschwalben und Rotkappenschwalben. Ich setzte die Erkundungstour also fort und stolperte unter anderem versehentlich in einen Puff, den ich für ein Einkaufszentrum hielt – eine längere Geschichte. Schließlich entdeckte ich eine Fläche vermüllten, struppigen Sumpflands mit vereinzelten Bäumen und einer Menge kläffender, wilder Tölen. Mitten hindurch floss ein unter Seerosen begrabener Bach, und das gesamte Gelände war von Häusern umstanden, besonders auf der Ostseite, wo ein großer, hässlicher Wohnblock aufragte. Also praktisch ideal, und nur zehn Minuten Fußweg von meinem Hotel entfernt.

An drei Vormittagen verzeichnete ich fast vierzig Arten, vom hier beheimateten Taigazwergschnäpper (eine recht neue Abspaltung vom Zwergschnäpper) bis hin zu scheuen Teichhühnern, die zusammen mit Weißbrust-Kielrallen im Gestrüpp herumwuselten. Zu meinen liebsten Entdeckungen gehörten die herrlichen Schwärme pastellfarbener Graukopfstare. Sie flogen in kleinen Grüppchen umher, ließen sich gleich einer Horde Seidenschwänze auf fruchttragenden Bäumen nieder und schlangen Beeren in sich hinein.

Doch der Superstar meines städtischen Refugiums war eindeutig ein Eulenjunges des Kuckuckszwergkauzes, das ich auf dem hervorragenden Ast eines hohen Baumes sitzen sah. Lass dich bei Eulenjunges nicht täuschen: Dieser Vogel ist ein Monstrum. Das sichelförmige Streifenmuster in seinem Gesicht, das rund um die einschüchternden gelben Augen immer schmaler wurde, ließ ihn nicht gerade sympathischer erscheinen. Sobald der Vogel merkte, dass ich mein Fernglas auf ihn gerichtet hatte, schwang er sich vom Baum und flog mit kraftvollen Flügelschlägen zum nächsten, sodass Tauben und Stare in sämtliche Himmelsrichtungen davonstoben.

Auf Reisen musst du nicht unbedingt meilenweit zu den verlockendsten Schutzgebieten außerhalb der Stadt fahren, um auf die schönsten Arten zu treffen. Oft reicht es, um die nächste Ecke zu biegen und die Augen offen zu halten.

# #

TAIPEH, TAIWAN

SENIOREN, TROPHÄEN-JÄGER UND ATAS LÄCHELN

„Erwähn bloß nie die Nummer Vier, die steht in diesem Land für den Tod." Bei diesen Worten meines Guides musste ich doch kurz schlucken, während ich auf vier Südseeschwalben auf einem Telegrafenmast starrte. Ich befand mich in der Hauptstadt Taiwans, in der Firma meines ortskundigen Guides Kuen-Dar Chiang (oder kurz Ata) und suchte wie immer Straßen und Parks nach den besten Möglichkeiten ab, Vögel zu sehen. Die asiatische Metropole Taipeh hat acht Millionen Einwohner, und einige weitere Millionen leben zusätzlich in den Vorstadtbezirken. Ehrlich gesagt wusste ich vor meinem Besuch nicht viel über Taiwan. Lediglich, dass es eine Insel vor dem chinesischen Festland war und dass der Name oftmals hinter den Worten „Made in" zu lesen war. Ich war also ziemlich ahnungslos.

Nach einem vierzehnstündigen Flug und nur drei Stunden Schlaf stand ich morgens um vier schon wieder auf und fühlte mich entsprechend fertig. Ich verließ mein Hotel und spazierte durch die erwachenden Straßen der Stadt. Der erste Vogel, den ich sah, war ein Feldsperling. Schnell wurde mir klar, dass dieser in Großbritannien ausschließlich auf dem Land vorkommende Vogel in Asien ein richtiger Städter war. Zierliche Östliche Perlhalstauben mit ihrem gepunkteten Nackengefieder waren ebenso zahlreich wie Rauchschwalben – dieselben, die wir auch zu Hause haben, nur mit helleren Bäuchen. Sie flatterten durch die geschäftigen Straßen und nisteten offen auf den Häusern der Innenstadt. Dann kam ich an einem Park im Stadtzentrum vorbei, wo sich zahlreiche taiwanesische Senioren in praktisch identischen Sportanzügen ungelenk im Takt zu den Anweisungen eines ebenso alten Trainers bewegten. Andere waren allein unterwegs, liefen im Park umher und reckten und streckten sich dabei. Ich suchte einen sumpfigen Teich im Zentrum des Parks ab und versuchte angestrengt, die zappelnden Rentner neben mir zu ignorieren. Bald schon entdeckte ich einen beeindruckenden Wellenreiher, der viel bunter war als die Nachtreiher in Europa. Er wirkte fast schon reptilartig, wie er da unter einem Baum stand und sich unsichtbar machte.

Am späteren Morgen nahm mich Ata mit zum Daan Park. Auch in dieser Grünanlage gab es neben den zahlreichen Vögeln eine große Seniorenpopulation. Wir entdeckten ein Schopfhabicht-Paar, das in einem dünn bewachsenen Baumwipfel nistete, und genossen den Anblick einheimischer Arten wie Chinabülbül sowie einer kleinen Nachtreiher-Kolonie auf einer Insel in dem kleinen See. Der mit Abstand beste Fund waren für mich die Orientturteltauben, auf die ich schon seit Jahren erpicht gewesen war. Es war großartig, so viele von ihnen in ihrem natürlichen Lebensraum zu sehen. Die hohe Luftfeuchtigkeit brachte mich ordentlich ins Schwitzen, doch das war eine gute Abwechslung zum sonstigen Rumstehen in der Kälte vor anderer Leute Gärten in Oxford mitten im Winter, in der Hoffnung, einen Blick auf einen verirrten Vogel zu erhaschen.

Im botanischen Garten fiel mir eine weitere Eigenheit Taipeis auf. Hin und wieder kamen wir an Männergruppen vorbei, die geduldig mit ihren Fotoobjektiven an einem Baum oder einer Lichtung standen, als würden sie auf eine Sensation warten. Diese Typen waren jedoch keine Urban Birder, sondern einfach hinter fotogenen Vögeln her. In diesem Fall war ihr Ziel einer der vielen ausgebrochenen Exoten Taiwans, eine Dajaldrossel – ein hübsches Mohrenschwarzkehlchen, aber dennoch ein Entflohener. Komischerweise ignorierten sie andere, weniger schrille einheimische Arten vollkommen und hatten

FLUSSUFERLÄUFER

absolut kein Benehmen. Ich sah, wie eine Horde von ihnen eine leicht bekleidete Frau auf einer Bank fotografierte – zumindest wirkte es auf mich so, als wäre sie das eigentliche Objekt ihrer Begierde. Sie waren reine Trophäenjäger. Wenn sich die Menschheit doch nur ein Beispiel daran nehmen und generell zu 600mm-Objektiven greifen würde an statt zu Waffen.

Mein Lieblingsort der Stadt war natürlich das Naturschutzgebiet Guandu, das von der Gesellschaft für Wildvögel in Taipei betrieben wird. Das dreiundzwanzig Hektar große Reservat besteht aus gut durchdachten Wegen, Verstecken und Teichen, die von einem zusätzlichen Wattgebiet, Reisfeldern und Marschland umgeben sind. Als wir dort ankamen, braute sich gerade ein Sturm zusammen, und bedrohlich dunkle Wolken krochen unheilvoll über die Berge auf uns zu.

Das Sumpfgebiet ist ein toller Ort für Wasservögel. Während wir Scharen von Seiden- und Östlichen Kuhreihern sowie ein paar Heilige Ibisse beobachteten, die zu ihren Schlafplätzen flogen, schoss ein Eisvogel an uns vorbei. Zahllose kleine Rauchschwalben wirbelten herum. Sie teilen das klassische Farbschema einer Schwalbe, doch die verlängerten Schwanzfedern sind kaum vorhanden. Dafür haben sie breitere und etwas längere Flügel. Unter sie mischten sich elegante Südseeschwalben. Die Watvögel waren ebenfalls gut vertreten durch ein paar Rotkehl-Strandläufer, Teichwasserläufer und einen Flussuferläufer, der mir ein Gefühl von Vertrautheit gab.

Taipeh ist an sich schon eine wahre Perle für Ornis, aber meine Reise wurde durch Atas Expertise noch interessanter. Sein freundliches Lächeln wich ihm während meines gesamten Aufenthaltes kein einziges Mal aus dem Gesicht, nicht einmal, als ich sicherheitshalber behauptete, ich hätte auf einem Telegrafenmast fünf Südseeschwalben gesehen.

NACHWORT

Es vergeht kein Tag, an dem ich nicht staunend die Natur inmitten meiner städtischen Lebenswelt betrachte. Vögel sind mein Leben und meine Leidenschaft, sie zu beobachten ist für mich gleichzeitig Rückzugsmöglichkeit und Therapie. Ohne sie könnte ich wohl nicht leben. Für mich ist jeder Tag ein guter Tag. Ich schaue in den Himmel und sehe einen Kormoran geschäftig über mir dahinfliegen, oder höre im Frühling eine Kohlmeise singen, deren monotones Zwitschern wie ein altmodischer Radiowecker klingt. Selbst eine Ringeltaube, die gemütlich halb wegflattert, halb weghüpft, weil ich sie aus Versehen beim Krümelpicken aufgescheucht habe, erfüllt mich mit Freude. Ich wäre sehr traurig, wenn ich das nicht mehr jeden Tag erleben dürfte.

Dieser Quell der Ruhe und der Freude steht jedem offen, überall auf der Welt. Und das Beste: Dieser Spaß ist auch noch völlig kostenlos. Außerdem kann man mit etwas Engagement selbst dazu beitragen, die Vogelwelt zu schützen, was dann dazu führt, dass sie noch mehr Menschen zugänglich wird.

Jeder von uns kann sich in dieses Hobby verlieben, und jeder von uns *sollte* das auch. Und nicht nur einmal, sondern jeden Tag aufs Neue, immer wieder. Also los, lass dich darauf ein und verlieb dich. Die Vögel werden deine Liebe erwidern und dich bis ans Ende deiner Tage begeistern.

DANKSAGUNG

Dieses Buch und die vielen Abenteuer, die ich als Urban Birder erlebt habe (und immer noch erlebe), wären nie ohne die Zeitschrift „Bird Watching" möglich gewesen. Ganz herzlichen Dank für die tolle Unterstützung und die redaktionelle Plattform, die mir dort geboten wurde. Besonderer Dank gebührt den ehemaligen und aktuellen Redakteuren David Cromack, Kevin Wilmott, Sheena Harvey und Matthew Merrit.

Außerdem möchte ich mich bei den Menschen bedanken, die mir in so vielfältiger Weise dabei geholfen haben, meine Geschichten zu erzählen. Falls ich jemanden vergesse habe, bitte ich um Nachsicht: Margaret Adamson, Peter Alfrey, Dave Allen, Dr. Sharon Arkin, Martha Argel, Steve Ashton, Mark Atkinson, Amir Balaban, Mark & Gill Baker, Xana Batista, Cynthia Bendickson, Stephen Boddington, Murat Bozdogan, Emily Broad, Paul Brook, Chris Brown, Nick Brown, Roger Brown, Guto Carvalho, Sharon Cavanagh, John Charman, Kuen-Dar Chiang, Mr Chiang, Toby Collett, Jim Coyle, Megan & Mike Crewe, Richard Crossley, Mike Davidson, Abiy Dagne, Ed Drewitt, Kim Dixon, Sarah Doble, Malcolm Duck, Andrew Easton, Collin Flapper, Richard Fray, Dave Gandy, Roland Gauvian, Iain Gibson, Gerard Gorman, Holger Haag, John Hague, Penny Hayhurst, Sheri Henneberger, Peter Herkenrath, Martin Hierck, Sam und Tina Hobson, Claire Holder, Ben Hurley, João Jara, Les Johnson, Steve Jones, Martin Kelsey, Norbert Kenntner, Leander Khil, Jip Louwe Kooijmans, Olive May Lindo, Jim Lawrence, Neil Lawton, Anthony McGeehan, Sara McMahon, Frederic Malher,

Luke Massey, Jeff Mears, Jonathan Meyrav, Gerby Michielsen, Nick Moyes, Pete Naylor, Dr. Christian Neumann, Fleur Ng'weno, Simon Nichols, Juanita Olano, Marc Outten, Zoo Park, Dr. Gidon Perlman, Shaun Radcliffe, Mark Reeder, Alastair Riley, Avner Rinot, Mathias Ritschard, Nannette Roland, Ingo Rösler, Phil Round, Thomas Sacher, Dragan Simic, Rick Simpson, André Stadler, David Stubbs, Hrafn Svavarsson, Hannu Tammelin, Claire Thomas, Alan Tilmouth, Steffi Tommes, Simon Tonkin, Barry Trevis, Sedley Underwood, Peter Wairasho, Paul Walser, Mike Weedon, Kevin Wilson, Tony Whitehead und Darren Woodhead.

ORTSREGISTER

VOGELARTENREGISTER

IMPRESSUM

Aus dem Englischen übersetzt von Anna-Christin Kramer und Jenny Merling.

Titel der Originalausgabe: „Tales from Concrete Jungles", erschienen bei Bloomsbury, unter der ISBN 978-1-4729-1837-6
© David Lindo 2015. Diese Übersetzung von „Tales from concrete jungles", 1. Auflage, wird veröffentlicht von der Franckh-Kosmos Verlags-GmbH & Co KG in Absprache mit Bloomsbury Publishing Plc. Gegenüber der englischen Ausgabe hat der Autor weitere Texte zu Deutschland, Österreich und der Schweiz ergänzt.

Mit 124 Illustrationen von Paschalis Dougalis/Kosmos und drei Karten von KOSMOS Kartografie, Stuttgart, Annette Wrobel.

Umschlaggestaltung von Populargrafik, Stuttgart, unter Verwendung einer Zeichnung (Rotkehlchen) auf der Umschlagvorderseite von Lars Jonsson und fünf Fotos: zwei Hintergründe von unsplash.com, zwei Menschen von theartofphoto/ Adobe Stock, Foto David Lindo auf der Innenklappe vorne von Ronny Schönebaum/Kosmos, Foto David Lindo auf Umschlagklappe hinten von Leica. Alle weiteren Illustrationen auf den Umschlagseiten von Paschalis Dougalis/Kosmos.

Der Inhalt dieses Buches ist sorgfältig recherchiert und erarbeitet worden. Dennoch können weder Autor, Übersetzerinnen noch Verlag für alle Angaben im Buch eine Haftung übernehmen.

Unser gesamtes Programm finden Sie unter **kosmos.de**
Über Neuigkeiten informieren Sie regelmäßig unsere Newsletter, einfach anmelden unter **kosmos.de/newsletter**

Gedruckt auf chlorfrei gebleichtem Papier

Für die deutschsprachige Ausgabe:
© 2018, Franckh-Kosmos Verlags-GmbH & Co. KG, Stuttgart
Alle Rechte vorbehalten
ISBN 978-3-440-15857-9
Projektleitung: Stefanie Tommes, Heiko Fischer
Lektorat: Stefanie Tommes, Alexandra Kunz
Satz: Text & Bild, Michael Grätzbach, Kernen im Remstal
Produktion: Markus Schärtlein
Druck und Bindung: GGP, Pößneck
Printed in Germany / Imprimé en Allemagne